U0228614

高校转型发展系列教材

装配式钢结构设计与施工

新型现代建筑实例分析

王晓初　宋彪 主审

钮鹏　姜继红　梁栋 主编

李健康　张莉莉　李帅亭 副主编

清华大学出版社
北京

内 容 简 介

　　本书根据全国高等学校土木工程专业本科的培养目标和"装配式钢结构设计与施工"教学大纲编写而成。全书共 7 章,主要内容包括有关钢结构的基础知识及建筑钢结构钢材的种类、选用等,钢结构的连接计算及构造要求,钢结构受力构件计算与设计方法,装配式工业建筑、民用建筑的设计与施工,装配式大型钢结构桥梁的设计、制作与安装。

　　本书重点介绍钢结构的连接与受力构件的计算,以及装配式钢结构在工业建筑、民用建筑、桥梁方面的设计与施工。注重理论与实践相结合,内容精练、重点突出、适用性强,并配有典型例题、小结、思考题和练习题,便于学生巩固所学内容。

　　本书可作为土木工程专业本科教学用书,也可供土建工程相关技术人员阅读参考。

版权所有,侵权必究。举报: 010-62782989,beiqinquan@tup.tsinghua.edu.cn。

图书在版编目(CIP)数据

　　装配式钢结构设计与施工:新型现代建筑实例分析/钮鹏,姜继红,梁栋主编.—北京:清华大学出版社,2017(2024.1重印)
　　(高校转型发展系列教材)
　　ISBN 978-7-302-46850-9

　　Ⅰ.①装… Ⅱ.①钮… ②姜… ③梁… Ⅲ.①钢结构—结构设计—高等学校—教材 ②钢结构—建筑施工—高等学校—教材 Ⅳ.①TU391.04 ②TU758.11

　　中国版本图书馆 CIP 数据核字(2017)第 187800 号

责任编辑:张占奎
封面设计:常雪影
责任校对:刘玉霞
责任印制:宋　林

出版发行:清华大学出版社
　　　　　网　　　址:https://www.tup.com.cn,https://www.wqxuetang.com
　　　　　地　　　址:北京清华大学学研大厦 A 座　　　　　邮　　　编:100084
　　　　　社 总 机:010-83470000　　　　　　　　　　　　邮　　　购:010-62786544
　　　　　投稿与读者服务:010-62776969,c-service@tup.tsinghua.edu.cn
　　　　　质量反馈:010-62772015,zhiliang@tup.tsinghua.edu.cn
印 装 者:三河市龙大印装有限公司
经　　销:全国新华书店
开　　本:185mm×260mm　　　印　　张:18.75　　　字　　数:450 千字
版　　次:2017 年 8 月第 1 版　　　　　　　　　　　印　　次:2024 年 1 月第 4 次印刷
定　　价:56.00 元

产品编号:071184-02

高校转型发展系列教材 编 委 会

主 任 委 员：李继安　李　峰
副主任委员：王淑梅
委员(按姓氏笔画排序)：

马德顺　王　焱　王小军　王建明　王海义　孙丽娜
李　娟　李长智　李庆杨　陈兴林　范立南　赵柏东
侯　彤　姜乃力　姜俊和　高小珺　董　海　解　勇

前言

　　装配式钢结构(prefabricated steel structure)是目前土木工程领域研究和应用的热点话题之一。钢结构依其自重轻、基础造价低、适用于软弱地基、安装容易、施工快、周期短、投资回收快、施工污染小及抗震性能好等综合优势被誉为 21 世纪的"绿色建筑"之一。

　　所谓装配式即用预制构件在工地装配而成的建筑。构配件采用最新的冷压轻钢结构以及各类轻型材料组合结构的各个部分,使其具备卓越的保温、隔声、防火、节能、抗震、防潮性能。它的生产总体发展趋势是现场预制逐步缩小范围,逐渐被工厂预制所取代。这种建筑的优点是建造速度快、受气候条件制约小、节约劳动力并可提高建筑质量。

　　随着城镇化进程的加速,中国已渐渐成为世界上最大的建筑市场,每年新建建筑竣工面积超过发达国家的总和。传统施工方式能源消耗大,建筑效率不高,因此,装配式建造方式的先进性表现在构配件生产工厂化、现场施工机械化、组织管理科学化,是工业化社会的建造方式。这种结构可以减少建筑垃圾的产生量,降低建筑施工过程中对环境造成的污染,提高资源的有效利用及建筑质量,扩大节能产品在建筑中的应用范围,节约能源、减少劳动力,同时可以缩短建筑周期,实现建筑全寿命过程的低碳排放标准。

　　本书作为沈阳大学"转型发展教材建设专项支持计划"之一,是《钢结构基础》《钢结构制作与安装》《钢结构设计》的后续补充教材。为适应学校转型发展的需要,体现产教融合及教学模式的更新变化特性,本教材以普通高等学校土木工程专业本科教育的培养目标和教学大纲为基础,突出校企联合办学的特点,着重工程实例和具体应用,彰显别具一格的内容和形式。

　　根据教学改革需要和社会实际需求,在清华大学出版社的大力支持和倡导下,本书由沈阳大学协同沈阳中辰钢结构工程有限公司、辽宁省交通高等专科学校等多家单位进行编写。全书共分为 7 章,主要内容包括钢结构的基本知识;建筑钢结构钢材的选用;钢结构的连接计算及构造要求;钢结构受力构件计算与设计;装配式工业建筑设计与施工;装配式民用建筑设计与施工实例;装配式大型钢结构桥梁设计与施工。实例中除了介绍企业典型工程案例的设计方法与施工手段外,还增加了相应工程的工艺做法、施工要点、构造措施等,注重对学生应用能力的培养。

　　作者编写时力求内容充实精练、重点突出、图文并茂、讲清难点。在阐述基本原理和概念的基础上,结合规范和工程实际,注重教材的实用性。为方便学习,每章均编有思考题或习题。本书适合土木工程类的研究生、本科生、专科生以及从事钢结构设计与施工的工程技术人员使用。

　　本书由沈阳大学王晓初和沈阳中辰钢结构工程有限公司宋彪担任主审,沈阳大学钮鹏、姜继红以及沈阳中辰钢结构工程有限公司梁栋担任主编,沈阳中辰钢结构工程有限公司李健康、李帅亭以及沈阳大学张莉莉担任副主编。

　　在全书的 7 章中,第 1、2 章由沈阳大学钮鹏、辽宁省交通高等专科学校的金春福共同编写,第 3、4 章由沈阳大学姜继红编写,第 5 章由沈阳中辰钢结构工程有限公司李健康编写,第 6 章由沈阳中辰钢结构工程有限公司梁栋、魏广银及沈阳大学钮鹏共同编写,第 7 章由沈阳中辰钢结构工程有限公司陈景武、李帅亭共同编写,常见问题解答由沈阳大学王舜和张莉莉共同编写。本书大纲拟订及全书统稿由沈阳大学钮鹏负责,沈阳大学郭影、王柳燕负责整本书的图片、表格制作及文字修改等。另外,大连海事大学陈忱、沈阳大学研究生李旭、沈阳中辰钢结构工程有限公司杨强和宋宏达也参与了部分章节的编写及全书的校核工作。

　　限于编者水平有限,书中难免有不妥之处,敬请各位读者给予批评指正,提出宝贵的意见和建议。本书在编写过程中,得到参编者所在各个学校和单位的大力支持,在此表示感谢。本书部分图表引自有关参考文献和书籍,在此对被引用文献的作者表示诚挚的感谢。

编　者

2017 年 5 月

目录
Contents

第1章

钢结构基本知识

本章导读：本章主要介绍钢结构的基本组成及特点，钢结构的历史、现状与发展过程。

本章重点：钢结构的特点及应用。

1.1　钢结构基本组成

钢结构在建筑工程中有着广泛的应用。由于使用功能及结构组成方式的不同，钢结构种类繁多，形式各异。虽然这些钢结构用途、形式各不相同，但它们都是由钢板和型钢经过加工、组合连接制成，如拉杆(有时还包括钢索)、压杆、梁、柱及桁架等，然后将这些基本构件按一定方式通过焊接和螺栓连接组成结构，以满足使用要求。

下面结合单层和多层房屋对如何按一定方式将基本构件组成能满足各种使用功能要求的钢结构作简要说明。

单层房屋钢结构的特点是主要承受重力荷载、水平风力荷载及起重机制动力等荷载。对于这类结构，一般的做法是形成一系列竖向的平面承重结构，并用纵向构件和支撑构件把它们连成空间整体。这些构件也同时起到承受和传递纵向水平荷载的作用。图1-1是一个单层房屋钢结构组成的示意图。屋盖桁架和柱组成一系列的平面承重结构(图1-1(a))。这些平面承重结构又用纵向构件和各种支撑(如图1-1中所示的上弦横向支撑、垂直支撑及柱间支撑等)连成一个空间整体(图1-1(b))，保证整个结构在空间各个方向都成为一个几何不变体系。除此之外还可以由实腹梁和柱组成框架或拱，框架和拱可以做成三铰、二铰或无铰，跨度大的还可以用桁架拱。

上述结构均属于平面结构体系。其特点是结构由承重体系及附加构件两部分组成，其

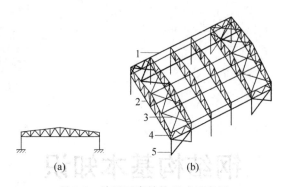

图 1-1　单层厂房结构组成示意图

1—纵向构件；2—屋架；3—上弦横向支撑；4—垂直支撑；5—柱间支撑

中承重体系是一系列相互平行的平面结构，承担结构平面内的垂直和横向水平荷载并传递到基础。附加构件(纵向构件及支撑)的作用是将各个平面结构连成整体，同时也承受结构平面外的纵向水平力。当建筑物的长度和宽度尺寸接近，或平面呈圆形时，如果将各个承重构件自身组成空间几何不变体系并省去附加构件，受力就更为合理。图 1-2 所示为平板网架屋盖结构。

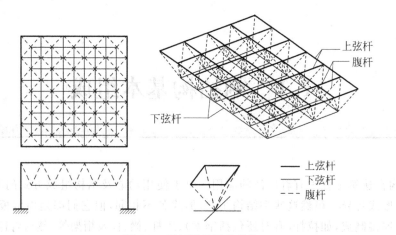

图 1-2　平板网架屋盖结构

　　该结构由倒置的四角锥体组成，锥底的四边为网架的上弦杆，锥棱为腹杆，连接各锥顶的杆件为下弦杆。屋架的荷载沿两个方向传到四边柱上，再传至基础，形成一种空间传力体系。因此，这种结构体系也称为空间结构体系。这个平板网架中，所有的构件都是主要承重体系的部件，没有附加构件，因此内力分布合理，节省钢材。

　　多层房屋结构的特点是随房屋高度的增加，水平风荷载及地震荷载起到越来越重要的作用。提高结构抵抗水平荷载的能力，以及控制水平位移不要过大，是这类房屋组成的主要问题。一般多层钢结构房屋组成的体系主要有：①框架体系，即由梁和柱组成的多层多跨框架，如图 1-3(a)所示；②带刚性加强层的结构，即在两列柱之间设置斜撑，形成竖向悬臂桁架，以便承受更大的水平荷载，如图 1-3(b)所示；③悬挂结构体系，即利用房屋中心的内筒承受全部重力和水平荷载，筒顶有悬伸的桁架，楼板用高强钢材的拉杆挂在桁架上，如图 1-3(c)所示。

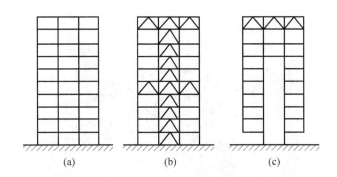

图 1-3　多层房屋钢结构
（a）框架结构；（b）带刚性加强层的结构；（c）悬挂结构

通过以上对房屋钢结构组成的简要分析，在满足结构使用功能的要求时，结构必须形成空间整体（几何不变体系），才能有效而经济地承受荷载，具有较高的强度、稳定性和刚度；如果主要承重构件本身已经形成空间整体，不需要附加支撑，可以形成十分有效的组成方案。结构方案的适宜性与施工及材料供应条件也有很大关系，应加以考虑。本节仅对单层及多层房屋的钢结构组成作了一些简单介绍，但是其他结构（如桥梁、塔架等）同样也应遵循这些原则。同时还应看到，随着工程技术不断发展，以及对结构组成规律的不断深入研究，将会创造和开发出更多的新型结构体系。

1.2　钢结构的特点

钢结构是以钢材（钢板和型钢）为主制作的结构，和其他材料相比钢结构具有如下特点。

（1）轻质高强、质地均匀。钢与混凝土、木材相比，虽然质量密度较大，但其屈服点强度较混凝土和木材要高得多，其质量密度与屈服点的比值相对较低。在承载力相同的条件下，钢结构与钢筋混凝土结构、木结构相比，构件较小，质量较轻，便于运输和安装，如图 1-4 所示。钢材质地均匀，各向同性，弹性模量大，有良好的塑性和韧性，为理想的弹塑性体，完全符合目前所采用的计算方法和基本理论。

（2）生产、安装工业化程度高，施工周期短。钢结构生产具备成批大件生产和高度准确性的特点，可以采用工厂制作、工地安装的施工方法，生产作业面多，可缩短施工周期，进而为降低造价、提高效益创造条件。

（3）密闭性能好。钢材本身组织非常致密，采用焊接连接、螺栓连接时都可以做到完全密封、不渗漏。因此，一些要求气密性和水密性好的高压容器、大型油库、气柜、管道等板壳结构都采用钢结构。

图 1-4　钢结构节点

（4）抗震及抗动力荷载性能好。钢结构因自重轻、质地均匀，具有较好的延性，因而抗震及抗动力荷载性能好。

（5）钢结构的耐热性好，但防火性差。温度在 250℃ 以内，钢的性质变化很小；温度达到 300℃ 以上，强度逐渐下降；达到 450～650℃ 时，强度降为零。因此，钢结构可用于温度不高于 250℃ 的场合。在自身有特殊防火要求的建筑中，钢结构必须用耐火材料予以维护。当防火设计不当或防火层处于破坏的状况下，有可能产生灾难性的后果。

（6）钢结构抗腐蚀性较差。钢结构的最大缺点是易于锈蚀。新建造的钢结构一般都需仔细除锈、镀锌或刷涂料。以后隔一定时间又要重新刷涂料，这就使钢结构维护费用比钢筋混凝土结构高。目前国内外正在发展不易锈蚀的耐候钢，可大量节省维护费用，但还未能广泛应用。随着高科技的发展，钢结构易锈蚀、防火性能比混凝土差的问题逐渐得到解决。一方面从钢材本身解决，如采用耐候钢和耐火高强度钢；另一方面采用高效防腐涂料，特别是防腐、防火合一的涂料。

1.3　钢结构的应用

　　钢结构由于其自身的特点和结构形式的多样性，应用范围越来越广。根据我国的实践经验，工业与民用建筑钢结构的应用范围主要包括以下几方面。

（1）工业厂房。起重机起重量很大（100t 以上）或运行非常频繁的车间多采用钢骨架，如冶炼厂的平炉、转炉车间，混铁炉车间和初轧车间，重型机械厂的铸钢车间、锻压车间和水压机车间等。

（2）大跨结构。结构的跨度越大，自重在全部荷载中所占的比例越大。由于钢结构具有强度高、自重轻的优点，最适用于大跨度结构，如飞机库、体育馆、展览厅、影剧院和大型交易市场等屋盖结构。

（3）高层及多层建筑。高层建筑及超高层建筑中，宜采用钢结构或钢结构框架。近年来，钢结构在此领域已逐步得到发展，如图 1-5 所示。

图 1-5　高层钢结构

（4）轻型钢结构。轻型钢结构是由弯曲薄壁型钢、薄壁钢管或小角钢、圆钢等组成的结构。由于轻型钢结构具有建造速度快、用钢量省、综合经济效益好等优点，所以适用于起重机吨位不大于 20t 的中、小跨度厂房、仓库以及中、小型体育馆等大空间民用建筑。此外，由于轻型钢结构装拆方便，宜用于需要拆迁的结构中。

（5）钢-混凝土组合结构，包括钢-混凝土组合梁和钢管混凝土柱等。除房屋结构以外，钢结构还可用于塔桅结构、板壳结构、桥梁结构和移动式结构。①塔桅结构包括电视塔、微波塔、无线电桅杆、导航塔及火箭发射塔等，一般均宜采用钢结构。②板壳结构包括大型储气柜和储液库等要求密闭的容器，以及大直径高压输油管和输气管等。另外，高炉的炉壳和轮船的船体等也应采用钢结构。③桥梁结构一般用于跨度大于 40m 的各种形式的大、中跨度桥梁。④移动式结构包括桥式起重机、塔式起重机和门式起重机等起重运行机械。

1.4　钢结构的历史、现状与发展

1.4.1　钢结构的历史和现状

我国是最早用铁建造结构的国家之一，比较典型的应用是铁链桥，主要有云南省永平与保山之间跨越澜沧江的霁虹桥以及四川泸定大渡河上的泸定桥；其次是一些纪念性建筑，

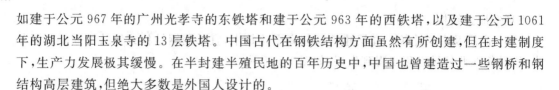

如建于公元 967 年的广州光孝寺的东铁塔和建于公元 963 年的西铁塔,以及建于公元 1061 年的湖北当阳玉泉寺的 13 层铁塔。中国古代在钢铁结构方面虽然有所创建,但在封建制度下,生产力发展极其缓慢。在半封建半殖民地的百年历史中,中国也曾建造过一些钢桥和钢结构高层建筑,但绝大多数是外国人设计的。

新中国成立以后,随着经济建设的发展,钢结构在重型厂房、大跨度公共建筑、铁路桥梁以及塔桅结构中得到一定的发展。我国几个大型钢铁联合企业,如鞍山、武汉和包头等钢厂的炼钢、轧钢和连铸车间等都采用钢结构;在公共建筑方面,1975 年建成跨度达 110m 的三向网架上海体育馆,1962 年建成直径为 94m 的圆形双层辐射式悬索结构北京工人体育馆,1967 年建成的双曲抛物面正交索网的悬索结构浙江体育馆;桥梁方面,1957 年建成的武汉长江大桥和 1968 年建成的南京长江大桥都采用了铁路公路两用双层钢桁架桥;在塔桅结构方面,广州、上海等地都建造了高度超过 200m 的多边形空间桁架钢电视塔,1979 年北京建成的环境气象塔是一个高达 325m、5 层纤绳三角形杆身的钢桅杆结构。

改革开放以后,我国经济建设突飞猛进,钢结构也有了前所未有的发展,应用的领域有了较大的扩展。高层和超高层房屋、多层房屋、单层轻型房屋、体育场馆、大跨度会展中心、大型客机检修库、自动化高架仓库、城市桥梁和大跨度公路桥梁、粮仓以及海上采油平台等都已广泛采用钢结构。目前已建和在建的高层和超高层钢结构已有 30 余幢,其中地上 88 层、地下 3 层、高 421m 的上海金茂大厦的建成,标志着我国的超高层钢结构已进入世界前列。在大跨度建筑和单层工业厂房中,网架和网壳等结构的广泛应用已受到世界各国的瞩目,其中上海体育馆马鞍型环形大悬挑空间钢结构屋盖和上海浦东国际机场航站楼张弦梁屋盖的建成,标志着我国大跨度空间钢结构已进入世界先进行列。桥梁方面,九江长江大桥、上海市杨浦大桥和江阴长江大桥等桥梁的建成,标志着我国已有能力建造任何现代化的桥梁。2005 年我国钢产量达到 3.45 亿 t,已连续多年高居世界各国钢铁年产量榜首。钢材质量及钢材规格也已能满足建筑钢结构的要求。市场经济的发展与不断成熟更为钢结构的发展创造了条件。

因此,我国钢结构正处于迅速发展的前期。可以预期,今后我国钢结构的发展方向主要在以下几个方面:

(1)发展高强度低合金钢材。逐步发展高强度低合金钢材,除 Q235 钢、Q345 钢外,Q390 钢和 Q420 钢在钢结构中的应用有待进一步研究。

(2)钢结构设计方法的改进。概率极限状态设计方法还有待发展,因为它计算的还只是构件或某一截面的可靠度,而不是结构体系的可靠度,同时也不适用于疲劳计算的反复荷载作用下的结构。另外,结构设计上考虑优化理论的应用与计算机辅助设计及绘图都得到很大的发展,今后还应继续研究和改进。

(3)结构形式的革新。结构形式的革新也是今后值得研究的课题,如悬索结构、网架结构和超高层结构等近年来得到了很大的发展和应用。钢-混凝土组合结构的应用也日益广泛,但结构的革新仍有待进一步发展。

1.4.2　钢结构的发展

　　钢结构具有强度高、自重轻、安装容易、施工周期短、抗震性能好、投资回收快、环境污染小等综合优势,与钢筋混凝土结构相比,更具有在"高、大、轻"三方面发展的独特优势。因此,钢结构在工程中得到了合理、迅速的应用。我国钢结构建筑与国外相比,起步较晚,一直到 20 世纪 90 年代才得到了快速发展,尤其是 1996 年以来,钢产量突破 1 亿 t 大关和国家鼓励钢结构建筑政策的引导,为钢结构建筑的发展提供了非常广阔的空间。钢结构这一新的建筑结构体系的出现和发展,无疑会对整个建筑领域带来深刻的影响,极大地促进我国建筑产品结构的调整和扩展。

1. 钢结构建筑在国外的发展

　　以 1885 年美国芝加哥建立的第一座 10 层钢结构大楼和 1889 年法国巴黎建起的 320.7m
高埃菲尔铁塔为标志(图 1-6),钢结构技术受到了广泛关注和重视。数十年来,钢结构建筑在工业发达国家得到蓬勃发展,在美国、日本等发达国家,钢结构用钢量已经占到全部钢产量的 10% 以上,钢结构建筑面积占总建筑面积 40% 以上。作为反映一个国家科技水平的高层钢结构建筑越来越给人们带来建筑与空间美学的享受。例如,美国纽约的帝国大厦和世贸大厦("9·11"事件中倒塌)、芝加哥西尔斯大厦、日本的NFC 大厦、德国的法兰克福商业银行大楼等在世界工程界都极具影响,有些已成为一座城市的标志。历届奥运会体育场馆和世界博览会场馆也为钢结构建筑提供了展示魅力的机会。1996 年的亚特兰大奥运会场馆、2000 年悉尼奥运会场馆都已成空间钢结构建筑的典范。可以说,目前世界各地的机场、车库、体育馆和展览中心等大型公共建筑采用的都是空间钢结构,在

图 1-6　埃菲尔铁塔

低层建筑中也越来越多地采用钢结构。1995 年以来,美国的非住宅低层建筑中有 65% 是用钢结构建造的,欧洲约有 48%,中东地区更是达到了 90% 左右。

　　许多西方发达国家目前还正在积极推广预制化钢结构低层住宅。美国最早采用钢框架结构住宅,1996 年,已有 20 万幢钢框架小型住宅,约占住宅建筑总数的 20%。日本的钢结构建筑数量最多,其新建的 1~4 层建筑大都采用钢结构。在 2000 年,澳大利亚钢框架住宅占全部住宅数量的 30%。

　　随着世界能源和环境问题越来越为人们所关注,工业发达国家已经把具有绿色环保的钢结构材料看作未来建筑的主要材料之一。开发研制与钢结构相关的新技术、新材料,在建筑中更多地采用钢结构已成为主流趋势。

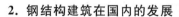

2. 钢结构建筑在国内的发展

我国现代钢结构技术应用起步较晚。虽然在 1901 年建成了全长 1027m 的松花江钢桁架桥,1905 年建成全长 3015m 的郑州黄河钢桥,最早的高层钢结构房屋——上海国际饭店、上海大厦也于 1934 年建成,但钢结构技术真正起步是在新中国成立以后。20 世纪 80 年代以前,我国钢结构建筑的应用主要是网架、网壳结构。据广东省空间结构学会理事长王仕统介绍,1994 年前,中国超过 100m 高的高层建筑有 152 幢,其中只有 9 幢采用钢结构或钢-混结构,而在其他国家这样高的建筑一般都首选钢结构。中国每年的建筑用钢量仅有 1% 用于预制钢结构,与发达国家 80% 以上的用量比较,差距巨大。

20 世纪 90 年代以后,尤其是 1995 年以后,随着我国经济的快速发展,钢铁产量的迅速增加,新技术新材料的不断出现,为钢结构建筑的快速发展奠定了物质和技术基础。20 世纪 90 年代中期以来,利用钢结构建成的典型建筑有:上海金茂大厦、深圳地王大厦、成都双流机场、广州会展中心、广州体育馆、厦门会展中心、长沙锦绣中环大厦、浙江黄龙体育馆、杭州瑞丰商务大厦、杭州大剧院等。同时还有一大批新的钢结构建筑项目正在建设,如上海国际金融中心等。此外,国内大中型企业和来华投资的国外企业的生产基地很多都采用钢结构建筑。

近年来,钢结构在中国正处于一个最好的发展时期。尽管我国钢结构工程以及钢结构工程用材的发展起步较晚,但随着改革开放和经济建设的不断发展,钢结构在工程中也得到迅速发展。自 1996 年我国钢产量达到 1 亿 t 后,到 2003 年已达到 2.41 亿 t,2004 年达到 2.72 亿 t,连续 9 年居世界第一。钢产量的增长为发展我国的钢结构建造事业提供了良好的契机。另外,随着建筑规模的不断扩大,建筑对环保、高效、节能的要求也越来越高,加之我国施工技术水平及管理水平的不断提高,都为钢结构的发展提供了广阔空间。

同时,国家政策上也大力支持发展钢结构。1997 年建设部发布《中国建筑技术政策》(1996—2010 年),明确提出发展建筑钢材、建筑钢结构和建筑钢结构施工工艺的具体要求,使我国的钢结构产业政策出现重大转变,由长期以来实行的"节约钢材"已转变为"合理用钢""鼓励用钢"的积极政策,这将进一步促进我国建筑产品结构的调整,使我国工程结构向多种材料、多种结构方向变化。由于我国已具备了促进钢结构发展的基本条件,因此,近几年来,我国钢结构出现了非常好的发展势头,主要体现在以下几个方面。

1) 桥梁钢结构

交通建设在我国作为重点发展的基础设施,发展十分迅速,也促进了桥梁工程的发展。特别是近 10 年来,钢结构由于其诸多优点而被桥梁工程采用。目前,我国公路桥梁已有 23 万座,总长度达 8000km。其中 1999 年 10 月建成通车、主跨达 1385m 的江阴长江公路大桥,作为我国第一座超千米的悬索桥,不仅主跨长度居世界第四位,而且也标志我国跻身世界上能建造跨度千米以上大桥的六强。苏通长江公路大桥是我国建桥史上工程规模最大、综合建设条件最复杂的特大型斜拉桥,其主孔跨度、主塔高度、斜拉索的长度、群桩基础平面尺寸均列世界第一,专用航道桥的 T 型钢构梁为同类桥梁工程世界第二。在这些桥梁结构中,钢结构的作用功不可没。当然,我国还建造了许多大型的全钢结构桥梁,如卢浦大桥、万州长江大桥等。卢浦大桥为全钢结构中承式系杆拱桥,在同类桥梁中居世界第一,也是世界上唯一一座全焊接的全钢拱桥。万州长江大桥是我国第一座单拱连续钢桁架梁铁路桥,钢结构总重近万吨,采用带加劲肋的平弦桁梁和变高度桁拱组合新型结构,这座大桥主跨360m,为目前我国铁路大桥跨度之最。

2) 高层钢结构

高层钢结构建筑在国外已有120多年的历史,我国在高层钢结构发展上起步较晚,且总面积很少,远远低于西方发达国家的比例。我国高层钢结构应用起源于20世纪初期的上海。1934年建成的上海国际饭店,地下2层、地上22层,高32.5m,为我国第一幢高层钢结构。进入20世纪90年代后,一批高层、超高层建筑如雨后春笋般建起。高层钢结构一般是指6层以上(或30m以上),主要采用型钢、钢板连接或焊接构件,再经连接、焊接而成的结构体系。高层钢结构具有一系列特点:自重轻,抗震性能好,基础处理方便;柱用焊接方管(圆角)、H型钢或组合柱;梁用H型钢,上下翼缘用对接焊,腹板用高强度螺栓作抗剪连接,柱与梁翼缘对应处有加强板;楼板用压型钢板加钢筋网与细石混凝土构成组合板,板与梁连接用销钉;防火要求非常严格。

高层钢结构的结构体系与一般高层建筑结构类似,但全钢结构中采用较多的是钢框架-钢支撑体系,如上海世界广场、厦门九州大厦和大连森茂大厦等。若与混凝土筒体结合,则可建造钢框架混凝土核心筒结构体系,如天津世界贸易中心、大连云山大厦、上海新金桥大厦、广州远洋公寓等。目前,广泛用于超高层建筑中的一种结构体系是混凝土核心筒、外框钢骨混凝土体系,如金茂大厦、上海环球金融中心等,这实际上已属于组合结构。

在大连兴建的高度200m的远洋大厦钢结构,其设计、制造、安装和材料全部是由国内承担和供应的,说明我国的高层钢结构已经达到世界水平。

3) 大跨空间钢结构

我国大跨空间结构的基础原来比较薄弱,但随着国家经济实力的增强和社会发展的需要,近十余年来也取得了迅猛发展。工程实践的数量较多,空间结构的形式趋向多样化,相应的理论研究和设计技术也逐步完善。以北京亚运会(1990年)、哈尔滨冬季亚运会(1996年)和上海八运会(1997年)等的许多体育建筑为代表的一系列大跨空间结构——作为我国建筑科技进步的某种象征——在国内外都产生了一定影响。

我国虽然是一个发展中国家,但随着国力的不断增强,要建造更多更大的体育、休闲、展览、航空港、机库等大空间和超大空间建筑物以满足需求,而且这种需求在一定程度上可能超过许多发达国家,这是我国空间结构领域面临的巨大机遇。事实上,20世纪80年代以后,我国各种类型的大跨空间结构进入协调发展阶段,工程项目逐年增长,结构形式趋向多样化,出现了越来越多的创新设计,理论研究也逐渐配套,形势相当喜人。

空间钢结构通常包括空间网格结构和张拉结构两大类。空间网格结构是以多根杆件按照一定规律通过节点连接成三角形、方形、菱形等网格。如果是平板形的就是网架结构,如首都体育馆,采用正交斜放的平面桁架系网架;如果以多根杆件形成曲线形网格就成为网壳结构,如黑龙江速滑馆双层网壳,网格部分中间采用正四角锥体系,两端采用三角锥体系。张拉结构包括悬索与膜结构,它们共同的特点是构件只能受拉。悬索结构是以一系列钢索作为主要承重构件来形成不同曲面的空间结构,如四川省体育馆。膜结构是用薄而轻的建

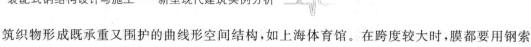

筑织物形成既承重又围护的曲线形空间结构,如上海体育馆。在跨度较大时,膜都要用钢索加劲,它既可以用空气支承,也可以用一般的桅杆、框架或拱等钢结构支承,膜本身被绷紧而受拉。

大跨空间结构的建造及其所采用的技术往往反映了一个国家建筑技术的水平,一些规模宏大、形式新颖、技术先进的大型空间结构已成为一个国家经济实力和建设技术水平的重要标志。随着大跨空间结构的发展,两种新型的结构体系应用越来越多,即杂交结构和预应力钢结构。杂交结构是将不同类型的结构加以组合而形成的一种新结构体系。例如悬索、索网或膜利于受拉,拱、壳体或网壳利于受压,而梁、桁架或网架则利于受弯,如果利用其中某种类型结构的长处来避免或抵消另一种与之组合结构的短处,就能大大改进结构受力性能。预应力大跨空间钢结构是把现代预应力技术应用到大跨空间结构中,从而形成一类新型的空间钢结构体系。由此即形成了组合网架、组合网壳、预应力网架与网壳、张弦梁或张弦桁架结构、索穹顶结构、斜拉网架或网壳、悬索网架或网壳等结构体系。如江西抚州地区体育馆屋盖采用组合网架结构,以钢筋混凝土上弦板代替钢上弦杆;上海国际购物中心七八层楼采用预应力网架结构,网架下弦平面下设 4 根高强钢丝积束成的预应力索;北京亚运村综合体育馆采用斜拉网壳结构。

4）轻钢结构

轻钢结构主要是指以轻型冷弯薄壁型钢、轻型焊接和高频焊接型钢、薄壁板、薄壁钢管、轻型热轧型钢拼装、焊接而成的组合构件等为主要受力构件,大量采用轻质围护隔离材料的结构。

轻钢结构在工业发达国家的应用已有几十年历史,如英国、美国、日本等早在 19 世纪60 年代就开始用轻钢结构建造厂房、仓库等。轻钢结构是近 10 年来发展最快的领域,在美国轻型钢结构建筑占非住宅建筑的 50％以上。

轻钢结构质量轻、施工方便、周期短、抗震性能好、造型美观、节奏明快、经济效果好,是对居住环境影响最小的结构之一,在西方有"绿色建筑"之称,因此,已被广泛应用于一般工农业建筑,商业、服务性建筑,标准办公楼,学校、医院建筑,别墅、旅游建筑,各类仓库性建筑,娱乐、体育场馆、地震区建筑,活动式可拆迁建筑,建材缺乏地区的建筑,工期紧的建筑,旧房改建、翻修等建筑领域。近 20 年来,我国轻钢结构也得到了飞速发展,建筑面积达几百万平方米,大批的工厂仓库、农贸市场拔地而起,国内已有几百个厂家生产轻钢结构,外国厂家纷纷进入找代理、办工厂。轻钢结构是一个新兴产业,我国每年总体增长近 200 万 m^2,相当于 20 世纪 80 年代轻钢结构的全部建筑工程量。1999 年,经国家经济贸易委员会批准,将"轻型钢结构住宅建筑通用体系的开发和应用"作为建筑业用钢的突破点,并正式列入国家重点技术创新项目,轻钢结构住宅由此引起各界广泛关注,这为轻钢结构的发展提供了良好的机遇。

轻钢结构住宅建筑的研究开发在各地也有试点,且已完成了 50 多万 m^2 的建设,目前已经形成了多种低层、多层和高层的设计方案和实例,如北京的金宸公寓(图 1-7)、上海的中福城高层住宅、天津市的丽苑小区试点工程等。轻钢结构住宅建筑已成为住宅建筑发展的一个重要推广方向。

图 1-7　北京金宸公寓

5) 钢与混凝土组合结构

组合结构通过把结构钢和混凝土巧妙地组合在一起,充分发挥了钢和混凝土的材料特性,加快了施工进度,提高了经济效益,因而在世界各国得到越来越广泛的应用。钢与混凝土组合结构依据钢材形式与配钢方式不同,分为压型钢板与混凝土组合楼板、钢与混凝土组合梁、劲性钢筋混凝土、钢管混凝土和外包钢混凝土等多种形式。压型钢板与混凝土组合楼板是在压成各种形式的凹凸肋与槽纹的钢板上浇筑混凝土而制成的组合板;钢与混凝土组合梁是将钢梁与混凝土板组合在一起而形成的;劲性钢筋混凝土是在混凝土中主要配置压制或焊接型钢而成;钢管混凝土是在钢管中填充混凝土而成的,混凝土与钢管协同受压;外包钢混凝土是在混凝土四角配以角钢形成的一种结构。

与钢筋混凝土结构、钢结构比较,钢混组合结构的造价较低,经济性较好,兼有二者的优点,是一种符合我国国情的较好结构形式。特别是劲性混凝土在超高层建筑中得到了较广泛的应用。如金茂大厦和上海环球金融中心等超高层建筑均为框架筒体结构,周边的巨型框架即由劲性混凝土构件组成。

6) 住宅钢结构

住宅建筑中采用钢结构承重体系,在欧美及日本等发达的资本主义国家已成主流。它的优势是可以建造 30 多层以上的超高层建筑,满足量大面广的居住需求。而传统的砖混住宅理论上只能建造 8 层左右楼房,难以适应新形势要求。我国钢结构住宅基本上还处于试验阶段,为迅速提升我国住宅产业化程度,推进建筑用钢的技术创新及产业结构调整,从 20 世纪 80 年代我国开始对国外的轻钢住宅进行开发研究,到了 20 世纪末已取得进展。钢结构住宅建筑近几年已完成近 50 万 m^2 的试点工程建筑,为下一步建立钢结构住宅体系、扩大钢结构建筑市场起到了有力的推动作用。

综上所述,钢结构的发展和应用势头在我国一直处于上升趋势,而且 2008 年奥运会和 2010 年世博会大量配套设施的建设也进一步推动了钢结构的发展。因此,诸多外力促进加上其自身的优势,有理由相信,钢结构将会成为我国未来建筑体系中发展最强劲的结构体系。

思　考　题

1. 根据你所知道的钢结构工程,试述其特点。
2. 钢结构有哪些特点? 结合这些特点,你认为应怎样选择其合理应用范围?
3. 钢结构的应用范围有哪些? 举例说明你身边的钢结构建筑。
4. 钢结构作为绿色建筑材料,将来的发展趋势如何?

参 考 文 献

[1]　张耀春.钢结构设计原理[M].北京:高等教育出版社,2011.

[3]　陈辉,薛艳霞,孙恩禹.土木工程材料[M].西安:西安交通大学出版社,2012.

第 2 章

建筑钢结构钢材的选用

本章导读：本章主要讲述钢材的生产过程，钢材的主要性能及各种因素对钢材性能的影响。

本章重点：建筑钢的种类、规格及选用，各种因素对其性能的影响。

2.1 概　述

钢是以铁和碳为主要成分的合金，其中铁是最基本的元素，碳和其他元素所占比例甚少，但却左右着钢材的物理和化学性能。钢材的种类繁多，性能差别很大，适用于钢结构的钢材只是其中的一小部分。为了确保质量和安全，这些钢材应具有较高的强度、塑性、韧性以及良好的加工性能。我国《钢结构设计规范》（GB 50017—2003，以下简称《规范》或 GB 50017—2003）推荐碳素结构钢（carbon structural steels）中的 Q235 和低合金高强度结构钢（high strength low alloy structural steels）中的 Q345，Q390 和 Q420 等作为承重钢结构用钢。钢材的性能与其化学成分、组织构造、冶炼和成型方法等内在因素密切相关，同时也受到荷载类型、结构形式、连接方法和工作环境等外界因素的影响。

本章简要介绍钢材的生产过程和组织构造；重点介绍钢材的主要性能以及各种因素对钢材性能的影响；介绍钢材的种类、规格及选用原则。

2.2 钢材的生产

2.2.1 钢材的冶炼

除了天外来客——陨石中可能存在少量的天然铁之外,地球上的铁都蕴藏在铁矿中。从铁矿石开始到最终产品的钢材,钢材的生产大致可分为炼铁、炼钢和轧制3道工序。

1. 炼铁

矿石中的铁是以氧化物的形态存在的,因此要从矿石中得到铁,就要通过还原作用从矿石中除去氧,还原出铁。同时,为了使砂质和黏土质的杂质(矿石中的废石)易于熔化为熔渣,常用石灰石作为熔剂。所有这些作用只有在足够的温度下才会发生,因此铁的冶炼都是在可以鼓入热风的高炉内进行。装入炉膛内的铁矿石、焦炭、石灰石和少量的锰矿石,在鼓入的热风中发生反应,在高温下成为熔融的生铁(含碳量超过 2.06% 的铁碳合金称为生铁或铸铁)和漂浮其上的熔渣。常温下的生铁质坚而脆,但由于其熔化温度低,在熔融状态下具有足够的流动性,价格低廉,故在机械制造业的铸件生产中有广泛的应用。铸铁管是土木建筑业中少数应用生铁的例子之一。

2. 炼钢

含碳量在 2.06% 以下的铁碳合金称为碳素钢。当用生铁制钢时,必须通过氧化作用除去生铁中多余的碳和其他杂质,使它们转变为氧化物进入钢渣中或成气体逸出。这一作用也要在高温下进行,称为炼钢。常用的炼钢炉有3种形式:转炉、平炉和电炉。

(1)电炉炼钢是利用电热原理,以废钢和生铁等为主要原料,在电弧炉内冶炼。由于不与空气接触,易于清除杂质和严格控制化学成分,炼成的钢质量好。但因耗电量大、成本高,一般只用来冶炼特种用途的钢材。

(2)转炉炼钢是利用高压空气或氧气使炉内生铁熔液中的碳和其他杂质氧化,在高温下使铁液变为钢液。氧气顶吹转炉冶炼的钢中有害元素和杂质少,质量和加工性能优良,且可根据需要添加不同的元素,冶炼碳素钢和合金钢。由于氧气顶吹转炉可以利用高炉炼出的生铁熔液直接炼钢,生产周期短、效率高、质量好、成本低,已成为国内外发展最快的炼钢方法。

(3)平炉炼钢是利用煤气或其他燃料供应热能,把废钢、生铁熔液或铸铁块和不同的合金元素等冶炼成各种用途的钢。平炉的原料广泛、容积大、产量高、冶炼工艺简单、化学成分易于控制、炼出的钢质量优良,但平炉炼钢周期长、效率低、成本高,现已逐渐被氧气顶吹转炉炼钢所取代。

3. 钢材的浇注和脱氧

按钢液在炼钢炉中或盛钢桶中进行脱氧的方法和程度不同,碳素结构钢可分为沸腾钢、半镇静钢、镇静钢和特殊镇静钢 4 类。沸腾钢采用脱氧能力较弱的锰作脱氧剂,脱氧不完全,在将钢液浇注入钢锭模时,会有气体逸出,出现钢液沸腾的现象。沸腾钢在铸模中冷却很快,钢液中的氧化铁和碳作用生成的一氧化碳气体不能全部逸出,凝固后在钢材中留有较多的氧化铁夹杂和气孔,因而质量较差。镇静钢采用锰加硅作脱氧剂,脱氧较完全,硅在还原氧化铁的过程中还会产生热量,使钢液冷却缓慢、气体充分逸出,浇注时不会出现沸腾现象。这种钢质量好,但成本高。半镇静钢的脱氧程度介于上述二者之间。特殊镇静钢是在锰硅脱氧后,再用铝补充脱氧,其脱氧程度高于镇静钢。低合金高强度结构钢一般都是镇静钢。

随着冶炼技术的不断发展,用连续铸造法生产钢坯(用作轧制钢材的半成品)的工艺和设备已逐渐取代了笨重而复杂的铸锭—开坯—初轧的工艺流程和设备。连铸法的特点是:钢液由钢包经过中间包连续注入被水冷却的铜制铸模中,冷却后的坯材被切割成半成品。连铸法的机械化、自动化程度高,可采用电磁感应搅拌装置等先进设施提高产品质量,生产的钢坯整体质量均匀,但只有镇静钢才适合连铸工艺。因其质量差、供货困难且价格并不便宜,国内大钢厂已很少生产沸腾钢。

2.2.2 钢材的组织构造和缺陷

1. 钢材的组织构造

碳素结构钢是通过在强度较低而塑性较好的纯铁中加适量的碳来提高强度的,一般常用的低碳钢含碳量不超过 0.25%。低合金结构钢则是在碳素结构钢的基础上,适当添加总量不超过 5%的其他合金元素,来改善钢材的性能。

碳素结构钢在常温下主要由铁素体和渗碳体(Fe_3C)组成。铁素体是碳溶入体心立方晶体的 α 铁[①]中的固溶体,常温下溶碳仅 0.0008%,与纯铁的显微组织没有明显区别,其强度、硬度较低,而塑性、韧性良好。铁素体在钢中形成不同取向的结晶群(晶粒),是钢的主要成分,约占质量的 99%。渗碳体是铁碳化合物,含碳 6.67%,其熔点高、硬度大,几乎没有塑性,在钢中其与铁素体晶粒形成机械混合物——珠光体,填充在铁素体晶粒的空隙中,形成网状间层(图 2-1(a))。珠光体强度很高,坚硬而富于弹性。另外,还有少量的锰、硅、硫、磷及其化合物溶解于铁素体和珠光体中。碳素钢的力学性能在很大程度上与铁素体和珠光体这两种成分的比例有关。同时,铁素体的晶粒越细小,珠光体的分布越均匀,钢的性能也就越好。

---

① 纯铁在不同温度下有同素异构现象,在铁液凝固点 1394~1538℃ 为高温体心立方晶格的 δ 铁,在 912℃ 以下为 α 铁,而在 912~1394℃ 为面心立方晶格的 γ 铁。

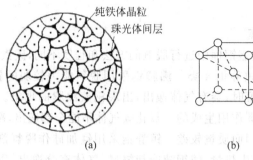

图 2-1　钢的组织结构

(a)碳素钢多晶体结构；(b)α铁的体心立方晶体

低合金结构钢是在低碳钢中加入少量的锰、硅、钒、铌、钛、铝、铬、镍、铜、氮、稀土等合金元素炼成的钢材,其组织结构与碳素钢类似。合金元素及其化合物溶解于铁素体和珠光体中,形成新的固溶体——合金铁素体和新的合金渗碳体组成的珠光体类网状间层,使钢材的强度得到提高,而塑性、韧性和焊接性能并不降低。

2. 钢材的铸造缺陷

当采用铸模浇注钢锭时,与连续铸造生产的钢坯质量均匀相反,由于冷却过程中向周边散热,各部分冷却速度不同,在钢锭内形成了不同的结晶带(图 2-2)。靠近铸模外壳区形成了细小的等轴晶带,靠近中部形成了粗大的等轴晶带,在这两部分之间形成了柱状晶带。这种组织结构的不均匀性会给钢材的性能带来差异。

钢在冶炼和浇注过程中还会产生其他的冶金缺陷,如偏析、非金属夹杂、气孔、缩孔和裂纹等。所谓偏析是指化学成分在钢内的分布不均匀,特别是有害元素(如硫、磷等)在钢锭中的富集现象;非金属夹杂是指钢中含有硫化物与氧化物等杂质;气孔是指由氧化铁与碳作用生成的一氧化碳气体,在浇注时不能充分逸出而留在钢锭中的微小孔洞;缩孔是因钢液在钢锭模中由外向内、

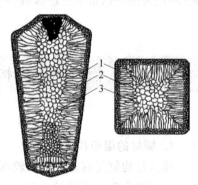

图 2-2　钢锭组织示意图

1—表面细晶粒层；2—柱状晶粒层；
3—心部等轴晶粒区

自下而上凝固时体积收缩,液面下降,最后凝固部位得不到钢液补充而形成;钢液在凝固中因先后次序的不同会引起内应力,拉力较大的部位可能出现裂纹。钢材的组织构造和缺陷均会对其力学性能产生重要影响。

2.2.3　钢材的加工

钢材的加工分为热加工、冷加工和热处理 3 种。将钢坯加热至塑性状态,依靠外力改变其形状,产生出各种厚度的钢板和型钢,称为热加工。在常温下对钢材进行加工称为冷加

工。通过加热、保温、冷却的操作方法,使钢的组织结构发生变化,以获得所需性能的加工工艺称为热处理。

1. 热加工

将钢锭或钢坯加热至一定温度时,钢的组织将完全转变为奥氏体状态。奥氏体是碳溶入面心立方晶格的 γ 铁的固溶体,虽然含碳量很高,但其强度较低,塑性较好。因此钢材的轧制或锻压等热加工,经常选择在形成奥氏体时的适当温度范围内进行。选择原则是开始热加工时的温度不得过高,以免钢材氧化严重,而终止热加工时的温度也不能过低,以免钢材塑性差,引发裂纹。一般开轧和锻压温度控制在 1150～1300℃。

钢材的轧制是通过一系列轧辊,使钢坯逐渐辊轧成所需厚度的钢板或型钢,图 2-3 是宽翼缘 H 型钢的轧制示意图。钢材的锻压是将加热了的钢坯用锤击或模压的方法加工成所需的形状,钢结构中的某些连接零件常采用此种方法制造。

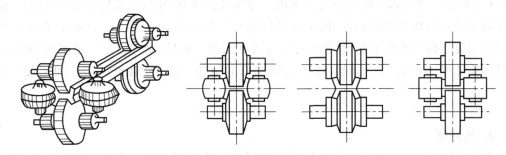

图 2-3　宽翼缘 H 型钢轧制示意图

热加工可破坏钢锭的铸造组织,使金属的晶粒变细,还可在高温和压力下压合钢坯中的气孔、裂纹等缺陷,改善钢材的力学性能。热轧薄板和壁厚较薄的热轧型钢,因辊轧次数较多,轧制的压缩比大,钢材的性能改善明显,其强度、塑性、韧性和焊接性能均优于厚板和厚壁型钢。钢材的强度按板厚分组就是这个缘故。

热加工使金属晶粒沿变形方向形成纤维组织,使钢材沿轧制方向(纵向)的性能优于垂直轧制方向(横向)的性能,即使其各向异性增大。因此对于钢板部件应沿其横向切取试件进行拉伸和冷弯试验。钢中的硫化物和氧化物等非金属夹杂,经轧制后被压成薄片,对轧制压缩比较小的厚钢板来说,该薄片无法被焊合,会出现分层现象。分层使钢板沿厚度方向受拉的性能恶化,在焊接连接处沿板厚方向有拉力作用(包括焊接产生的约束拉应力作用)时,可能出现层状撕裂现象(图 2-4),应引起重视。

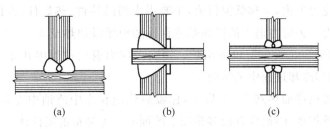

图 2-4　焊接产生的层状撕裂

2. 冷加工

在常温或低于再结晶温度情况下，通过机械的力量，使钢材产生所需要的永久塑性变形，获得需要的薄板或型钢的工艺称为冷加工。冷加工包括冷轧、冷弯、冷拔等延伸性加工，也包括剪、冲、钻、刨等切削性加工。冷轧卷板和冷轧钢板就是将热轧卷板或热轧薄板经带钢冷轧机进一步加工得到的产品。在轻钢结构中广泛应用的冷弯薄壁型钢和压型钢板也是经辊轧或模压冷弯所制成。组成平行钢丝束、钢绞线或钢丝绳等的基本材料——高强钢丝，就是由热处理的优质碳素结构钢盘条经多次连续冷拔而成的。

经过冷加工的钢材均产生了不同程度的塑性变形，金属晶粒沿变形方向被拉长，局部晶粒破碎、位错密度增加，并使残余应力增加。钢材经冷加工后，会产生局部或整体硬化，即在局部或整体上提高了钢材的强度和硬度，但却降低了塑性和韧性，这种现象称为冷作硬化（或应变硬化）。冷拔高强度钢丝充分利用了冷作硬化现象，在悬索结构中有广泛的应用。冷弯薄壁型钢结构在强度验算时，可有条件地利用因冷弯效应而产生的强度提高现象。但对截面复杂的钢构件来说，这种情况是无法利用的。相反，钢材由于冷硬变脆，常成为钢结构脆性断裂的起因。因此，对于比较重要的结构，要尽量避免局部冷加工硬化的发生。

3. 热处理

钢的热处理是将钢在固态范围内，施以不同的加热、保温和冷却措施，通过改变其内部组织构造改善钢材性能的一种加工工艺。钢材的普通热处理包括退火、正火、淬火和回火4种基本工艺。

退火和正火是应用非常广泛的热处理工艺，用其可以消除加工硬化、软化钢材、细化晶粒、改善组织以提高钢的机械性能；消除残余应力，以防钢件的变形和开裂，为进一步的热处理做好准备。对一般低碳钢和低合金钢而言，其操作方法为：在炉中将钢材加热至850~900℃，保温一段时间后，若随炉温冷却至500℃以下，再放至空气中冷却的工艺称为完全退火；若保温后从炉中取出在空气中冷却的工艺称为正火。正火的冷却速度比退火快，正火后的钢材组织比退火细，强度和硬度有所提高。如果钢材在终止热轧时的温度正好控制在850~900℃，可得到正火的效果，称为控轧。如果热轧卷板的成卷温度正好在上述范围内，则卷板内部的钢材可得到退火的效果，钢材会变软。

还有一种去应力退火，又称低温退火，主要用来消除铸件、热轧件、锻件、焊接件和冷加工件中的残余应力。去应力退火的操作是将钢件随炉缓慢加热至500~600℃，经一段时间后，随炉缓慢冷却至200~300℃以下出炉。钢在去应力退火过程中并无组织变化，残余应力是在加热、保温和冷却过程中消除的。

淬火工艺是将钢件加热到900℃以上，保温后快速在水中或油中冷却。在极大的冷却速度下原子来不及扩散，因此含有较多碳原子的面心立方晶格的奥氏体，以无扩散方式转变为碳原子过饱和的铁固溶体，称为马氏体。由于铁的含碳量是过饱和状态，从而使体心立方晶格被撑长为歪曲的体心正方晶格。晶格的畸变增加了钢材的强度和硬度，同时使塑性和韧性降低。马氏体是一种不稳定的组织,不宜用于建筑结构。

回火工艺是将淬火后的钢材加热到某一温度进行保温,而后在空气中冷却。其目的是消除残余应力,调整强度和硬度,减少脆性,增加塑性和韧性,形成较稳定的组织。将淬火后的钢材加热至 500~650℃,保温后在空气中冷却,称为高温回火。高温回火后的马氏体转化为铁素体和粒状渗碳体的机械混合物,称为索氏体。索氏体钢具有强度、塑性、韧性都较好的综合机械性能。通常称淬火加高温回火的工艺为调质处理。强度较高的钢材,如 Q420 中的 C,D,E 级钢和高强度螺栓的钢材都要经过调质处理。

2.3　钢材的主要性能

2.3.1　钢材的破坏形式

钢材有两种完全不同的破坏形式:塑性破坏(ductile fracture)和脆性破坏(brittle fracture)。钢结构所用的钢材在正常使用条件下,虽然有较高的塑性和韧性,但在某些条件下,仍存在发生脆性破坏的可能性。

塑性破坏的主要特征是,破坏前具有较大的塑性变形,常在钢材表面出现明显的相互垂直交错的锈迹剥落线。只有当构件中的应力达到抗拉强度后才会发生破坏,破坏后的断口呈纤维状,色泽发暗。由于塑性破坏前总有较大的塑性变形发生,且变形持续时间较长,容易被发现和抢修加固,因此不至于发生严重后果。钢材塑性破坏前的较大塑性变形能力,可以实现构件和结构中的内力重分布,钢结构的塑性设计就是建立在这种足够的塑性变形能力上。

脆性破坏的主要特征是,破坏前塑性变形很小,或根本没有塑性变形,而突然迅速断裂。破坏后的断口平直,呈有光泽的晶粒状或有人字纹。由于破坏前没有任何预兆,破坏速度又极快,无法察觉和补救,而且一旦发生常引发整个结构的破坏,后果非常严重,因此在钢结构的设计、施工和使用过程中,要特别注意防止这种破坏的发生。

钢材存在的两种破坏形式与其内在的组织构造和外部的工作条件有关。试验和分析均证明,在剪力作用下,具有体心立方晶格的铁素体很容易通过位错移动形成滑移,即形成塑性变形;而其抵抗沿晶格方向伸长至拉断的能力却强大得多,因此当单晶铁素体承受拉力作用时,总是首先沿最大剪应力方向产生塑性滑移变形(图 2-5)。

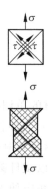

图 2-5　铁素体单晶体的塑性滑移

实际钢材是由铁素体和珠光体等组成的。由于珠光体间层的限制阻遏了铁素体的滑移变形,因此受力初期表现出弹性性能。当应力达到一定数值,珠光体间层失去了约束铁素体在最大剪应力方向滑移的能力,此时钢材将出现屈服现象,先前铁素体被约束的塑性变形就充分表现出来,直到最后破坏。显然当内外因素使钢材中铁素体的塑性变形无法发生时,钢材将出现脆性破坏。

2.3.2 钢材在单向一次拉伸下的工作性能

钢材的多项性能指标可通过单向一次(也称单调)拉伸试验获得。试验一般都是在标准条件下进行的,即试件的尺寸符合国家标准,表面光滑,没有孔洞、刻槽等缺陷;荷载分级逐次增加,直到试件破坏;室温为20℃左右。图2-6给出了相应钢材的单调拉伸应力-应变曲线。由低碳钢和低合金钢的试验曲线看出,在比例极限(proportional limit)σ_p以前钢材的工作是弹性的;比例极限以后,进入弹塑性阶段;达到屈服点(yield point或yield strength)f_y后,出现一段纯塑性变形,也称为塑性平台;此后强度又有所提高,出现所谓自强阶段,直至产生颈缩而破坏。破坏时的残余延伸率表示钢材的塑性性能。调质处理的低合金钢没有明显的屈服点和塑性平台。这类钢的屈服点是以卸载后试件中残余应变为0.2%所对应的应力人为定义的,称为名义屈服点或$f_{0.2}$(图2-6)。

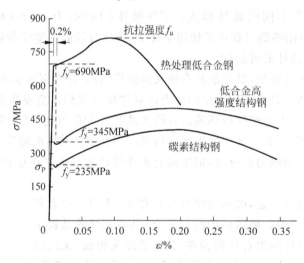

图2-6 钢材的单调拉伸应力-应变曲线

钢材的单调拉伸应力-应变曲线提供了3个重要的力学性能指标:抗拉强度(tensile strength)f_u、伸长率(elongation)δ和屈服点f_y。抗拉强度f_u是钢材一项重要的强度指标,反映钢材受拉时所能承受的极限应力。伸长率δ是衡量钢材断裂前所具有的塑性变形能力的指标,以试件破坏后在标定长度内的残余应变表示。取圆试件直径的5倍或10倍为标定长度,其相应伸长率分别用δ_5或δ_{10}表示。屈服点f_y是钢结构设计中应力允许达到的最大限值,因为当构件中的应力达到屈服点时,结构会因过度的塑性变形而不适于继续承载。承重结构的钢材应满足相应国家标准对上述 3 项力学性能指标的要求。

　　断面收缩率 ψ 是试样拉断后,颈缩处横断面面积的最大缩减量与原始横断面面积的百分比,也是单调拉伸试验提供的一个塑性指标。ψ 越大,塑性越好。在国家标准《厚度方向性能钢板》(GB/T 5313—2010)中,使用沿厚度方向的标准拉伸试件的断面收缩率来定义 Z 向钢的种类,如 ψ 分别大于或等于 15%,25%,35% 时,为 Z15,Z25,Z35 钢。由单调拉伸试验还可以看出钢材的韧性好坏。韧性可以用材料破坏过程中单位体积吸收的总能量来衡量,包括弹性能和非弹性能两部分,其数值等于应力-应变曲线(图 2-6)下的总面积。当钢材有脆性破坏的趋势时,裂纹扩展释放出来的弹性能往往称为裂纹继续扩展的驱动力,而扩展前所消耗的非弹性能量则属于裂纹扩展的阻力。因此,上述的静力韧性中非弹性能所占的比例越大,材料抵抗脆性破坏的能力越高。

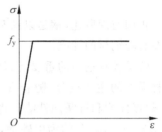

　　由图 2-6 可以看到,屈服点以前的应变很小,如把钢材的弹性工作阶段提高到屈服点,且不考虑自强阶段,则可把应力-应变曲线简化为图 2-7 所示的两条直线,称为理想弹塑性体的工作曲线。它表示钢材在屈服点以前应力与应变关系符合胡克定律,接近理想弹性体工作;屈服点以后塑性平台阶段又近似于理想的塑性体工作。这一简化,与实际误差不大,却大大方便了计算,成为钢结构弹性设计和塑性设计的理论基础。

图 2-7　理想弹塑性体应力-应变曲线

2.3.3　钢材的其他性能

1. 冷弯性能

钢材的冷弯性能(cold-bending behavior)由冷弯试验确定。试验时,根据钢材的牌号和

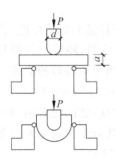

图 2-8　冷弯试验

不同的板厚,按国家相关标准规定的弯心直径,在试验机上把试件弯曲 180°(图 2-8),以试件表面和侧面不出现裂纹和分层为合格。冷弯试验不仅能检验材料承受规定的弯曲变形能力的大小,还能显示其内部的冶金缺陷,因此是判断钢材塑性变形能力和冶金质量的综合指标。焊接承重结构以及重要的非焊接承重结构采用的钢材均应满足冷弯试验的要求。

2. 冲击韧性

　　单调拉伸试验获得的韧性没有考虑应力集中和动荷作用的影响,因此只能用来比较不同钢材在正常情况下的韧性好坏。冲击韧性也称缺口韧性(notch toughness),是评定带有缺口的钢材在冲击荷载作用下抵抗脆性破坏能力的指标,通常用带有夏比 V 形缺口(Charpy V-notch)的标准试件做冲击试验,以击断试件所消耗的冲击功大小来衡量钢材抵抗脆性破坏的能力。冲击韧性也叫冲击功,用 AKV 或 CV 表示,单位为 J(1J=1N·m)。

2.4　各种因素对钢材性能的影响

2.4.1　化学成分的影响

正如前面所述,钢是以铁和碳为主要成分的合金,虽然碳和其他元素所占比例甚少,但却左右着钢材的性能。

碳是各种钢中的重要元素之一,在碳素结构钢中则是铁以外的最主要元素。碳是形成钢材强度的主要成分,随着含碳量的提高,钢的强度逐渐增高,而塑性和韧性下降,冷弯性能、焊接性能和抗锈蚀性能等也变差。碳素钢按碳的含量区分,小于0.25%的为低碳钢,介于0.25%~0.6%的为中碳钢,大于0.6%的为高碳钢。含碳量超过0.2%时,钢材的焊接性能将开始恶化。含碳量超过0.3%时,钢材的抗拉强度很高,但没有明显的屈服点,且塑性很小。因此,规范推荐的钢材,含碳量均不超过0.22%,对于焊接结构则严格控制在0.2%以内。

硫是有害元素,常以硫化铁形式夹杂于钢中。当温度达800~1000℃时,硫化铁会熔化使钢材变脆,因而在进行焊接或热加工时,有可能引发热裂纹,称为热脆。此外,硫还会降低钢材的冲击韧性、疲劳强度、抗锈蚀性能和焊接性能等。非金属硫化物夹杂经热轧加工后还会在厚钢板中形成局部分层现象,在采用焊接连接的节点中,沿板厚方向承受拉力时,会发生层状撕裂破坏。因而应严格限制钢材中的含硫量,随着钢材牌号和质量等级的提高,含硫量的限值由0.05%依次降至0.025%,厚度方向性能钢板(抗层状撕裂钢板)的含硫量更限制在0.01%以下。

磷可提高钢的强度和抗锈蚀能力,却严重降低钢的塑性、韧性、冷弯性能和焊接性能,特别是在温度较低时促使钢材变脆,称为冷脆。因此,磷的含量也要严格控制,随着钢材牌号和质量等级的提高,含磷量的限值由0.045%依次降至0.025%。但是当采取特殊的冶炼工艺时,磷可作为一种合金元素来制造含磷的低合金钢,此时其含量可达0.12%~0.13%。

锰是有益元素,在普通碳素钢中,它是一种弱脱氧剂,可提高钢材强度,消除硫对钢的热脆影响,改善钢的冷脆倾向,同时不显著降低塑性和韧性。锰还是我国低合金钢的主要合金元素,其含量为0.8%~1.8%。但锰对焊接性能不利,因此含量也不宜过多。

硅是有益元素,在普通碳素钢中,它是一种强脱氧剂,常与锰共同除氧,生产镇静钢。适量的硅可以细化晶粒,提高钢的强度,而对塑性、韧性、冷弯性能和焊接性能无显著不良影响。硅的含量在一般镇静钢中为0.12%~0.30%,在低合金钢中为0.2%~0.55%。过量的硅会恶化焊接性能和抗锈蚀性能。

钒、铌、钛等元素可在钢中形成微细碳化物,适量加入能起细化晶粒和弥散强化作用,从而提高钢材的强度和韧性,又可保持良好的塑性。

铝是强脱氧剂,还能细化晶粒,可提高钢的强度和低温韧性,在要求低温冲击韧性合格保证的低合金钢中,其含量不小于 0.015%。

铬、镍是提高钢材强度的合金元素,用于 Q390 及以上牌号的钢材中,但其含量应受限制,以免影响钢材的其他性能。

铜和铬、镍、钼等其他合金元素,可在金属基体表面形成保护层,提高钢对大气的抗腐蚀能力,同时保持钢材具有良好的焊接性能。在我国的焊接结构用耐候钢中,铜的含量为 0.20%~0.40%。

镧、铈等稀土元素(RE)可提高钢的抗氧化性,并改善其他性能,在低合金钢中其含量按 0.02%~0.20%控制。

氧和氮属于有害元素。氧与硫类似使钢热脆,氮的影响和磷类似,因此其含量均应严格控制。但当采用特殊的合金组分匹配时,氮可作为一种合金元素来提高低合金钢的强度和抗腐蚀性,如在九江长江大桥中使用的 15MnVN 钢就是 Q420 中的一种含氮钢,氮含量控制在 0.010%~0.020%。

氢是有害元素,呈极不稳定的原子状态溶解在钢中,其溶解度随温度的降低而降低,常在结构疏松区域、孔洞、晶格错位和晶界处富集,生成氢分子,产生巨大的内压力,使钢材开裂,称为氢脆。氢脆属于延迟性破坏,在有拉应力作用下,常需要经过一定孕育发展期才会发生。在破裂面上常可见到白点,称为氢白点。含碳量较低且硫、磷含量较少的钢,氢脆敏感性低。钢的强度等级越高,对氢脆越敏感。

2.4.2 钢材的焊接性能

钢材的焊接性能受含碳量和合金元素含量的影响。当含碳量在 0.12%~0.20%范围内时,碳素钢的焊接性能最好;含碳量超过上述范围时,焊缝及热影响区容易变脆。一般 Q235A 的含碳量较高,且含碳量不作为交货条件,因此这一牌号通常不能用于焊接构件。而 Q235B,C,D 的含碳量控制在上述的适宜范围之内,是适合焊接使用的普通碳素钢牌号。在高强度低合金钢中,低合金元素大多对可焊性有不利影响,我国行业标准《建筑钢结构焊接技术规程》(GB 50661—2011)推荐使用碳当量 CE 来衡量低合金钢的可焊性,其计算公式如下:

$$CE = C + \frac{Mn}{6} + \frac{Cr + Mo + V}{5} + \frac{Ni + Cu}{15} \qquad (2\text{-}1)$$

其中 C,Mn,Cr,Mo,V,Ni,Cu 分别为碳、锰、铬、钼、钒、镍和铜的百分含量。当 CE≤0.38% 时,钢材的可焊性很好,可以不用采取措施直接施焊;当 CE 在 0.38%~0.45%范围内时,钢材呈淬硬倾向,施焊时需要控制焊接工艺,采用预热措施并使热影响区缓慢冷却,以免发生淬硬开裂;当 CE>0.45%时,钢材的淬硬倾向更加明显,需严格控制焊接工艺和预热温度才能获得合格的焊缝。

钢材焊接性能的优劣除了与钢材的碳当量有直接关系之外,还与母材厚度、焊接方法、焊接工艺参数以及结构形式等条件有关。目前,国内外都采用可焊性试验的方法来检验钢材的焊接性能,从而制定出重要结构和构件的焊接制度和工艺。

2.4.3　钢材的硬化

　　钢材的硬化有 3 种情况：时效硬化、冷作硬化（或应变硬化）和应变时效硬化。

　　在高温时溶于铁中的少量氮和碳，随着时间的增长逐渐由固溶体中析出，生成氮化物和碳化物，散存在铁素体晶粒的滑动界面上，对晶粒的塑性滑移起到遏制作用，从而使钢材的强度提高，塑性和韧性下降（图 2-9（a）），这种现象称为时效硬化（也称老化）。产生时效硬化的过程一般较长，但在振动荷载、反复荷载及温度变化等情况下，会加速发展。

　　在冷加工（或一次加载）使钢材产生较大的塑性变形的情况下，卸荷后再重新加载，钢材的屈服点提高，塑性和韧性降低的现象（图 2-9（a））称为冷作硬化。

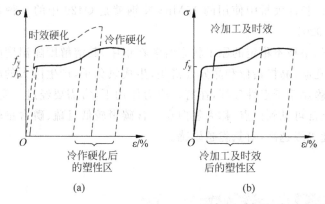

图 2-9　硬化对钢材性能的影响
（a）时效硬化及冷作硬化；（b）应变时效硬化

　　在钢材产生一定数量的塑性变形后，铁素体晶体中的固溶氮和碳将更容易析出，从而使已经冷作硬化的钢材又发生时效硬化现象（图 2-9（b）），称为应变时效硬化。这种硬化在高温作用下会快速发展，人工时效就是据此提出来的。方法是：先使钢材产生 10% 左右的塑性变形，卸载后再加热至 250℃，保温 1h 后在空气中冷却。用人工时效后的钢材进行冲击韧性试验，可以判断钢材的应变时效硬化倾向，确保结构具有足够的抗脆性破坏能力。

　　对于比较重要的钢结构，要尽量避免局部冷作硬化现象的发生。如钢材的剪切和冲孔，会使切口和孔壁发生分离式的塑性破坏，在剪断的边缘和冲出的孔壁处产生严重的冷作硬化，甚至出现微细的裂纹，使钢材局部变脆。此时，可将剪切处刨边，冲孔用较小的冲头，冲完后再行扩钻或完全改为钻孔的办法来除掉硬化部分或使其根本不发生硬化。

2.4.4　应力集中的影响

　　由单调拉伸试验所获得的钢材性能只能反映钢材在标准试验条件下的性能，即应力均匀分布且是单向的。实际结构中不可避免存在孔洞、槽口、截面突然改变以及钢材内部缺陷等,此时截面中的应力分布不再保持均匀。由于主应力线在绕过孔口等缺陷时发生弯转,不仅在孔口边缘处会产生沿力作用方向的应力高峰,而且会在孔口附近产生垂直于力方向的横向应力,甚至会产生三向拉应力(图 2-10)。而且厚度越厚的钢板,在其缺口中心部位的三向拉应力也越大,这是因为在轴向拉力作用下,缺口中心沿板厚方向的收缩变形受到较大的限制,形成平面应变状态所致。

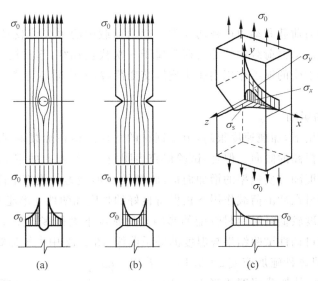

图 2-10　板件在孔口处的应力集中

(a)薄板圆孔处的应力分布;(b)薄板缺口处的应力分布;(c)后板缺口处的应力分布

应力集中的严重程度用应力集中系数衡量,缺口边缘沿受力方向的最大应力 $\sigma_{\max}$ 和按净截面的平均应力 $\sigma_0 = N/A_n$(A_n 为净截面面积)的比值称为应力集中系数,即 $k = \sigma_{\max}/\sigma_0$。当出现同号力场或同号三向力场时,钢材将变脆,而且应力集中越严重,出现的同号三向力场的应力水平越接近,钢材越趋于脆性。具有不同缺口形状的钢材拉伸试验结果也表明(图 2-11,其中第 1 种试件为标准试件,2,3,4 为不同应力集中水平的对比试件),截面改变的尖锐程度越大的试件,其应力集中现象越严重,引起钢材脆性破坏的危险性越大。第 4 种试件已无明显屈服点,表现出高强钢的脆性破坏特征。

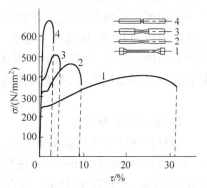

图 2-11　应力集中对钢材性能的影响

应力集中现象还可能由内应力产生。内应力的特点是力系在钢材内自相平衡,而与外力无关,其在浇注、轧制和焊接加工过程中,因不同部位钢材的冷却速度不同,或因不均匀加热和冷却而产生。其中焊接残余应力的量值往往很高,在焊缝附近的残余拉应力常达到屈服点,而且在焊缝交叉处经常出现双向、甚至三向残余拉应力场,使钢材局部变脆。当外力引起的应力与内应力处于不利组合时,会引发脆性破坏。

因此,在进行钢结构设计时,应尽量使构件和连接节点的形状和构造合理,防止截面的突然改变。在进行钢结构的焊接构造设计和施工时,应尽量减少焊接残余应力。

2.4.5　荷载类型的影响

荷载可分为静力荷载和动力荷载两大类。静力荷载中的永久荷载属于一次加载,活荷载可看作重复加载。动力荷载中的冲击荷载属于一次快速加载,起重机梁所受的起重机荷载以及建筑结构所承受的地震作用则属于连续交变荷载,或称循环荷载。

1. 加载速度的影响

在冲击荷载作用下,加载速度很高,由于钢材的塑性滑移在加载瞬间跟不上应变速率,因而反映出屈服点提高的倾向。但是,试验研究表明,在20℃左右的室温环境下,虽然钢材的屈服点和抗拉强度随应变速率的增加而提高,塑性变形能力却没有下降,反而有所提高,即处于常温下的钢材在冲击荷载作用下仍保持良好的强度和塑性变形能力。

应变速率在温度较低时对钢材性能的影响要比常温下大得多。图2-12给出了3条不同应变速率下的缺口韧性试验结果与温度的关系曲线,图2-12中中等加载速率相当于应变速率 $\varepsilon = 10^{-3} \text{s}^{-1}$,即每秒施加应变 $\varepsilon = 0.1\%$。若以100mm为标定长度,其加载速度相当于0.1mm/s。由图2-12可以看出,随着加载速率的减小,曲线向温度较低侧移动。在温度较高和较低两侧,3条曲线趋于接近,应变速率的影响变得不十分明显,但在常用温度范围内其对应变速率的影响十分敏感,即在此温度范围内,加载速率越高,缺口试件断裂时吸收的能量越低,变得越脆。因此在钢结构防止低温脆性破坏设计中,应考虑加荷速率的影响。

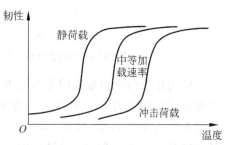

图2-12　不同应变速率下钢材断裂吸收能量随温度的变化

2. 循环荷载的影响

钢材在连续交变荷载作用下,会逐渐累积损伤、产生裂纹及裂纹逐渐扩展,直到最后破坏,此现象称为疲劳(fatigue)。按照断裂寿命和应力高低的不同,疲劳分为高周疲劳(high-cycle fatigue)和低周疲劳(low-cycle fatigue)两类。高周疲劳的断裂寿命较长,断裂前的应力循环次数 $n \geqslant 5 \times 10^4$,断裂应力水平较低($\sigma < f_y$),因此也称低应力疲劳或疲劳,一般常见的疲劳多属于这类。低周疲劳的断裂寿命较短,破坏前的循环次数 $n = 10^2 \sim 5 \times 10^4$,断裂应力水平较高($\sigma \geqslant f_y$),常有塑性应变发生,因此也称为应变疲劳或高应力疲劳。本节重点介绍有关低周疲劳的若干概念。

试验研究发现,当钢材承受拉力至产生塑性变形,卸载再使其受拉,其受拉的屈服强度将提高至卸载点(冷作硬化现象);而当卸载后使其受压,其受压的屈服强度将低于一次受压时所获得的值。这种经预拉后抗拉强度提高,抗压强度降低的现象称为包辛格效应(Bauschinger effect),如图2-13(a)所示。在交变荷载作用下,随着应变幅值的增加,钢材的应力应变曲线将形成滞回环线(hysteresis loops),如图 2-13(b)所示。低碳钢的滞回环丰满而稳定,滞回环所围的面积代表荷载循环一次单位体积的钢材所吸收的能量,在多次循环荷载作用下,将吸收大量的能量,十分有利于抗震。

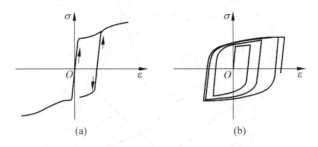

图 2-13　钢材的包辛格效应和滞回曲线

　　显然,在循环应变幅值作用下,若钢材的性能仍然用由单调拉伸试验得到的理想应力应变曲线(图 2-14(a))表示,将会带来较大误差,此时采用双线型和三线型曲线(图 2-14(b)、(c))模拟钢材性能将更为合理。钢构件和节点在循环应变幅值作用下的滞回性能要比钢材复杂得多,受很多因素的影响,应通过试验研究或较精确的模拟分析获得。钢结构在地震荷载作用下的低周疲劳破坏大部分是由于构件或节点的应力集中区域产生了宏观的塑性变形,由循环塑性应变累积损伤到一定程度后发生的。其疲劳寿命取决于塑性应变幅值的大小,塑性应变幅值大的疲劳寿命就低。由于问题的复杂性,有关低周疲劳问题的研究还在发展和完善过程中。

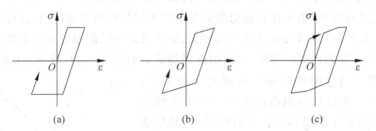

图 2-14　钢材在滞回应变荷载作用下应力应变简化模拟

2.4.6　温度的影响

　　钢材的性能受温度的影响十分明显,图 2-15 给出了低碳钢在不同正温下的单调拉伸试验结果。由图 2-15 可以看出,在 150℃以内,钢材的强度、弹性模量和塑性均与常温相近,变化不大。但在 250℃左右,抗拉强度有局部性提高,伸长率和断面收缩率均降至最低,出现了所谓的蓝脆现象(钢材表面氧化膜呈蓝色)。显然钢材的热加工应避开这一温度区段。在300℃以后,强度和弹性模量均开始显著下降,塑性显著上升。当温度达到 600℃时,强度几乎为零,塑性急剧上升,钢材处于热塑性状态。

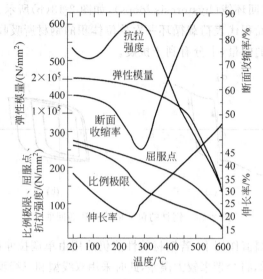

图 2-15　低碳钢在高温下的性能

由上述可以看出,钢材具有一定的抗热性能,但不耐火,一旦钢结构的温度达 600℃ 及以上时,会在瞬间因热塑而倒塌。因此受高温作用的钢结构应根据不同情况采取防护措施:当结构可能受到炽热熔化金属的侵害时,应采用砖或耐热材料做成的隔热层加以保护;当结构表面长期受辐射热达 150℃ 以上或在短时间内可能受到火焰作用时,应采取有效的防护措施(如加隔热层或水套等)。防火是钢结构设计中应考虑的一个重要问题,通常按国家有关防火的规范或标准,根据建筑物的防火等级对不同构件所要求的耐火极限进行设计,选择合适的防火保护层(包括防火涂料等的种类、涂层或防火层的厚度及质量要求等)。

在常温以下,随着温度的降低,钢材的强度提高,而塑性和韧性降低,逐渐变脆,称为钢材的低温冷脆。钢材的冲击韧性对温度十分敏感,图 2-16 给出了冲击韧性与温度的关系。图中实线为冲击功随温度的变化曲线,虚线为试件断口中晶粒状区所占面积随温度的变化曲线,温度 T_1 称为 NDT (nil ductility temperature),为脆性转变温度或零塑性转变温度。在该温度以下,冲击试件断口由 100% 晶粒状组成,表现为完全的脆性破坏。温度 T_2 称 FTP (fracture transition plastic),为全塑性转变温度。在该温度以上,冲击试件的断口由 100% 纤维状组成,表现为完全的塑性破坏。温度由 T_2 向 T_1 降低的过程

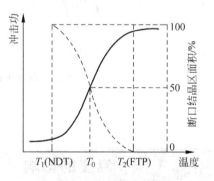

图 2-16　防止脆性断裂的方法

中,钢材的冲击功急剧下降,试件的破坏性质也从韧性变为脆性,故称该温度区间为脆性转变温度区。冲击功曲线的反弯点(或最陡点)对应的温度 T_0 称为转变温度。不同牌号和等级的钢材具有不同的转变温度区和转变温度,均应通过试验来确定。

在直接承受动力作用的钢结构设计中,为了防止脆性破坏,结构的工作温度应大于 T_1 接近 T_0,可小于 T_2。但是 T_1,T_2 和 T_0 的测量是非常复杂的,对每一炉钢材,都要在不同的温度下做大量的冲击试验并进行统计分析才能得到。为了便于工程实用,根据大量的使用

经验和试验资料的统计分析,我国有关标准对不同牌号和等级的钢材规定了在不同温度下的冲击韧性指标,例如对 Q235 钢,除 A 级不要求外,其他各级钢均取 CV=27J;对低合金高强度钢,除 A 级不要求外,E 级钢采用 CV=27J,其他各级钢均取 CV=34J。只要钢材在规定的温度下满足这些指标,那么就可按钢结构规范的有关规定,根据结构所处的工作温度,选择相应的钢材作为防脆断措施。

2.4.7 防止脆性断裂的方法

由前述分析可知,影响钢材在一定条件下出现脆性破坏的因素主要有:钢材的内在因素,如钢材的化学成分、组织构造和缺陷等;钢材的外在因素,如构造缺陷和焊接加工引起的应力集中(特别是厚板的应力集中)、低温影响、动荷作用、冷作硬化和应变时效硬化等。因此,为了防止脆性破坏的发生,应在钢结构的设计、制造和使用过程中注意以下几点。

1. 合理设计

首先,应正确选用钢材。随着钢材强度的提高,其韧性和工艺性能一般都有所下降。因此,不宜采用比实际需要强度更高的材料。同时,对于低温下工作、受动力荷载的钢结构,应使所选钢材的脆性转变温度低于结构的工作温度,例如,分别选择适当质量等级的 Q235,Q345 等钢,并应尽量使用较薄的型钢和板材。构造应力求合理,避免构件截面的突然改变,使之能均匀、连续地传递应力,减少构件和节点的应力集中。在满足结构的正常使用条件下,应尽量减少结构的刚度和整体性,以防断裂的失稳扩展,例如构件和节点的连接应尽量采用螺栓连接。如必须采用焊接连接时,应避免焊缝的密集和交叉,尽量采用焊接残余应力小的构造形式,可参考第 3 章有关焊接连接的内容。

2. 正确制造

应严格按照设计要求进行制作,例如不得随意进行钢材代换,不得随意将螺栓连接改为焊接连接,不得随意加大焊缝厚度等。应尽量采用钻孔或冲孔后再扩钻,以及对剪切边进行刨边等方法来避免冷作硬化现象。为了保证焊接质量,尽量减少焊接残余应力,应制定合理的焊接工艺和技术措施,并由考试合格的焊工施焊,必要时可采用热处理方法消除主要构件中的焊接残余应力。焊接中不得在构件上任意打火起弧。在制作和安装过程中所造成的缺陷(如定位焊缝、引弧板、吊装辅件等)均应进行清理和修复。制作和安装过程中及完成后,均要严格执行质量检验制度。

3. 合理使用

不得随意改变结构使用用途或任意超负荷使用结构;原设计在室温工作的结构,在冬季停产检修时要注意保暖;不在主要结构上任意焊接附加零件悬挂重物;避免因生产和运输不当对结构造成撞击或机械损伤;平时应注意检查和维护等。

2.5 建筑用钢的种类、规格和选用

2.5.1 建筑用钢的种类

我国的建筑用钢主要为碳素结构钢和低合金高强度结构钢两种。优质碳素结构钢在冷拔碳素钢丝和连接用紧固件中也有应用。另外，厚度方向性能钢板、焊接结构用耐候钢、铸钢等在某些情况下也有应用。

1. 碳素结构钢

按国家标准《碳素结构钢》(GB/T 700—2006)生产的钢材共有 Q195,Q215,Q235,Q255 和 Q275 这 5 种,板材厚度不大于 16mm 的相应牌号钢材的屈服点分别为 195,215,235,255N/mm² 和 275N/mm²。其中 Q235 含碳量在 0.22% 以下,属于低碳钢,钢材的强度适中,塑性、韧性均较好。该牌号钢材又根据化学成分和冲击韧性的不同划分为 A,B,C,D 共 4 个质量等级,按字母顺序由 A 到 D,表示质量等级由低到高。除 A 级外,其他三个级别的含碳量均在 0.20% 以下,焊接性能也很好。因此,规范将 Q235 牌号的钢材选为承重结构用钢。Q235 钢的化学成分和脱氧方法、拉伸和冲击试验以及冷弯试验结果均应符合表 2-1～表 2-3 的规定。碳素结构钢的钢号由代表屈服点的字母 Q、屈服点数值(单位为 N/mm²)、质量等级符号、脱氧方法符号等 4 个部分组成。符号"F"代表沸腾钢,"b"代表半镇静钢,符号"Z"和"TZ"分别代表镇静钢和特种镇静钢。在具体标注时"Z"和"TZ"可以省略。例如 Q235B 代表屈服点为 235N/mm² 的 B 级镇静钢。

表 2-1 Q235 钢的化学成分和脱氧方法(GB/T 700—2006)

牌号	等级	化学成分/%					脱氧方法
		C	Mn	Si	S	P	
Q235	A	0.14～0.22	0.30～0.55	≤0.30	≤0.050	≤0.045	F,b,Z
	B	0.12～0.20	0.30～0.70		≤0.045		F,b,Z
	C	≤0.18	0.35～0.80		≤0.040	≤0.040	Z
	D	≤0.17			≤0.035	≤0.035	TZ

表 2-2 Q235 的拉伸试验和冲击试验结果要求(GB/T 700—2006)

牌号	等级	拉伸试验						抗拉强度 σ_b/(N/mm²)	伸长率 δ_s/%						冲击试验	
		屈服点 σ_s/(N/mm²)													温度/℃	V形冲击功(纵向)/J
		钢板厚度(直径)/mm							钢板厚度(直径)/mm							
		≤16	>16～40	>40～60	>60～100	>100～150	>150		≤16	>16～40	>40～60	>60～100	>100～150	>150		
Q235	A	≥235	≥225	≥215	≥205	≥195	≥185	375～460	≥26	≥25	≥24	≥23	≥22	≥21	—	—
	B														20	≥27
	C														0	
	D														-20	

表 2-3 Q235 钢的冷弯试验结果要求（GB/T 700—2006）

牌号	试样方向	冷弯试样 $B=2a(180°)$		
		钢材厚度 a（直径）/mm		
		60	＞60～100	＞100～200
		弯心直径（d）		
Q235	纵向	a	$2a$	$2.5a$
	横向	$1.5a$	$2.5a$	$3a$

在冷弯薄壁型钢结构的压型钢板设计中，如由刚度条件而非强度条件起控制作用时，也允许采用 Q215 牌号的钢材，可参考本书第 5 章单层厂房钢结构的有关内容。

2. 低合金高强度结构钢

按国家标准《低合金高强度结构钢》（GB/T 1591—2008）生产的钢材共有 Q295，Q345，Q390，Q420 和 Q460 等 5 种牌号，板材厚度不大于 16mm 的相应牌号钢材的屈服点分别为 295，345，390，420，460MPa。这些钢的含碳量均不大于 20%，强度的提高主要依靠添加少量几种合金元素来达到，合金元素的总量低于 5%，故称为低合金高强度钢。其中 Q345，Q390 和 Q420 均按化学成分和冲击韧性划分为 A，B，C，D，E 共 5 个质量等级，字母顺序越靠后的钢材质量越高。这 3 种牌号的钢材均有较高的强度和较好的塑性、韧性、焊接性能，被规范选为承重结构用钢。这 3 种低合金高强度钢的牌号命名与碳素结构钢的类似，只是前者的 A，B 级为镇静钢，C，D，E 级为特种镇静钢，故可不加脱氧方法的符号。这 3 种牌号钢材的化学成分和拉伸、冲击、冷弯试验结果应符合表 2-4 及表 2-5 的规定。

表 2-4 部分低合金高强度钢的化学成分规定（GB/T 1591—2008）   %

牌号	质量等级	化学成分										
		C(≤)	Mn	Si(≤)	P(≤)	S(≤)	V	Nb	Ti	Al(≥)	Cr(≤)	Ni(≤)
Q345	A	0.20	1.00～1.60	0.55	0.045	0.045	0.02～0.15	0.015～0.060	0.02～0.20	—		
	B	0.20	1.00～1.60	0.55	0.040	0.040	0.02～0.15	0.015～0.060	0.02～0.20	—		
	C	0.20	1.00～1.60	0.55	0.035	0.035	0.02～0.15	0.015～0.060	0.02～0.20	0.015		
	D	0.18	1.00～1.60	0.55	0.030	0.030	0.02～0.15	0.015～0.060	0.02～0.20	0.015		
	E	0.18	1.00～1.60	0.55	0.025	0.025	0.02～0.15	0.015～0.060	0.02～0.20	0.015		
Q390	A	0.20	1.00～1.60	0.55	0.045	0.045	0.02～0.20	0.015～0.060	0.02～0.20	—	0.30	0.70
	B	0.20	1.00～1.60	0.55	0.040	0.040	0.02～0.20	0.015～0.060	0.02～0.20	—	0.30	0.70
	C	0.20	1.00～1.60	0.55	0.035	0.035	0.02～0.20	0.015～0.060	0.02～0.20	0.015	0.30	0.70
	D	0.20	1.00～1.60	0.55	0.030	0.030	0.02～0.20	0.015～0.060	0.02～0.20	0.015	0.30	0.70
	E	0.20	1.00～1.60	0.55	0.025	0.025	0.02～0.20	0.015～0.060	0.02～0.20	0.015	0.30	0.70
Q420	A	0.20	1.00～1.70	0.55	0.045	0.045	0.02～0.20	0.015～0.060	0.02～0.20	—	0.40	0.70
	B	0.20	1.00～1.70	0.55	0.040	0.040	0.02～0.20	0.015～0.060	0.02～0.20	—	0.40	0.70
	C	0.20	1.00～1.70	0.55	0.035	0.035	0.02～0.20	0.015～0.060	0.02～0.20	0.015	0.40	0.70
	D	0.20	1.00～1.70	0.55	0.030	0.030	0.02～0.20	0.015～0.060	0.02～0.20	0.015	0.40	0.70
	E	0.20	1.00～1.70	0.55	0.025	0.025	0.02～0.20	0.015～0.060	0.02～0.20	0.015	0.40	0.70

表 2-5　部分低合金高强度钢的力学性能要求(GB/T 1591—2008)

牌号	质量等级	屈服点 σ_s/(N/mm²) 钢板厚度(直径)/mm (不小于)				抗拉强度 σ_b/MPa	伸长率 δ_s/%	冲击功 A_{kv}(纵向)/J 不小于				180°弯曲试验 d=弯心直径,a—试样厚度(直径) 钢材厚度(直径)/mm	
		≤16	>16~35	>35~50	>50~100			+20℃	0℃	-20℃	-40℃	≤16	>16~100
Q345	A	345	325	295	275	470~630	21						
	B	345	325	295	275	470~630	21						
	C	345	325	295	275	470~630	22	34	34	34	27	$d=2a$	$d=3a$
	D	345	325	295	275	470~630	22						
	E	345	325	295	275	470~630	22						
Q390	A	390	370	350	330	490~650	19						
	B	390	370	350	330	490~650	19						
	C	390	370	350	330	490~650	20	34	34	34	27	$d=2a$	$d=3a$
	D	390	370	350	330	490~650	20						
	E	390	370	350	330	490~650	20						
Q420	A	420	400	380	360	520~680	18						
	B	420	400	380	360	520~680	18						
	C	420	400	380	360	520~680	19	34	34	34	27	$d=2a$	$d=3a$
	D	420	400	380	360	520~680	19						
	E	420	400	380	360	520~680	19						

3. 优质碳素结构钢

优质碳素结构钢(quality carbon structure steel)与碳素结构钢的主要区别在于钢中含杂质元素较少,磷、硫等有害元素的含量均不大于0.035%,其他缺陷的限制也较严格,具有较好的综合性能。按照国家标准《优质碳素结构钢》(GB/T 699—2015)生产的钢材共有两大类,一类为普通含锰量的钢,另一类为较高含锰量的钢。两类的钢号均用两位数字表示,它表示钢中的平均含碳量的万分数,前者数字后不加Mn,后者数字后加Mn,如45号钢,表示平均含碳量为0.45%的优质碳素钢;45Mn号钢表示同样含碳量,但锰的含量较高的优质碳素钢。优质碳素结构钢可按不热处理和热处理(正火、淬火、回火)状态交货,用做压力加工用钢(热压力加工、顶锻及冷拔坯料)和切削加工用钢。由于价格较高,钢结构中使用较少,仅用经热处理的优质碳素结构钢冷拔高强钢丝或制作高强螺栓、自攻螺钉等。

4. 其他建筑用钢

在某些情况下,要采用一些有别于上述牌号的钢材时,其材质应符合国家的相关标准。例如,为防止钢材的层状撕裂,焊接承重结构采用Z向钢时,应符合《厚度方向性能钢板》(GB/T 5313—2010)的规定;处于外露环境对耐腐蚀有特殊要求或在腐蚀性气、固态介质作用下的承重结构采用耐候钢时,应满足《耐候结构钢》(GB/T 4172—2008)的规定;当在钢结构中采用铸钢件时,应满足《一般工程用铸造碳钢件》(GB/T 11352—2009)的规定等。

2.5.2　钢材的规格

　　钢结构所用钢材主要为热轧成型的钢板和型钢,以及冷加工成型的冷轧薄钢板和冷弯薄壁型钢等。为减少制作工作量和降低造价,钢结构的设计和制作者应对钢材的规格有较全面的了解。

1. 钢板

　　钢板有厚钢板、薄钢板、扁钢(或带钢)之分。厚钢板常用做大型梁、柱等实腹式构件的翼缘和腹板以及节点板等;薄钢板主要用来制造冷弯薄壁型钢;扁钢可用做焊接组合梁、柱的翼缘板、各种连接板、加劲肋等,钢板截面的表示方法为在符号"一"后加"宽度×厚度",如—200×20 等。钢板的供应规格如下:①厚钢板:厚度 4.5~60mm,宽度 600~3000mm,长度 4~12m;②薄钢板:厚度 0.35~4mm,宽度 500~1500mm,长度 0.5~4m;③扁钢:厚度 4~60mm,宽度 12~200mm,长度 3~9m。

2. 热轧型钢

　　常用的热轧型钢有角钢、工字钢、槽钢等,如图 2-17(a)~(f)所示。

　　角钢分为等边(也叫等肢)和不等边(也叫不等肢)两种,主要用来制作桁架等格构式结构的杆件和支撑等连接杆件。角钢型号的表示方法为在符号"L"后加"长边宽×短边宽×厚度"(不等边角钢,如L 125×80×8),或加"边长×厚度"(等边角钢,如L 125×8)。目前我国生产的角钢最大边长为 200mm,角钢的供应长度一般为 4~19m。

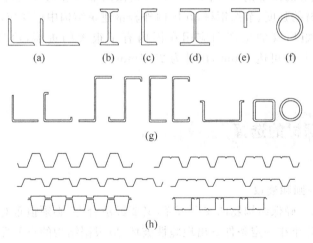

图 2-17　热轧型钢及冷弯薄壁型钢

(a) 角钢;(b) 工字钢;(c) 槽钢;(d) H 型钢;(e) T 型钢;(f) 钢管;(g) 冷弯薄壁型钢;(h) 压型钢板

　　工字钢有普通工字钢、轻型工字钢和 H 型钢 3 种。普通工字钢和轻型工字钢的 2 个主轴方向的惯性矩相差较大,不宜单独用作受压构件,而宜用作腹板平面内受弯的构件,或由工字钢和其他型钢组成组合构件或格构式构件。宽翼缘 H 型钢平面内外的回转半径较接近,可单独用作受压构件。

普通工字钢的型号用符号"I"后加截面高度的厘米数来表示,20号以上的工字钢,又按腹板的厚度不同,分为 a,b 或 a,b,c 等类别,例如 I20a 表示高度为 200mm、腹板厚度为 a 类的工字钢。轻型工字钢的翼缘要比普通工字钢的翼缘宽而薄,回转半径较大。普通工字钢的型号为 10~63 号,轻型工字钢的型号为 10~70 号,供应长度均为 5~19m。

H 型钢与普通工字钢相比,其翼缘板的内外表面平行,便于与其他构件连接。H 型钢的基本类型可分为宽翼缘(HW)、中翼缘(HM)及窄翼缘(HN)3 类。还可剖分成 T 型钢供应,代号分别为 TW,TM,TN。H 型钢和相应的 T 型钢的型号分别为代号后加"高度×宽度×腹板厚度×翼缘厚度",例如 HW400×400×13×21 和 TW200×400×13×21 等。宽翼缘和中翼缘 H 型钢可用于钢柱等受压构件,窄翼缘 H 型钢则适用于钢梁等受弯构件。目前国内生产的最大型号 H 型钢为 HN700×300×13×24。供货长度可与生产厂家协商,长度大于 24m 的 H 型钢不成捆交货。

槽钢有普通槽钢和轻型槽钢 2 种。适于作檩条等双向受弯的构件,也可用其组成组合或格构式构件。槽钢的型号与工字钢相似,例如 [32a 指截面高度 320mm,腹板较薄的槽钢。目前国内生产的最大型号为 [40c,供货长度为 5~19m。

钢管有无缝钢管和焊接钢管 2 种。由于回转半径较大,常用作桁架、网架、网壳等平面和空间格构式结构的杆件,在钢管混凝土柱中也有广泛的应用。型号可用代号"D"后加"外径×壁厚"表示,如 D180×8 等。国产热轧无缝钢管的最大外径可达 630mm,供货长度为 3~12m。焊接钢管的外径可以做得更大,一般由施工单位卷制。

3. 冷弯薄壁型钢

采用 1.5~6mm 厚的钢板经冷弯和辊压成型的型材(图 2-17(g)),和采用 0.4~1.6mm 的薄钢板经辊压成型的压型钢板(图 2-17(h)),其截面形式和尺寸均可按受力特点合理设计,能充分利用钢材的强度、节约钢材,在国内外轻钢建筑结构中广泛应用。近年来,冷弯高频焊接圆管和方、矩形管的生产和应用在国内有了很大的进展,冷弯型钢的壁厚已达 12.5mm(部分生产厂的可达 22mm,国外为 25.4mm)。

2.5.3 钢材的选择

1. 钢材选用原则和建议

钢材的选用既要确保结构物的安全可靠,又要经济合理,必须慎重对待。为了保证承重结构的承载能力,防止在一定条件下出现脆性破坏,应根据结构的重要性、荷载特征、连接方法、工作环境、应力状态和钢材厚度等因素综合考虑,选用合适牌号和质量等级的钢材。

一般而言,对于直接承受动力荷载的构件和结构(如起重机梁、工作平台梁或直接承受车辆荷载的栈桥构件等),重要的构件或结构(如桁架、屋面楼面大梁、框架横梁及其他受拉力较大的类似结构和构件等),采用焊接连接的结构以及处于低温下工作的结构,应采用质量较高的钢材。对承受静力荷载的受拉及受弯重要焊接构件和结构,宜选用较薄的型钢和板材;当选用的型材或板材的厚度较大时,宜采用质量较高的钢材,以防钢材中较大的残余拉应力和缺陷等与外力共同作用形成三向拉应力场,引起脆性破坏。

承重结构采用的钢材应具有抗拉强度、伸长率、屈服强度和硫、磷含量的合格保证,对焊接结构尚应具有含碳量的合格保证。焊接承重结构以及重要的非焊接承重结构采用的钢材,还应具有冷弯试验的合格保证。

根据多年的实践经验总结,并适当参考了有关国外规范的规定,《钢结构设计规范》(GB 50017—2003)具体给出了需要验算疲劳的钢结构材料应具有的冲击韧性合格保证的建议,如表 2-6 所示。

表 2-6　需验算疲劳的钢材选择表

结 构 类 别	结构工作温度 t/℃	要求下列低温冲击韧性合格保证		
		0℃	—20℃	—40℃
焊接结构或构件	(—20,0]	Q235C Q345C	Q390D Q420D	
	≤—20	—	Q235D Q345D	Q390E Q420E
非焊接结构或构件	≤—20	Q235C Q345C	Q390D Q420D	

为了简化订货,选择钢材时要尽量统一规格,减少钢材牌号和型材的种类,还要考虑市场的供应情况和制造厂的工艺可能性。对于某些拼接组合结构(如焊接组合梁、桁架等)可以选用两种不同牌号的钢材,受力大、由强度控制的部分(如组合梁的翼缘、桁架的弦杆等),用强度高的钢材;受力小、由稳定控制的部分(如组合梁的腹板、桁架的腹杆等),用强度低的钢材,可达到经济合理的目的。

2. 国外防脆选材的有关建议

欧洲钢结构试行规范(EC3)在其正文中对于承受准静力荷载(包括自重、楼面荷载、车辆荷载、风载、波浪荷载及起重机荷载)的钢结构,根据其构件是否为受压和非焊接受拉,区分为 S_1 和 S_2 两种使用条件,分别给出了最低使用温度为 0,—10℃和—20℃时,不必进行脆性断裂验算的各种钢材的最大板厚限值(表 2-7),并在其附录 C 中给出了防止脆性破坏的设计方法。这些方法同时考虑了钢材的强度等级、材料厚度、加载速率、最低使用温度、材料韧性和构件种类(破坏后果)的影响,规定比较详细,具有可操作性。

表 2-7　欧洲 BC3 规定的承受准静载的钢构件最大厚度限制

最近使用温度		0℃		—10℃		—20℃	
使用条件		S_1	S_2	S_1	S_2	S_1	S_2
钢材牌号 (屈服点)/ (N/mm²)	Fe360(235)B	150	41	108	30	74	22
	C	250	110	250	75	187	53
	D	250	250	250	212	250	150
	Fe510(355)B	40	12	29	9	21	6
	C	106	29	73	21	52	16
	D	250	73	177	52	150	38
	DD	250	128	250	85	250	59
	FeE355KT	250	250	250	250	250	150

俄罗斯地处欧洲西北部,冬季气候寒冷,过去曾发生过不少钢结构的脆性破坏事故。经过大量的理论和试验研究,苏联《钢结构设计规范》(CHNII Ⅱ-23-81)提出了一套考虑脆性破坏的强度计算方法。该规范规定,建造在-30~-65℃气温地区的钢结构都要考虑脆性破坏的抗力,并按下式验算强度:

$$\sigma_{max} \leqslant \beta R_u / \gamma_u$$

式中,σ_{max}为构件计算截面的最大名义拉应力,计算时不考虑动力系数,按净截面计算;β为计算系数,考虑了使用时的最低计算温度、钢材牌号、构件的构造和连接形式以及构件板厚的影响,总的趋势是计算温度越低、所用钢材的屈服强度越高、构件的板厚越厚、采用焊接连接形式引起的应力集中越严重,β就越低,最低时可达0.6;R_u为钢材的计算抗拉强度;γ_u为相应的抗力系数,取1.3。

美国钢结构协会《建筑钢结构荷载和抗力系数设计规范》(LRFD)在材料1章中单列了重型型材一节,规定采用全熔透焊缝相互拼接的重型型钢(翼缘板厚≥44mm),当主要承受由拉力和弯矩引起的拉应力作用时,在钢材的供货合同中应由供货商提供CV试验值,并满足+70℉(+20℃)的CV平均值不小于20ft·lbs(27J)的要求。同时规定,由板厚≥2in(50mm)采用全熔透焊缝组成的焊接组合截面钢构件,当主要承受由拉力和弯矩引起的拉应力作用时,其钢材也应满足上述要求。规范的条文说明指出,由于真实结构中钢材的应变速率远低于夏比V形缺口冲击试验中的应变速率,因此规定的试验温度比预期的结构使用温度高。美国公路钢桥规范对非累赘钢桥构件的断裂控制规定,采用屈服强度为248MPa和345MPa的钢构件,当型材材板厚不超过38mm时,按所在地区最低温度增加39℃进行夏比试验,而不是在服役环境的最低温度下做冲击试验,这和上述的道理是一样的。

与上述文献相比,我国对需要验算疲劳的钢构件冲击试验要求没有考虑板厚因素的影响,即不管板件厚薄,处于某一工作温度下的钢构件均要求相同的CV保证值,这显然是不尽合理的。以工作温度低于-20℃需要验算疲劳的Q345钢制成的焊接钢构件为例,按《钢结构设计规范》(GB 50017—2003)的规定,不管板厚是多少,均应选择Q345D级钢,也就是应具有-20℃冲击韧性合格保证的Q345钢。而按欧洲EC3的规定,当板件厚度t≤6mm时,可选用Fe510B级钢(大致相当于我国Q345B级钢,以下类似);当6mm<t≤16mm时,应选用Fe510C级钢;当16mm<t≤38mm时,应选用Fe510D级钢;当38mm<t≤59mm时,应选用Fe510DD级钢(相当于我国Q345D级和E级之间质量等级的钢材)。而按美国LRFD的规定当板厚小于50mm时,可不对钢材提出CV值的要求,当板厚≥50mm时,可只保证+20℃的冲击韧性不小于27J即可,比我国规范宽松得多。当然,各国的钢材牌号和质量有很大的差别,上例只能定性比较,不能得出定量的结论。

钢材的板厚越薄、轧下量越大、钢材的综合性能越好,显然,考虑实际板厚进行设计是合理的。由于我国在这方面的研究不多,原规范《钢结构设计规范》(GBJ 17—1988)使用多年,实践中尚没遇到考虑板厚选材的问题,故新规范《钢结构设计规范》(GB 50017—2003)仅在提高寒冷地区抗脆断能力要求一节中,提出在工作温度等于或低于-30℃的地区,焊接构件宜采用较薄的板件组成的定性要求,在材料选用一节中除增加了对Q235和Q345钢的0℃时CV保证要求和将Q345钢的CV试验温度提高到和Q235钢的相同以外,暂没有考虑按板厚选材的问题。期望我国钢结构工程界和科技工作者能开展这方面的研究,以便使我国的钢材选用建立在更加科学合理的基础之上。

3. 国内外钢材的互换问题

随着经济全球化时代的到来,不少国外钢材进入中国建筑领域。由于各国的钢材标准不同,在使用国外钢材时,必须全面了解不同牌号钢材的质量保证项目,包括化学成分和机械性能,检查厂家提供的质保书,并应进行抽样复验,其复验结果应符合现行国家产品标准和设计要求,方可与我国相应的钢材进行代换。

表 2-8 给出了以强度指标为依据的各国钢材牌号与我国钢材牌号的近似对应关系,供参考。

表 2-8　国内外钢材牌号对应关系

国别	中国	美　国	日本	欧盟	英国	俄罗斯	澳大利亚
钢材牌号	Q235	A36	SS400 SM400 SN400	Fe360	40	C235	250 C250
	Q345	A242,A411,A572-50,A588	SM490 SN490	Fe510 FeE355	50B,C,D	C345	350 C350
	Q390				50F	C390	400 Hd400
	Q420	A572-60	SA440B SA440C			C440	

思　考　题

1. 简述 Q235 钢应力-应变曲线图中的各个阶段及各个工作阶段的典型特征。
2. 在钢结构设计中,衡量钢材力学性能好坏的三项重要指标及其作用是什么?
3. 什么叫塑性破坏?什么叫脆性破坏?如何防治脆性破坏的发生?
4. 影响钢材性能的因素主要有哪些?
5. 应力集中是怎样产生的,其有怎样的危害,在设计中应如何避免?
6. 钢材在高温下的力学性能如何,为何钢材不耐火?
7. 在钢材的选择中应考虑哪些因素?

参 考 文 献

[1] 张耀春.钢结构设计原理[M].北京：高等教育出版社,2011.
[2] 陈辉,薛艳霞,孙恩禹.土木工程材料[M].西安：西安交通大学出版社,2012.

第 3 章

钢结构的连接计算及构造要求

本章导读：本章主要介绍钢结构节点的设计原则；钢结构的连接方法；角焊缝的构造和计算、普通螺栓连接的构造与计算以及高强度螺栓连接的构造与计算方法。

本章重点：(1)角焊缝的构造和计算；(2)普通螺栓连接的构造与计算；(3)高强螺栓连接的构造与计算。

3.1 钢结构连接节点的基本特性

3.1.1 概述

钢结构是由构件和节点构成的。常见的梁设计节点有：梁的拼接节点、主-次梁连接节点和梁的支座节点。常见的柱设计节点有：柱拼接节点、梁-柱柔性连接节点、梁-柱刚性连接节点、梁-柱半刚性连接节点和柱脚节点。常见的桁架和支撑设计节点有：连接板节点、球连接节点等。

组成钢结构的各个构件必须通过节点相连，才能形成协同工作的结构整体。即使每个构件都能满足安全使用的要求，但如果节点设计处理不当，造成连接节点破坏，常常会引起整个结构的破坏。节点设计是否合理不仅影响结构安全、使用寿命，对于结构的造价和安装也会有较重要的影响。因此，确定合理的连接方案及节点构造是钢结构设计的重要环节。运用钢结构设计原理和总结实际工程经验，在节点设计环节一般应遵循以下原则。

(1)节点构造应保证实现结构计算简图所要求的连接性能，从而避免因节点构造不恰当而使结构或构件的受力状态与分析不一致。

（2）传力明确。传力路径应清晰，尽可能减少应力集中现象。

（3）节点应具有足够的承载力，使结构不至于因连接薄弱而引起破坏。

（4）具有良好的延性。建筑结构钢材本身具有良好的延性，这对于抗震设计十分重要。材料的延性应该充分体现在整体结构中，主要影响因素有节点的局部压曲和脆性破坏。因此在设计中应采用合理的细部构造，避免约束大和易产生层状撕裂的连接式。

（5）构造简洁，便于制作和安装。节点构造设计是否恰当对于制作和安装影响很大。节点设计便于施工，则施工效率高，成本降低；反之，成本升高，工程质量不易保证。例如在高空拼接和连接时优先选择高强度螺栓连接方法，而尽量不选择焊接连接方式。

（6）经济合理。即节点设计应综合考虑设计、制作和安装等方面的因素，确定最合理的连接方案，在省时和省料两个选项之间确定最佳平衡点。尽可能减少节点类型，连接节点做到定型化和标准化。

（7）节点设计常采用的方法有等强设计方法和按照实际最大内力设计方法。如果对于构建的拼接采用等强设计方法，则拼接件和连接以及材料都应能够传递端截面处的最大承载力。

各类节点的具体构造不尽相同，很难同时满足上述全部原则。所以在实际设计中首先应保证节点具有良好的承载能力，使结构和构件可以安全可靠地工作，然后再考虑施工方便和经济合理。

3.1.2 连接节点的基本特性

刚架连接节点的类别，根据节点处传递荷载的情况，所采用的连接方法及细部构造，按节点力学特性，可以分为刚性连接节点、半刚性连接节点和铰接连接节点。

作为构件的刚性连接节点，从保持构件原有的力学特性来说，在连接节点处应保证其原来的完全连续性。这种连接节点将和构件的其他部分一样承担重弯矩、剪力和轴力的作用。

在构件的拼接连接节点中，根据拼接连接所处位置，有时不能传递被连接构件的全强度（各种承载力）也是可以的。这种节点只根据作用于拼接连接节点处的内力来设计。因此这样的拼接节点不能保证构件的连续性，因而不能作为完全的刚性连接节点。这样的连接节点称为半刚性连接节点。

在构件的连接节点中，还有一种铰接连接节点，从理论上来说是完全不能承受弯矩的连接节点，因而一般不能用于构件的拼接连接，通常只用于构件端部的连接，柱脚和梁的端部连接。但是在建筑结构中作为铰接的连接节点，其特性并非完全铰接，对弯矩并不是不能承受，只是抗弯刚度远低于构件的抗弯刚度，因而在工程实际中把它视为铰接连接处理，这是简便可行的。

在钢结构设计工作中，连接节点的设计是一个重要环节。为使连接节点具有足够的强度和刚度，设计时应根据连接节点的位置及其要求的强度和刚度，合理地确定：①连接节点的形式；②连接节点的连接方法；③连接节点的细部构造及其基本计算式。

为了简化计算,连接节点的设计一般均按完全刚接或完全铰接进行设计。

钢结构设计中不论是梁的拼接和连接节点,还是柱的拼接和连接节点,以及桁架和网架的板式连接节点和球式连接节点,都按照以下介绍的传统连接方法和原理完成。

钢结构是由若干构件组合而成的,构件的截面除了有热轧和冷弯型钢截面,还会有由钢板组合而成的非标准截面。所以连接的作用就是通过一定的方式将钢板母材或型钢组合成需要的构件截面,或者将若干构件组成整体结构,以保证构件和结构共同工作,因此连接方式的选择和施工质量的优劣直接影响钢结构的工作性能。钢结构的连接必须保证和符合安全可靠、传力明确、构造简单、施工方便、节约材料等原则。

钢结构的常用连接方式分为焊接连接、螺栓连接和铆钉连接 3 种(图 3-1)。其中铆钉连接由于构造复杂、费钢、费工,在现代钢结构设计与施工中很少采用。但是铆钉连接的塑性和韧性较好、传力可靠、质量易于检查,在一些<u>重型和直接承受动力荷载</u>的结构中,有时仍被采用。

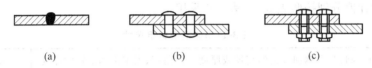

(a)　　　　　　　(b)　　　　　　　(c)

图 3-1　钢结构的连接方法

(a) 焊缝连接;(b) 螺栓连接;(c) 铆钉连接

3.2　钢结构的连接材料及设计指标

3.2.1　连接材料

用作钢结构连接的连接材料均应与被连接构件采用的钢材材质相适应。将两种不同强度的钢材相连接时,采用与低强度钢材相适应的连接材料。

(1) 手工电弧焊应采用符合国家标准的《碳钢焊条》(GB 5117—2012)规定的焊条。

(2) 自动或半自动埋弧焊应采用与被连接构件相适应焊丝和焊剂。焊丝应符合国家标准《焊接用焊丝》(GB/T 14958—1994)的规定。

(3) 性能等级为 C 级和 A 级、B 级的普通螺栓应采用符合国家标准《碳素结构钢》(GB 700—2006)规定的 Q235 钢制成。

(4) 锚栓一般采用符合国家标准《碳素结构钢》(GB 700—2006)规定的 Q235 钢制成,当适用条件比较重要时采用符合国家标准《低合金结构钢》(GB 1591—1994)规定的 16Mn钢制成。

（5）性能为 8.8 级的高强度螺栓采用符合国家标准《优质碳素结构钢》（GB 699—2015）规定的 45♯钢或 35♯钢制成。

（6）性能为 10.9 级的高强度螺栓采用符合国家标准《合金结构钢》（GB 3077—2015）规定的 20MnTiB 钢或 40B 钢制成。

（7）高强度螺母和垫圈采用 45♯钢、35♯钢或 15MnVB 钢制成。

3.2.2　设计指标

钢材的强度设计值（材料强度的标准值除以抗力分项系数），应根据钢材厚度或直径（对 3♯钢按表 3-1 的分组）按表 3-2 采用。钢铸件的强度设计值应按表 3-3 采用。焊缝、铆钉和螺栓的强度设计值分别按照表 3-4～表 3-6 采用。

表 3-1　3♯钢钢材组尺寸　　　　　　　　　　　　　　　　mm

组别	圆钢、方钢和扁钢的直径或厚度	角钢、工字钢和槽钢的厚度	钢板的厚度
第 1 组		≤15	≤20
第 2 组	≤40	>15～20	>20～40
第 3 组	>40～100	>20	>40～50

注：工字钢和槽钢的厚度系腹板厚度。

表 3-2　钢材的强度设计值　　　　　　　　　　　　　　　　N/mm²

钢材			抗拉、抗压和抗弯 f	抗剪 f_τ	端面承重（刨平顶紧）f_{m}
钢号	组别	厚度或直径/mm			
3♯钢	第 1 组	—	215	125	320
	第 2 组	—	200	115	320
	第 3 组	—	190	110	320
16Mn 钢、16Mng 钢	—	≤16	315	185	445
	—	17～25	300	175	425
	—	26～36	290	170	410
15MnV 钢、15MnVg 钢	—	≤16	350	205	450
	—	17～25	335	185	435
	—	26～36	320	185	415

注：3♯镇静钢钢材的抗拉、抗压、抗弯和抗剪强度设计值，可按表中的数值增加 5%。

表 3-3　钢铸件的强度设计值　　　　　　　　　　　　　　　　N/mm²

钢号	抗拉、抗压和抗变 f	抗剪 f_τ	端面承压（刨平顶紧）f_{m}
ZX 3200—400	155	90	260
ZX 3230—450	180	105	290
ZX 3270—500	210	120	325
ZX 3310—570	240	140	370

表 3-4　焊缝的强度设计值　　　　　　　　　　　　　　　　N/mm²

焊接方法和焊条型号	构件钢材			对接焊缝			角焊缝	
	钢号	组别	厚度或直径/mm	抗压	焊缝质量为下列级别时,抗拉和抗弯		抗剪	抗拉、抗压和抗剪强度
					一级二级	三级		
自动焊、半自动焊和43XX型焊条的手工焊	3♯钢	第1组	—	215	215	185	125	160
		第2组	—	200	200	170	115	160
		第3组	—	190	190	160	110	160
自动焊、半自动焊和E50XX型焊条的手工焊	16Mn钢、16Mng钢	—	≤16	315	315	270	185	200
		—	17~25	300	300	255	175	200
		—	26~36	290	290	245	170	200
自动焊、半自动焊和E55XX型焊条的手工焊	15MnV钢、15MnVg钢	—	≤16	350	350	300	205	220
		—	17~25	335	335	285	185	220
		—	26~36	320	320	270	185	220

注：自动焊和半自动焊所采用的焊丝和焊剂，应保证其金属抗拉强度不低于相应手工焊焊条的数值。

表 3-5　　　　铆钉连接的强度设计值　　　　　　　　　N/mm²

铆钉和构件的钢号		构件钢材		抗拉	抗剪		承压	
		组别	厚度/mm	（铆钉头拉脱）	Ⅰ类孔	Ⅱ类孔	Ⅰ类孔	Ⅱ类孔
铆钉	ML2或ML3	—	—	120	135	155	—	—
构件	3♯钢	第1~3组	—	—	—	—	445	360
	16Mn钢、16Mng钢	—	≤16	—	—	—	610	500
		—	17~25	—	—	—	590	480
		—	26~36	—	—	—	565	460

注：1. 孔壁质量属于下列情况者为Ⅰ类孔：①在装配好的构件上按设计孔径钻成的孔；②在单个零件和构件上按设计孔径分别用钻模钻成的孔；③在单个零件上先钻成或冲成较小的孔径，然后在装配好的构件上再扩钻至设计孔径的孔。

2. 在单个零件上一次冲成或不用钻模钻成设计孔径的孔属于Ⅱ类孔。

表 3-6　螺栓连接的强度设计值　　　　　　　　　　　　　N/mm²

螺栓的钢号（或性能等级和构件的钢号）		构件钢件		普通螺栓						锚栓	承压型高强度螺栓	
		组别	厚度	C级螺栓			A级、B级螺栓					
				抗拉 f_t^b	抗剪 f_τ^b	抗压 f_c^b	抗拉 f_t^b	抗剪（Ⅰ类孔）f_τ^b	抗压（Ⅰ类孔）f_c^b	抗拉 f_t^b	抗剪 f_τ^b	抗压 f_c^b
普通螺栓	3♯钢	—		170	130	170	170	170				
锚栓	3♯钢	—		—	—	—	—	—		140		
	16Mn钢	—		—	—	—	—	—		180		
承压型高强度螺栓	8.8级	—		—	—	—	—	—		—	250	
	10.9级	—		—	—	—	—	—		—	310	

续表

螺栓的钢号（或性能等级和构件的钢号）	构件钢件		普通螺栓						锚栓	承压型高强度螺栓	
			C级螺栓			A级、B级螺栓					
	组别	厚度	抗拉 f_t	抗剪 f_τ	抗压 f_c	抗拉 f_t	抗剪（I类孔）f_τ	抗压（I类孔）f_c	抗拉 f_t	抗剪 f_τ	抗压 f_c
构件　3#钢	第1~3组	—	—	—	305	—	—	400	—	—	465
16Mn钢、16Mng钢		≤16	—	—	420	—	—	550	—	—	640
		17~25	—	—	400	—	—	530	—	—	615
		26~36	—	—	385	—	—	510	—	—	590
15MnV钢 15MnVg钢		≤16	—	—	435	—	—	570	—	—	665
		17~25	—	—	420	—	—	550	—	—	640
		26~36	—	—	400	—	—	530	—	—	615

注：孔壁质量属于下列情况者为I类孔：①在装配好的构件上按设计孔径钻成的孔；②在单个零件和构件上按设计孔径分别用钻模钻成的孔；③在单个零件上先钻成或冲成较小的孔径，然后在装配好的构件上再扩钻至设计孔径的孔。

3.2.3　钢结构连接的一般构造要求

钢结构的构造应便于制作、安装、维护并使结构受力简单明确，减少应力集中。以受风载为主的空腹结构应力求减少受风面积。

在钢结构的受力构件及其连接中，不宜采用厚度小于 5mm 的钢板，厚度小于 3mm 的钢管，截面小于 45mm×4mm 或 56mm×36mm×4mm 的角钢（对焊接结构）或截面小于 50mm×5mm 的角钢（对螺栓连接或铆钉连接结构）。

焊接结构是否需要采用焊前预热或焊后热处理等特殊措施，应根据材质、焊件厚度、焊接工艺、施焊时气温等综合因素来确定。在正常情况下，焊件的厚度为：对低碳钢，不宜大于 50mm；对低合金钢，不宜大于 36mm。

为保证结构的空间工作，提高结构的整体刚度，承担和传递水平力，防止杆件产生过大的振动，避免压杆的侧向失稳，以及保证结构安装时的稳定，应根据结构及其荷载的不同情况设置可靠的支撑系统。在建筑物每一个温度区段或分期建设的区段中，应分别设置独立的空间稳定的支撑系统。

单层房屋和露天结构的温度区段长度（伸缩缝的间距），当不超过表 3-7 的数值时，可不计算温度应力。

伸缩缝的设置可采用双柱或只在檩条相连处设长圆孔的单柱伸缩缝构造。在每一伸缩缝区段，沿每一纵向柱列均应设置柱间垂直支撑，同时在区段端部柱距内应设置屋面支撑（沿刚架横梁上表面），此时，部分檩条可兼作支撑系杆（其长细比应满足相应要求）。当建筑物跨度及高度不大且无起重机时，斜支撑亦可采用圆钢截面的交叉拉杆支撑。当刚架梁、柱

表 3-7　温度区段长度值

项目	结构情况	纵向温度区段（垂直屋架或构架跨度方向）	横向温度区段（沿屋架或构架跨度方向）	
			柱顶为刚接	柱顶为铰接
1	采暖房屋和非采暖地区的房屋	220	120	150
2	有热源的车间和采暖地区的非采暖房屋	180	100	125
3	露天结构	120	—	—

注：①厂房柱为其他材料时（非钢结构），应按相应规范的规定设置伸缩缝。围护结构可根据具体情况参照有关规范单独设置伸缩缝。②无桥式起重机房屋的柱间支撑和有桥式起重机房屋起重机梁或起重机桁架以下的柱间支撑，宜对称布置于温度区段的中部。当不对称布置时，上述柱间支撑的中点（两道柱间支撑时，为两支撑距离的中点）至温度区段端部的距离不宜大于纵向温度区段长度的 60%。

节点处采用折线形加腋，并构造连接高度较大时，宜在此处设置纵向支撑系统，以维持刚架节点的稳定。屋面支撑的布置可参照轻型有檩屋盖的要求进行。必要时为保证刚架梁下翼缘和柱内翼缘的平面外稳定性，可在檩条或墙梁处增设隅撑。

3.3　焊接连接

3.3.1　焊接连接的特点

焊接连接是钢结构设计与施工中常用的连接方法。其优点是：①构造简单，制造省工；②不削弱截面，经济；③连接刚度大，密闭性好；④易采用自动化作业，生产效率高。缺点是：①焊缝附近有热影响区，该处材质变脆；②在焊件中产生焊接残余应力和残余应变，对结构工作常有不利影响；③焊接结构对裂缝很敏感，裂缝易扩展，尤其在低温下易发生脆断。

3.3.2　焊接连接的方法及原理

钢结构焊接连接方法通常采用的是电弧焊，包括手工电弧焊、自动或半自动埋弧焊、气体保护焊；主要连接材料有焊条和焊丝等。

（1）手工电弧焊基本原理是通电后，在涂有药皮的焊条与焊件之间产生电弧，在电弧的高温(一般可达3000℃)作用下,其周围的金属变成液态,形成熔池,同时焊条中的焊丝融化滴入熔池中,与焊件的熔融金属相互结合,冷却后形成焊缝(图3-2)。手工电弧焊的特点是设备简单,操作灵活方便,适用于任何空间位置的焊接。但是生产效率较低,劳动强度大,焊接质量与焊工技术水平有很大关系。

手工焊的焊条应与焊件钢材相适应(等强度要求)。匹配的关系如下:Q235与Q235钢材相连采用E4300~E4328系列焊条;Q235与Q345钢材相连采用E43系列焊条;Q345与Q345钢材相连采用E5000~E5048系列焊条;Q345与Q390钢材相连采用E50系列焊条;Q390与Q390钢材相连采用E5500~E5518系列焊条;Q390与Q420钢材相连采用E55系列焊条;Q420与Q420钢材相连采用E5500~E5518系列焊条。

其中E表示焊条(电焊条的英文单词首字母Electrode),前两位数表示焊缝金属的最小抗拉强度,后两位数表示焊接的位置、电流及药皮类型。

(2)埋弧电弧焊是在焊剂层下燃烧的一种电弧焊方法。焊丝送进和电弧沿焊接方向移动由专门机构控制完成的称作"埋弧自动电弧焊"。焊丝送进有专门设施或设备,而电弧沿焊接方向的移动由手工操作完成的称作"埋弧半自动电弧焊"(图3-3)。

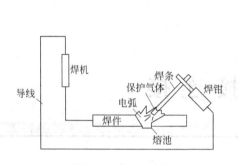

图3-2 手工电弧焊

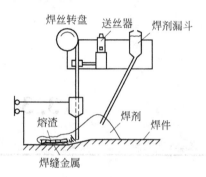

图3-3 埋弧自动电弧焊

埋弧焊的焊丝不涂药皮,但施焊端为焊剂所覆盖,能对较细的焊丝采用大电流,所以电弧焊热量集中,熔深大。自动或半自动埋弧电弧焊的特点是焊接效率高,焊接时的工艺条件稳定,焊缝化学成分均匀,焊缝质量好,焊件变形小,同时高的焊速也减少了热影响区的范围,适用于工厂制作加工的焊接。但缺点是对焊件边缘的装配精度要求高于手工焊。

埋弧焊的焊丝和焊剂焊条应与焊件钢材相适应(等强度要求),匹配的关系同手工电弧焊要求。

(3)气体保护焊是利用二氧化碳气体或其他惰性气体作为保护介质的一种电弧焊方法。它可以直接依靠保护气体在电弧周围形成局部的保护层,以防止有害气体侵入并保证焊接过程的稳定性。

气体保护焊的焊缝熔化区没有熔渣,焊工能够清楚地看到焊缝成形的过程;保护气体是喷射的,有助于熔滴的过渡;保护焊的热量集中,焊件熔深大,故此所形成的焊缝质量比手工焊好。气体保护焊效率高,适用于全位置的焊接,但是在风荷载较大的环境时其效果不好。

3.3.3 焊接连接的焊缝形式

1. 焊接的连接形式

按被连接构件相互位置可分为：对接、搭接、T 形连接、角接连接 4 种（图 3-4）。这些连接按所采用的焊缝截面形式主要分为：对接焊缝、角焊缝以及对接与角接的组合焊缝。

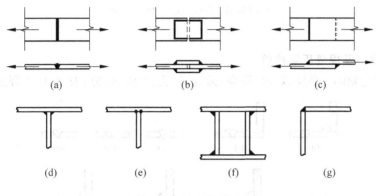

图 3-4　焊缝连接的形式

（a）对接连接；（b）用拼接盖板的对接连接；（c）搭接连接；（d），（e）T 形连接；（f），（g）角接连接

2. 焊缝的截面形式

对接焊缝按所受力的方向分为：正对接焊缝、斜对接焊缝，如图 3-5（a）和图 3-5（b）所示。

角焊缝按与外力间的关系分为：正面角焊缝、侧面角焊缝和斜角角焊缝，如图 3-5（c）所示。

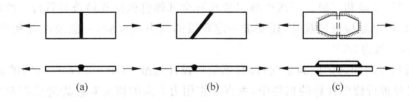

图 3-5　焊缝形式

（a）正对接焊缝；（b）斜对接焊缝；（c）角焊缝

焊缝沿长度方向的布置分为连续角焊缝和间断角焊缝，如图 3-6 所示。

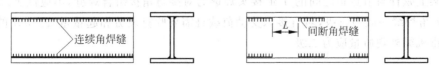

图 3-6　连接角焊缝和间断角焊缝

焊缝按施焊位置分为：平焊、横焊、立焊及仰焊，如图 3-7 所示。

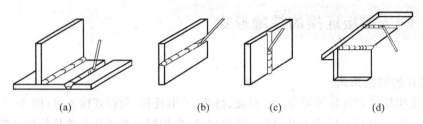

(a)　　　　　(b)　　　　(c)　　　　　(d)

图 3-7　焊缝施焊位置

(a) 平焊；(b) 横焊；(c) 立焊；(d) 仰焊

3. 焊缝缺陷及焊缝质量检验

常见的焊缝缺陷：裂纹、焊瘤、烧穿、弧坑、气孔、夹渣、咬边、未熔合、未焊透等（图 3-8）。

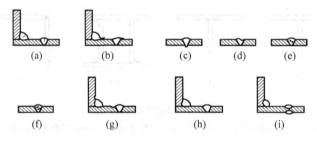

(a)　　(b)　　　(c)　(d)　(e)

(f)　　(g)　　　(h)　　(i)

图 3-8　焊缝缺陷

(a) 裂纹；(b) 焊瘤；(c) 烧穿；(d) 弧坑；(e) 气孔；(f) 夹渣；(g) 咬边；(h) 未熔合；(i) 未焊透

焊缝质量检验一般可采用外观检查及内部无损检验方法。

外观检查项目：外观缺陷、几何尺寸；

内部检查项目：X 射线、γ 射线、超声波。

现行的《钢结构工程施工质量验收规范》(GB 50205—2001)规定：按其检验方法和质量要求分为一级、二级和三级。三级焊缝只要求对全部焊缝做外观检查且符合三级质量标准；一级、二级焊缝则除检查外观外，还要求一定数量的超声波检验，一级超声波和射线探伤比例为 100％，二级为 20％。

焊缝质量等级的选定应满足现行的《钢结构设计规范》(GB 50017—2003)的规定。

(1) 需要进行疲劳计算的构件中，垂直于作用力方向的横向对接焊缝受拉时应为一级，受压时应为二级。

(2) 在不需要进行疲劳计算的构件中，对接焊缝为二级。

(3) 重级工作制和起重量 $Q \geqslant 50t$ 的中级工作制起重机梁的腹板与上翼缘之间，以及起重机桁架上弦杆与节点板之间的 T 形接头焊透的对接与角接组合焊缝，不应低于二级。

(4) 角焊缝一般为三级，对直接承受动荷载且需要验算疲劳和起重量 $Q \geqslant 50t$ 的中级工作制起重机梁外观质量应为二级。

4. 焊缝代号、螺栓及其孔眼图例

《焊缝符号表示法》(GB/T 324—2008)规定：焊缝符号应明确表示所要说明的焊缝，而

且不使图样增加过多的注解。焊缝符号一般由基本符号与指引线组成,必要时还可以加上补充符号和焊缝尺寸等。图形符号的比例、尺寸和在图样上的标注方法按技术制图有关规定执行。为了方便,允许制定专门的说明书或技术条件,用以说明焊缝尺寸和焊接工艺等内容。必要时也可在焊缝符号中表示这些内容,如表 3-8 和图 3-9 所示。

表 3-8 焊缝尺寸符号

符号	名 称	示 意 图	符号	名 称	示 意 图
δ	工件厚度		e	焊缝间距	
α	坡口角度		K	焊角尺寸	
b	根部间隙		d	熔核直径	
p	钝边		S	焊缝有效厚度	
c	焊缝宽度		N	相同焊缝数量符号	
R	根部半径		H	坡口深度	
l	焊缝长度		h	余高	
n	焊缝段数		β	坡口面角度	

焊缝尺寸符号及数据的标注原则如图 3-9 所示。

(1)焊缝横截面上的尺寸标在基本符号的左侧。

(2)焊缝长度方向尺寸标在基本符号的右侧。

(3)坡口角度、坡口面角度、根部间隙等尺寸标在基本符号的上侧或下侧;

(4)相同焊缝数量符号标在尾部;

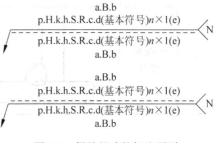

图 3-9 焊缝尺寸的标注原则

（5）当需要标注的尺寸数据较多又不易分辨时，可在数据前面增加相应的尺寸符号。当箭头线方向变化时，上述原则不变。

标注方法说明如下：

（1）指引线一般由箭头和两条基准线（一条为实线，另一条为虚线）两部分组成。如果焊缝在接头的箭头侧，则将基本符号标在基准线的实线侧；如果焊缝在接头的非箭头侧，则将基本符号标在基准线的虚线侧；标注对称焊缝及双面焊缝时，可不加虚线。

（2）基本符号左侧标注焊缝横截面上的尺寸，基本符号右侧标注焊缝长度方向尺寸，基本符号的上侧或下侧标注坡口角度、坡口面角度、根部间隙等尺寸。

（3）相同焊缝数量符号标在尾部。

（4）当标注的尺寸数据较多又不易分辨时，可在数据前面增加相应的尺寸符号。

（5）常在工程设计中简化表示，如图 3-10 所示。

图 3-10　焊缝尺寸标注简化形式

焊缝尺寸的标注示例如表 3-9 所示。焊缝符号设计图纸示意方法如表 3-10 所示。

表 3-9　焊缝尺寸的标注范例

序号	名称	示　意　图	焊缝尺寸符号	示　　例
1	对接焊缝		S：焊缝有限厚度	S ∨
				S ‖
				S Y
2	卷边焊缝		S：焊缝有限厚度	S ‖
				S ∧
3	连续角焊缝		K：焊角尺寸	K ◺

序号	名称	示意图	焊缝尺寸符号	示例
4	断续角焊缝		l：焊缝长度（不计弧坑） e：焊缝间距 n：焊缝段数	K ◿ $n\times l(e)$
5	交错断续角焊缝		$\left.\begin{array}{l}l\\e\\n\end{array}\right\}$同上 K：见序号3	$\dfrac{K}{K}$ ◿ $\begin{array}{l}n\times l\\n\times l\end{array}$ (e) (e)
6	塞焊缝或槽焊缝		$\left.\begin{array}{l}l\\e\\n\end{array}\right\}$同上 c：槽宽 $\left.\begin{array}{l}n\\e\end{array}\right\}$同上 d：孔的直径	c ⊐ $n\times l(e)$ d ⊐ $n\times(e)$
7	缝焊缝		$\left.\begin{array}{l}l\\e\\n\end{array}\right\}$同上 c：焊缝宽度	c ⬮ $n\times l(e)$
8	点焊缝		n：同上 e：间距 d：焊点直径	d ◯ $n\times(e)$

表 3-10　焊缝符号的设计图纸示意

	角　焊　缝			
	单面焊缝	双面焊缝	安装焊缝	相同焊缝
形式				
标注方式				

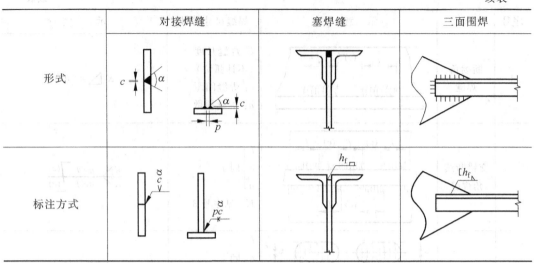

	对接焊缝	塞焊缝	三面围焊
形式			
标注方式			

当焊缝分布比较复杂或用上述标注方法不能表达清楚时,在标注焊缝符号的同时,可在图形上加栅线表示(图 3-11)。

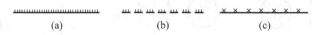

(a)   (b)   (c)

图 3-11　用栅线表示焊缝

(a) 正面焊缝;(b) 背面焊缝;(c) 安装焊缝

3.3.4　焊缝连接的分类和构造要求

焊缝连接分为角焊缝连接和对接焊缝连接两种。

按角焊缝与作用力的关系可分为:正面角焊缝、侧面角焊缝、斜焊缝;按角焊缝截面形式分为:直角角焊缝、斜角角焊缝,可参见图 3-12 和图 3-13。

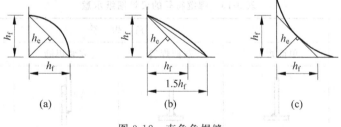

(a)   (b)   (c)

图 3-12　直角角焊缝

1. 角焊缝的构造要求

不论角焊缝还是对接焊缝,焊缝金属宜与基本金属相适应和匹配。当不同强度的钢材

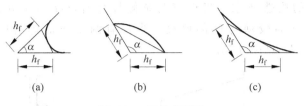

图 3-13 斜角角焊缝

连接时,可采用与低强度钢材相适应的焊接材料。在设计中不得任意加大焊缝,避免焊缝立体交叉和在一处集中大量焊缝,同时焊缝的布置应尽可能对称于构件重心。角焊缝两焊脚边的夹角 α 一般为 90°(直角角焊缝)。夹角 $\alpha > 120°$ 或 $\alpha < 60°$ 的斜角角焊缝,不宜用作受力焊缝(钢管结构除外)。角焊缝的尺寸(厚度 h_f 和长度 l_w)应符合下列要求:

(1) 最大焊脚尺寸 h_{fmax}。h_f 过大,在焊件中产生焊接残余应力和残余应变,对薄板可能产生烧伤穿透。所以控制最大焊脚尺寸 $h_{fmax} = 1.2t_{min}$,单位为整数毫米,其中 t_{min} 为被连接的钢板中较小的厚度(图 3-14(a))。

特殊地,对钢板的边缘施焊时,为防止出现咬边缺陷,h_{fmax} 尚应满足下列要求:当 $t_{边} > 6mm$ 时,$h_{fmax} = t_{边} - (1\sim2mm)$;当 $t_{边} \leqslant 6mm$ 时,$h_{fmax} = t_{边}$,其中 $t_{边}$ 为边缘钢板的厚度。如图 3-14(b)所示。

对于圆孔或槽孔内的角焊缝焊脚尺寸不宜大于圆孔直径或槽孔短径的 1/3。

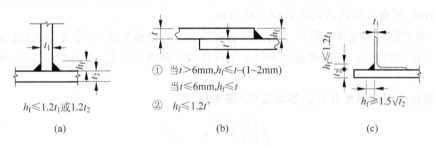

图 3-14 最大焊脚尺寸

(2) 最小焊脚尺寸 h_{fmin}。h_f 过小,施焊热量低,焊缝冷却快,而焊件厚,易使焊缝产生裂纹。所以控制最小焊缝尺寸 $h_{fmin} = 1.5\sqrt{t_{max}}$,单位为整数毫米,其中 t_{max} 为被连接的钢板中较大的厚度(图 3-14(c))。

特殊地,对于自动焊角焊缝,因熔深较大,最小焊缝可以减少 1mm,即 $h_{fmin} = 1.5\sqrt{t_{max}} - 1$;对于 T 形连接的单面角焊缝,因施焊质量不易保证,最小焊缝尺寸应增加 1mm,即 $h_{min} = \sqrt{1.5t_{max}} + 1$;当焊件厚 $t \leqslant 4mm$ 时,最小焊缝尺寸等于板件厚度,即 $h_{fmin} = t$。

(3) 角焊缝的最大计算长度 l_{wmax}。承受静荷载或间接动力荷载时,最大计算长度 $l_{wmax} = 60h_f$;承受动力荷载时 $l_{wmax} = 40h_f$。

当计算长度大于上述限值时,其超过部分在计算中不予考虑,若内力沿焊缝全长分布时,其计算长度不受此限制,如工字形截面梁或柱的翼缘与腹板连接焊缝。

(4) 角焊缝的最小计算长度 l_{wmin}。如 l_w 过小,焊件局部受热严重,且弧坑太近,还有其他可能产生的缺陷,所以最小计算长度 $l_{wmin} = 8h_f$ 且 $\geqslant 40mm$。

（5）搭接连接的构造要求。当仅有两条侧焊缝时，$b/l_w \leqslant 1$，$b \leqslant 16t$（$t > 12$mm）或200mm（$t \leqslant 12$mm），t 为较薄焊件的厚度。当仅有两条正面焊缝时，搭接长度 $\geqslant 5t_{min}$ 且 $\geqslant 25$mm，绕角焊 $2h_f$，见图 3-15。

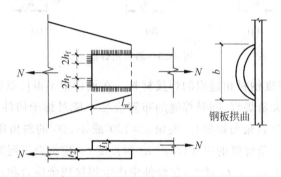

图 3-15　焊缝长度及两侧焊缝间距

（6）在直接承受动力荷载的结构中，角焊缝表面应做成直线形或凹形。焊脚尺寸的比例：正面角焊缝宜为 1∶1.5（长边顺内力方向）；对侧面角焊缝可为 1∶1。

（7）在次要构件或次要焊缝连接中，可采用断续角焊缝。断续角焊缝之间的净距，不应大于 15t（受压构件）或 30t（受拉构件），其中 t 为较薄焊件的厚度。

（8）杆件与节点板的连接焊缝一般宜采用两面侧焊，也可用三面围焊，对角钢杆件可采用 L 形围焊，所有围焊的转角处必须连续施焊。

（9）当角焊缝的端部在构件转角处作长度为 $2h_f$ 的绕角焊时，转角处必须连续施焊。

（10）在搭接连接中，搭接长度不得小于焊件较小厚度的 5 倍，并不得小于 25mm。

2. 直角角焊缝强度计算的基本公式（图 3-16）

$$\sqrt{\left(\frac{\sigma_f}{\beta_f}\right)^2 + \tau_f^2} \leqslant f_f^w \tag{3-1}$$

式中，σ_f——按焊缝有效截面（$h_e l_w$）计算，表示垂直于焊缝长度方向的应力；

τ_f——按焊缝有效截面（$h_e l_w$）计算，表示沿焊缝长度方向的剪应力；

β_f——正面角焊缝的强度设计值增大系数，对承受静力荷载和间接承受动力荷载的结构，$\beta_f = 1.22$，直接承受动力荷载的结构 $\beta_f = 1.0$（由于正面角焊缝的刚度大、韧性差，应将其强度降低使用）；

f_f^w——角焊缝的抗拉、抗剪和抗压强度设计值。

3. 各种受力状态下直角角焊缝的强度计算

（1）承受轴心力作用时角焊缝连接计算。力与焊缝长度方向平行（侧面角焊缝，见图 3-17）：

$$\sigma_f = 0; \quad \tau_f = \frac{N}{h_e \sum l_w} \leqslant f_f^w \tag{3-2}$$

力与焊缝长度方向垂直（正面角焊缝，见图 3-18）：

$$\tau_f = 0; \quad \sigma_f = \frac{N}{h_e \sum l_w} \leqslant \beta_f f_f^w \tag{3-3}$$

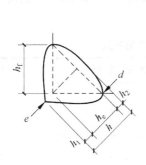
图 3-16　角焊缝的截面

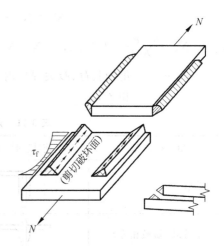
图 3-17　侧焊缝的应力

h—焊缝厚度；h_f—焊脚尺寸；h_e—焊缝有效厚度(焊喉部位)；

h_1—熔深；h_2—凸度；d—焊趾；e—焊根

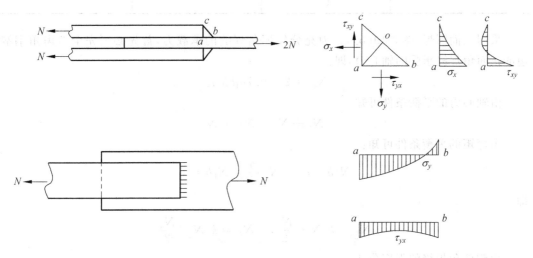
图 3-18　正面角焊缝应力状态

（2）角钢与钢板的连接计算。采用两面侧焊缝(图 3-19(a))，为避免角钢的偏心受力，应使两侧焊缝分担的 N_1，N_2 合力恰好通过角钢的形心线。由平衡条件得：

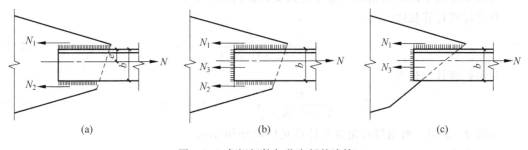
图 3-19　角钢杆件与节点板的连接

$$N_1 + N_2 = N; \quad N(b-e) = N_1 b$$

式中：$N_1 = \dfrac{b-e}{b}N = k_1 N$；$N_2 = N - N_1 = \dfrac{e}{b}N = k_2 N$。

k_1, k_2——角钢肢背、肢尖焊缝内力分配系数，如表 3-11 所示，一般情况下分别取 1/3 和 2/3。

表 3-11　角钢角焊缝内力分配系数

角钢类型	连接形式	角钢肢背	角钢肢尖
等肢		0.70	0.30
不等肢（短肢相连）		0.75	0.25
不等肢（长肢相连）		0.65	0.35

采用三面围焊（图 3-19(b)）。为充分发挥角焊缝的承载力，首先必须完全考虑角钢端边的正面角焊缝承受的轴心力，即：

$$N_3 = 2 \times 0.7 h_{\mathrm{f}} b \beta_{\mathrm{f}} f_{\mathrm{f}}^{\mathrm{w}}$$

由轴心力的平衡条件可知：

$$N_1 + N_2 + N_3 = N$$

由弯矩的平衡条件可知：

$$N(b-e) - N_3 \frac{b}{2} - N_1 b = 0$$

即

$$N_1 = k_1 N - \frac{N_3}{2}, \quad N_2 = k_2 N - \frac{N_3}{2}$$

由侧面角焊缝的强度公式：

$$\tau = \frac{N}{h_{\mathrm{e}} \sum l_{\mathrm{w}}} \leqslant f_{\mathrm{f}}^{\mathrm{w}}$$

可以推导出下面的角钢侧面角焊缝长度计算公式如下：

肢背焊缝计算长度

$$l_{\mathrm{w1}} = \frac{N_1}{2 \times 0.7 h_{\mathrm{f}} f_{\mathrm{f}}^{\mathrm{w}}} \tag{3-4}$$

肢尖焊缝计算长度

$$l_{\mathrm{w2}} = \frac{N_2}{2 \times 0.7 h_{\mathrm{f}} f_{\mathrm{f}}^{\mathrm{w}}}; \quad l_1 = l_{\mathrm{w2}} + 10 \tag{3-5}$$

特殊地，采用三面围焊时角焊缝计算长度应增加 5mm。

（3）承受弯矩、剪力和轴力共同作用时角焊缝的计算。

焊缝承受剪力作用：

$$\tau_f^v = \frac{V}{A_w} = \frac{V}{2 \times 0.7 h_f l_w} \tag{3-6}$$

焊缝承受轴力作用：

$$\sigma_f^N = \frac{N}{A_w} = \frac{N}{2 \times 0.7 h_f l_w} \tag{3-7}$$

焊缝承受弯矩作用：

$$\sigma_f^M = \frac{M}{W_w} = \frac{6M}{2 \times 0.7 h_f l_w}(\text{最不利危险点}) \tag{3-8}$$

最不利危险点还应满足：

$$\sqrt{\left(\frac{\sigma_f^M + \sigma_f^N}{\beta_f}\right) + \tau_f^2} \leqslant f_f^w \tag{3-9}$$

[**例题 3-1**] 试设计双角钢与节点板的角焊缝连接(图 3-20)。钢材为 Q235B,焊条为 E43 型,手工焊,轴心力 $N=1000$kN(设计值),采用三面围焊。计算焊缝长度,其中 $f_f^w = 160$N/mm²,$\alpha_1 = \frac{2}{3}$,$\alpha_2 = \frac{1}{3}$。

解：三面围焊,确定焊脚尺寸：
$$h_{fmax} \leqslant 1.2 t_{min} = 1.2 \times 10 = 12(\text{mm})$$
$$h_{fmin} \geqslant 1.5\sqrt{t_{min}} = 1.5\sqrt{12} = 5.2(\text{mm})$$
$$h_f = 8\text{mm}$$

内力分配：
$$N_3 = \beta_f \sum 0.7 h_f b f_f^w = 273.28$$
$$N_2 = \alpha_2 N - \frac{N_3}{2} = \frac{1}{3} \times 1000 - \frac{273.28}{2} = 196.69(\text{kN})$$
$$N_1 = \alpha_1 N - \frac{N_3}{2} = \frac{2}{3} \times 1000 - \frac{273.28}{2} = 530.03(\text{kN})$$

焊缝长度计算：
$$l_{w1} \geqslant \frac{N_1}{\sum 0.7 h_f f_f^w} = \frac{530.03}{2 \times 0.7 \times 8 \times 160} = 296(\text{mm})$$

则实际焊缝长度为 $l_{w1}' = 296+8 = 304(\text{mm}) \leqslant 60 h_f = 60 \times 8 = 480(\text{mm})$,取 310mm。
$$l_{w2} \geqslant \frac{N_2}{\sum 0.7 h_f f_f^w} = \frac{196.69}{2 \times 0.7 \times 8 \times 160} = 110(\text{mm})$$

则实际焊缝长度为 $l_{w2}' = 110+8 = 118(\text{mm}) \leqslant 60 h_f = 60 \times 8 = 480(\text{mm})$,取 120mm。

此题最终设计焊缝为：端焊缝 8-125;肢背 8-310;肢尖 8-120。

[**例题 3-2**] 双角钢与节点板的角焊缝连接(图 3-20),钢材为 Q235B,焊条为 E43 型,手工焊,轴心力 $N=1000$kN(设计值),采用两面围焊。计算焊缝长度,其中 $f_f^w = 160$N/mm²,$\alpha_1 = \frac{2}{3}$,$\alpha_2 = \frac{1}{3}$。

解：两面侧焊。

确定焊脚尺寸：同上,取 $h_{f1} = 8$mm,$h_{f2} = 6$mm。

内力分配：
$$N_2 = \alpha_2 N = \frac{1}{3} \times 1000 = 333(\text{kN}), \quad N_1 = \alpha_1 N = \frac{2}{3} \times 1000 = 667(\text{kN})$$

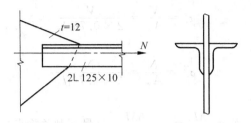

图 3-20　例题 3-1 图

焊缝长度计算：

$$l_{w1} \geqslant \frac{N_1}{\sum 0.7 h_f f_f^w} = \frac{667}{2 \times 0.7 \times 8 \times 160} = 372 (\text{mm})$$

则实际焊缝长度为

$l'_{w1} = 372 + 8 \times 2 = 388 (\text{mm}) < 60 h_f = 60 \times 8 = 480 (\text{mm})$，取 390mm。

$$l_{w2} \geqslant \frac{N_2}{\sum 0.7 h_f f_f^w} = \frac{333}{2 \times 0.7 \times 6 \times 160} = 248 (\text{mm})$$，则实际焊缝长度为

$l'_{w1} = 248 + 6 \times 2 = 260 \text{mm} < 60 h_f = 60 \times 8 = 480 (\text{mm})$，取 260mm。

此题最终设计焊缝为：肢背 8-390；肢尖 6-260。

4. 对接焊缝的构造要求

对接焊缝连接的坡口型式包括 I 形、单边垂直的 V 形、V 形、U 形、K 形、X 形等几种常见形式，见图 3-21。

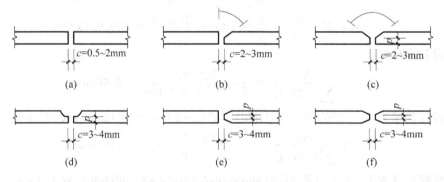

图 3-21　对接焊缝的坡口形式

(a) I 形；(b) 单边 V 形坡口；(c) V 形坡口；(d) U 形坡口；(e) K 形坡口；(f) X 形坡口

对接焊缝的坡口形式应根据板厚和施工条件等选用。

在设计中不得任意加大焊缝，避免焊缝立体交叉，在一处集中大量焊缝，同时焊缝的布置应尽可能对称于构件重心。在钢板的拼接节点处，当采用对接焊缝时，纵横两方向的对接焊缝可采用十字形交叉或丁字形交叉；当为 T 形交叉时，交叉点的间距不得小于 200mm。

在拼接处，当焊件的宽度或厚度相差 4mm 以上时，应分别在宽度方向或厚度方向从一侧或两侧做坡度不大于 1:2.5 的斜角，以使截面过渡平缓，减小应力集中，如图 3-22 所示。

当采用不焊透的对接焊缝时，应在设计图中注明坡口的形式和尺寸，其有效厚度

h_e(mm)不得小于 $1.5\sqrt{t}$, t 为坡口所在焊件的较大厚度。在承受动力荷载的结构中,垂直于受力方向的焊缝不宜采用不焊透的对接焊缝。在焊缝起落弧处,常因不溶透而形成弧坑,对承受动力荷载的连接尤为不利,可设引弧板,参见图 3-23。当不设引弧板时,每条焊缝的计算长度等于实际长度减去 $2t$(t 为较薄焊件厚度)。

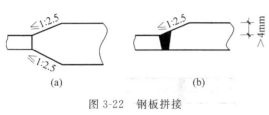

图 3-22　钢板拼接

(a) 改变宽度;(b) 改变高度

图 3-23　用引弧板和引出板焊接

5. 对接焊缝的计算

对接焊缝的计算公式与构件的强度计算公式相同,其设计计算特点为:①焊缝可视为构件的组成部分;②焊缝中应力分布基本同构件的应力分布。

但需要说明的是:①运用公式时只需将构件的截面几何特性(A,I,W,S)改为焊缝截面的几何特性(A_w,I_w,W_w,S_w);②焊缝的强度设计值与钢材的强度设计值比较:

焊缝质量等级为一、二级时: $f_c^w=f$, $f_t^w=f$, $f_v^w=f_v$;焊缝质量等级为三级时: $f_c^w=f$, $f_t^w=0.85f$, $f_v^w=f_v$ 。

焊缝质量等级为三级的对接焊缝,内部缺陷较多,当受压力、剪力时,对其强度无明显影响,但在受拉时则影响显著,即质量等级为三级的受拉焊缝需要进行强度计算。

(1) 轴心受力的对接焊缝。垂直于轴心拉力或轴心压力的对接焊缝(图 3-24),其强度可按下式计算:

$$\sigma = \frac{N}{l_w t} \leqslant f_t^w \quad 或 \quad f_c^w \tag{3-10}$$

式中, N ——轴心拉力或压力;

l_w ——焊缝的计算长度,当未采用引弧板和引出板施焊时,取实际长度减去 $2t$;

t ——在对接接头中表示连接件的较小厚度,在 T 形接头中表示腹板厚度;

f_t^w,f_c^w ——对接焊缝的抗拉、抗压强度设计值。

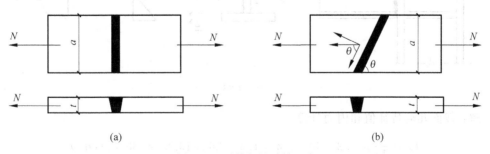

图 3-24　对接焊缝受轴心力

(2) 承受弯矩和剪力共同作用的对接焊缝。图 3-25(a)所示钢板对接接头受到弯矩和剪力的共同作用,由于焊缝截面是矩形,正应力与剪应力图形分别为三角形与抛物线形,其最大值应分别满足下列强度条件：

$$\sigma_{max} = \frac{M}{W_w} = \frac{6M}{l_w^2 t} \leqslant f_t^w \tag{3-11}$$

$$\tau_{max} = \frac{VS_w}{I_w t} = \frac{3}{2} \times \frac{V}{l_w t} \leqslant f_v^w \tag{3-12}$$

式中，W_w——焊缝截面模量；

$\quad\quad S_w$——焊缝截面面积矩；

$\quad\quad I_w$——焊缝截面惯性矩。

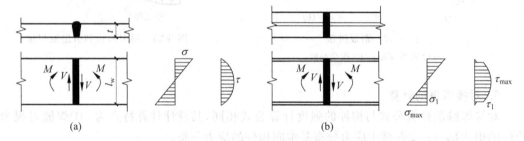

图 3-25　对接焊缝受弯矩和剪力联合作用

图 3-25(b)所示工字形截面梁的对接接头，除应分别验算最大正应力和最大剪应力外，对于同时受较大正应力和较大剪应力处，例如腹板与翼缘的交接点，还应按下式验算折算应力：

$$\sqrt{\sigma_1 + 3\tau^2} \leqslant 1.1 f_t^w \tag{3-13}$$

[例题 3-3]　计算工字形截面牛腿与钢柱连接的对接焊缝强度，如图 3-26 所示。$F = 550$kN(设计值)，偏心距 $e = 300$mm。钢材为 Q235B，焊条为 E43 型，手工焊。焊缝为三级检验标准，上、下翼缘加引弧板和引出板施焊。

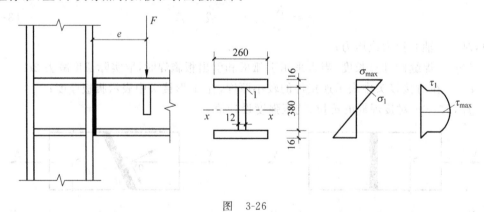

图　3-26

解：截面几何特征值和内力计算

$$I_x = \frac{1}{12} \times 1.2 \times 38^3 + 2 \times 1.6 \times 26 \times 19.8^2 = 38105(cm^4)$$

$$S_{x1} = 26 \times 1.6 \times 19.8 = 824(cm^3)$$

$$V = F = 550kN, \quad M = 550 \times 0.30 = 165(kN \cdot m)$$

（1）最大正应力

$$\sigma_{\max} = \frac{M}{I_x} \cdot \frac{h}{2} = \frac{165 \times 10^6 \times 206}{38105 \times 10^4} = 89.2(\text{N/mm}^2) < f_t^w = 185\text{N/mm}^2$$

（2）最大剪应力

$$\tau_{\max} = \frac{VS_x}{I_x t} = \frac{550 \times 10^3}{38105 \times 10^4 \times 12} \times \left(260 \times 16 \times 198 + 190 \times 12 \times \frac{190}{2}\right)$$

$$= 125.1(\text{N/mm}^2) \approx f_v^w = 125(\text{N/mm}^2)$$

（3）"1"点的折算应力

$$\sigma_1 = \sigma_{\max} \times \frac{190}{206} = 82.3(\text{N/mm}^2)$$

$$\tau_1 = \frac{VS_{x1}}{I_x t} = \frac{550 \times 10^3 \times 824 \times 10^3}{38105 \times 10^4 \times 12} = 99.1(\text{N/mm}^2)$$

$$\sqrt{\sigma_1^2 + 3\tau_1^2} = \sqrt{82.3^2 + 3 \times 99.1^2} = 190.4(\text{N/mm}^2) \leqslant 1.1 \times 185 = 203.5(\text{N/mm}^2)$$

[例题 3-4] 焊接工字形梁在腹板上设一道拼接的对接焊缝（图 3-27），拼接处作用有弯矩 $M = 1122\text{kN} \cdot \text{m}$，剪力 $V = 374\text{kN}$，钢材为 Q235B 钢，焊条用 E43 型，半自动焊，三级检验标准，试验算该焊缝的强度。

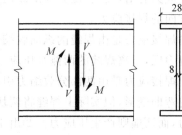

图 3-27

解：

（1）内力分析

$$V = 374\text{kN}, \quad M = 1122\text{kN} \cdot \text{m}$$

（2）焊缝截面参数计算

$$I_x = \frac{1}{12} \times 8 \times 1000^3 + 2 \times 280 \times 14 \times 507^2 = 2.68 \times 10^9(\text{mm}^4)$$

$$S_w = 280 \times 14 \times 507 + 500 \times 8 \times 250 = 2987440(\text{mm}^4)$$

$$S_{w1} = 280 \times 14 \times 507 = 1987440(\text{mm}^4)$$

（3）应力计算

$$\tau_{\max} = \frac{VS_w}{I_x t_w} = \frac{374 \times 10^3 \times 2987440}{2.68 \times 10^9 \times 8} = 52.1(\text{N/mm}^2) < f_v^w = 125\text{N/mm}^2$$

腹板和翼缘交接处：

$$\sigma_1 = \frac{My_1}{I_x} = \frac{1122 \times 10^6 \times 500}{2.68 \times 10^9} = 209.3(\text{N/mm}^2)$$

$$\tau_1 = \frac{VS_{w1}}{I_x t_w} = \frac{374 \times 10^3 \times 1987440}{2.68 \times 10^9 \times 8} = 34.7(\text{N/mm}^2)$$

（4）折算应力

$$\sqrt{\sigma_1^2 + 3\tau_1^2} = \sqrt{209.3^2 + 3 \times 34.7^2} = 217.8(\text{N/mm}^2) > 1.1 f_t^w$$

$$= 1.1 \times 185 = 204\text{N/mm}^2$$

不满足设计要求。

3.4 焊接应力和焊接变形

3.4.1 焊接应力的分类

焊接过程是一个不均匀加热和冷却的过程。焊接应力是一种无荷载作用下的内应力，因此会在焊件内部自相平衡，这就必然在距焊缝稍远区段内产生压应力。

焊缝应力有沿焊缝长度方向的纵向焊接应力，垂直于焊缝长度方向的横向焊接应力和沿厚度方向的焊接应力。

纵向焊接应力是由焊缝的纵向收缩引起的。一般情况下，焊缝区及近缝两侧的纵向应力是拉应力区，远离焊缝的两侧是压应力区。

横向焊接应力是由两部分收缩力引起的。①由于焊缝纵向收缩，使两块钢板趋于形成反方向的弯曲变形，但实际上焊缝将两块钢板连成整体不能分开，于是两块板的中间产生横向拉应力，而两端则产生压应力。②由于先焊的焊缝已经凝固，阻止后焊焊缝在横向自由膨胀，使后焊焊缝发生横向的塑性压缩变形。当后焊焊缝冷却时，其收缩受到已凝固的先焊焊缝限制而产生横向拉应力，而先焊部分则产生横向压应力，因应力自相平衡，更远处的另一端焊缝则受拉应力。

在厚钢板的焊接连接中，焊缝需要多层施焊。因此，除有纵向和横向焊接应力 σ_x，σ_y 外，还存在沿钢板厚度方向的焊接应力 σ_z。这三种应力形成三向拉应力场，将大大降低连接的塑性。

3.4.2 焊接应力对结构性能的影响

1. 对结构静力强度的影响

对在常温下工作并具有一定塑性的钢材，在静荷载作用下，焊接应力是不会影响结构强度的。

2. 对结构刚度的影响

焊接残余应力的存在将增大结构的变形，降低结构的刚度。对于轴心受压构件，焊接残余应力使其挠曲刚度减小，从而降低压杆的稳定承载力。

3. 对低温工作的影响

在厚板焊接处或具有交叉焊缝的部位,将产生三向焊接拉应力,阻碍该区域钢材塑性变形的发展,从而增加钢材在低温下的脆断倾向。因此,降低或消除焊缝中的残余应力是改善结构低温冷脆趋势的重要措施之一。

4. 对疲劳强度的影响

焊缝及其附近的主体金属残余拉应力通常达到钢材的屈服强度,此部位正是形成和发展疲劳裂纹最为敏感的区域。因此,焊接残余应力对结构的疲劳强度有明显不利影响。

3.4.3 焊接变形对结构性能的影响

在焊接应力作用下,如果焊件的约束度较小,板件较薄或处于自由无约束状态下,则焊件会产生相应的焊接变形。焊接变形是焊接构件经局部加热冷却后产生的不可恢复变形,包括纵向收缩、横向收缩、角变形、弯曲变形或扭曲变形等,通常是几种变形的组合。任一焊接变形超过验收《钢结构工程施工质量验收规范》(GB 50205—2011)的规定时,必须进行校正,以免影响构件在正常使用下的承载能力。

3.4.4 减小焊接应力和焊接变形的措施

1. 设计上的措施(图 3-28)

(1) 焊接位置的安排要合理;

(2) 焊缝尺寸要适当;

(3) 焊缝的数量宜少,且不宜过分集中;

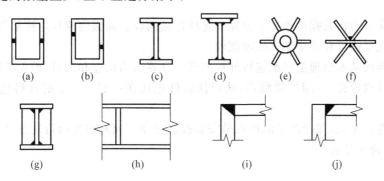

图 3-28 减小焊接应力和焊接变形影响的设计措施

(a)、(c)、(e)、(g)、(i) 推荐;(b)、(d)、(f)、(h)、(j) 不推荐

（4）应尽量避免两条或三条焊缝垂直交叉；

（5）尽量避免在母材厚度方向的收缩应力。

2. 加工制作工艺上的措施

（1）采取合理的施焊次序（图 3-29）。

（2）采用反变形（图 3-30）。

（3）对于小尺寸焊件，焊前预热或焊后回火加热至 600℃ 左右，然后缓慢冷却，可以部分消除焊接应力和焊接变形。也可采用刚性固定法将构件加以固定来限制焊接变形，但这样做增加了焊接残余应力。

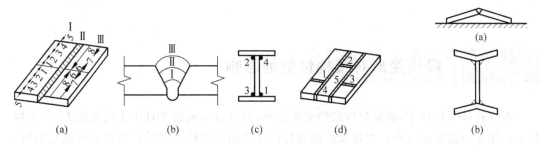

（a）　　　　（b）　　　　（c）　　　　（d）　　　　　　（b）

图 3-29　合理的施焊次序　　　　　　　　图 3-30　焊接前反变形
（a）分段退焊；（b）沿厚度分层焊；（c）对角跳焊；（d）钢板分块拼接

3.5　螺栓连接

3.5.1　螺栓连接的特点及类别

螺栓连接分为普通螺栓连接和高强度螺栓连接两种。高强度螺栓连接从受力特征可分为摩擦型高强度螺栓和承压型高强度螺栓。

螺栓连接的基本原理是将被连接件按照设计计算出的位置和数目，预先留螺栓孔，然后将螺栓杆穿过螺栓孔，一端拧紧螺母，从而使板件连接在一起。主要的材料包括螺杆和螺母等。

与焊接连接相比，螺栓连接的优点是安装拆卸方便。而缺点是构造复杂，削弱连接件的截面，综合造价不经济。

1. 普通螺栓

普通螺栓由 Q235 钢制成，根据加工精度分 A 级、B 级和 C 级 3 种。A 级和 B 级为精制螺栓,性能等级分为 5.6 级和 8.8 级,配 Ⅰ 类孔,d_0 比 d 大 0.3~0.5mm,连接的抗剪和抗拉性能良好。C 级螺栓加工粗糙,性能等级分为 4.6 级和 4.8 级,只要求 Ⅱ 类孔,d_0 比 d 大 1.5~2.0mm,抗剪性能差,但传递拉力的性能良好,用于受拉连接及一些次要连接,只有在下列情况之一时才可用于受剪连接:

(1) 承受静力荷载和间接承受动力荷载结构中的次要连接。

(2) 不承受动力荷载的可拆卸结构的连接。

(3) 临时固定构件用的安装连接。

螺栓等级的符号说明如下:

小数点前的 4 或 5 表示螺栓材料经热加工后的最低抗拉强度为 400 或 500N/mm²;小数点后 0.6 或 0.8 表示屈强比 $\alpha = f_{0.2}/f_u$。

2. 高强螺栓

高强螺栓由高强度钢材制成,包括优质碳素钢中的 35,45 号;合金钢中的 20MnTiB,40B,35VB。

高强度螺栓性能等级分为 8.8 级和 10.9 级,等级符号说明如下:小数点前的 8 或 10 表示螺栓材料经热加工后的最低抗拉强度为 800,1000N/mm²;小数点后 0.8 或 0.9 表示屈强比 $\alpha = f_{0.2}/f_u$。

高强度螺栓按抗剪性能分为摩擦型和承压型两种,基本区别如下:

摩擦型是以作用剪力达到连接板间的摩擦力作为承载力极限状态;承压型是以作用剪力达到连接板间的摩擦力作为正常使用极限状态,以作用剪力达到栓杆抗剪或孔壁承压破坏为承载力极限状态。摩擦型高强度螺栓的连接特点是变形小,弹性性能好,耐疲劳,施工较简单,适用于承受动力荷载的结构连接。

承压型高强度螺栓的连接特点是承载力高于摩擦型螺栓的连接,其连接比较紧凑,剪切变形大,但是不能用于承受动力荷载的结构连接。

3.5.2 螺栓的排列及构造要求

(1) 螺栓的规格和形式为大六角头型,其代号用字母 M 与公称直径表示,其中 M 是 Metric diameter 的缩写,常用规格有 M16,M20,M24,M27,M30 等。

(2) 螺栓在构件上的排列应简单统一、整齐紧凑,通常采用并列和错列两种形式(图 3-31)。并列排列比较简单整齐,所采用的连接板尺寸比较小,但螺栓孔对构件截面的削弱较大。错列排列数目比较少,但是比较松散、不紧凑,连接板间的尺寸比较大。

螺栓的排列要满足以下 3 个方面的要求:①受力要求;②构造要求;③施工要求。

《钢结构设计规范》(GB 50017—2003)规定了螺栓排列最大、最小容许距离(表 3-12),在角钢、工字型钢和槽钢上排列的螺栓还应符合各自线距和最大孔径的要求,如表 3-13~表 3-15 及图 3-32 所示。

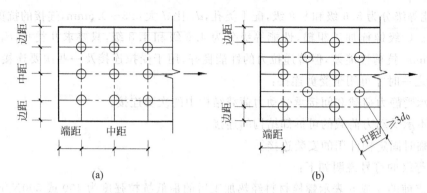

(a)　　　　　　　　　　　　　(b)

图 3-31　钢板的螺栓(铆钉)排列

(a) 并列；(b) 错列

表 3-12　螺栓排列最大、最小容许距离

名　称	位置和方向				最大容许距离 （取两者较少者）	最小容许距离
中心间距	外排（垂直内力方向或顺内力方向）				$8d_0$ 或 $12t$	3d_0
	中间排	垂直内力方向			$16d_0$ 或 $24t$	
		顺内力方向	压力		$12d_0$ 或 $18t$	
			拉力		$16d_0$ 或 $24t$	
	沿对角线方向				—	
中心至构件边缘距离	顺内力方向					$2d_0$
	垂直内力方向	剪切边或手工气割边			$4d_0$ 或 $8t$	$1.5d_0$
		轧制边自动精密气割或锯割边	高强度螺栓			$1.5d_0$
			其他螺栓或铆钉			$1.2d_0$

注：①d_0 为螺栓或铆钉的孔径，t 为外层较薄板件的厚度。②钢板边缘与刚性构件(如角钢、槽钢等)相连的螺栓或铆钉的最大间距，可按中间排的数值采用。

表 3-13　角钢上螺栓或铆钉线距表　　　　　　mm

单行排列	角钢肢宽	40	45	50	56	63	70	75	80	90	100	110	125
	线距 e	25	25	30	30	35	40	40	45	50	55	60	70
	钉孔最大直径	11.5	13.5	13.5	15.5	17.5	20	22	22	24	24	26	26

双行错排	角钢肢宽	125		140	160	180	200	双行并列	角钢肢宽	160	180	200
	e_1	55		60	70	70	80		e_1	60	70	80
	e_2	90		100	120	140	160		e_2	130	140	160
	钉孔最大直径	24		24	26	26	26		钉孔最大直径	24	24	26

表 3-14　工字钢和槽钢腹板上的螺栓线距表　　　　　　mm

工字钢型号	12	14	16	18	20	22	25	28	32	36	40	45	50	56	63
线距 c_{min}	40	45	45	45	50	50	55	60	60	65	70	75	75	75	75
槽钢型号	12	14	16	18	20	22	25	28	32	36	40	—	—	—	—
线距 c_{min}	40	45	50	50	55	55	55	60	65	70	75	—	—	—	—

表 3-15　工字钢和槽钢翼缘上的螺栓线距表　　　　　　　　　mm

工字钢型号	12	14	16	18	20	22	25	28	32	36	40	45	50	56	63
线距 c_{min}	40	40	50	55	60	65	65	70	75	80	80	85	90	95	95
槽钢型号	12	14	16	18	20	22	25	28	32	36	40	—	—	—	—
线距 c_{min}	30	35	35	40	40	45	45	45	50	56	60	—	—	—	—

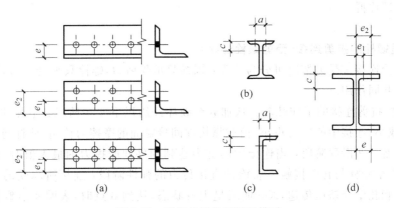

图 3-32　型钢的螺栓（铆钉）排列

此外，螺栓连接的其他构造要求如下：

（1）为了使连接可靠，每一杆件在节点上以及拼接接头的一端，永久性螺栓数不宜少于两个；对组合构件的缀条，其端部连接可采用一个螺栓（或铆钉）。

（2）对于直接承受动力荷载的普通螺栓连接应采用双螺母或其他防止螺母松动的有效措施。

（3）当型钢构件的拼接采用高强度螺栓连接时，其拼接件宜采用钢板，不能采用型钢。这是由于型钢抗弯刚度大，不能保证摩擦面紧密结合。

（4）高强度螺栓孔应采用钻成孔。摩擦型高强度螺栓的孔径比螺栓公称直径 d 大 1.5～2.0mm；承压型高强度螺栓的孔径比螺栓公称直径 d 大 1.0～1.5mm。

（5）在高强度螺栓连接范围内，构件接触面的处理方法应在施工图中说明。

在钢结构施工图上需要将螺栓及其孔眼的施工要求用图形表示清楚，以免引起混淆（表 3-16）。

表 3-16　螺栓及其孔眼图例

名称	永久螺栓	高强度螺栓	安装螺栓	圆形螺栓孔	长圆形螺栓孔
图例	◇	◆	◈	φ	⬭ b

3.5.3 螺栓连接的计算

不论是普通螺栓还是高强度螺栓,在设计时都是先假定螺栓直径,计算出单个螺栓的承载能力,然后根据连接节点处的作用力计算出所需要的螺栓数目,最后根据螺栓的构造要求排列和布置螺栓群。

1. 普通螺栓的抗剪连接(受剪螺栓连接)

普通螺栓连接按受力情况可分为 3 类:螺栓只承受剪力,螺栓只承受拉力,螺栓承受拉力和剪力的共同作用。

(1)螺栓抗剪连接的工作性能。从加载至破坏经历以下 4 个阶段:①弹性阶段:在加载初期,荷载小,连接中的剪力也小,荷载靠构件间接触面的摩擦力传递,栓杆与孔壁之间的间隙保持不变。②滑移阶段:当连接中的剪力达到构件间摩擦力的最大值时,板件间产生相对滑移,直至栓杆与孔壁接触。③栓杆直接传力的弹性阶段:连接所承受的外力主要是靠螺栓受剪和孔壁受挤压传递,N-δ 曲线呈上升状态,达到 3 点时,表明 4 点螺栓或连接板达到弹性极限。④弹塑性阶段:在此阶段即使荷载增量很小,连接的剪切变形迅速加大,直至连接破坏。4 点所对应的荷载即为螺栓连接的极限荷载。

经过试验分析总结出螺栓的破坏形式分别有:①螺栓杆被剪断;②螺栓孔壁被挤压破坏;③连接的钢板被拉断;④连接的端部钢板被剪开。其中前 3 种形式必须设计计算才能保证,第 4 种破坏形式可通过采取构造措施加以防止,也就是必须保证螺栓的端距$\geqslant 2d_0$。

(2)单个螺栓的抗剪承载力。假定螺栓受剪面上的剪应力是均匀分布的。单个抗剪螺栓的抗剪承载力设计值为

$$N_v^b = n_v \frac{\pi d^2}{4} f_v^b \tag{3-14}$$

式中,n_v——受剪面数目,单剪 $n_v = 1$,双剪 $n_v = 2$,四剪 $n_v = 4$;

d——栓杆直径;

f_v^b——螺栓抗剪强度设计值。

假定螺栓承压应力分布于螺栓直径平面上,而且该承压面上的应力为均匀分布。单个抗剪螺栓的承压承载力设计值为

$$N_c^b = d \sum t f_c^b \tag{3-15}$$

式中,$\sum t$—— 在同一受力方向的承压构件的较小总厚度;

f_c^b——螺栓承压强度设计值。

(3)普通螺栓群抗剪连接计算。轴心力作用下,假定各螺栓受到的剪力相等,即单个螺栓承受剪力

$$N_v = \frac{N}{n} \leqslant N_{min}^b \tag{3-16}$$

或所连接节点一侧所需的螺栓数:$n \geqslant \dfrac{N}{N_{min}^b}$ \hfill (3-17)

式中，$N_{\min}^b$——一个螺栓抗剪承载力设计值与承压承载力设计值的较小值；

n——节点连接处所需要的螺栓数目。

为防止构件因开孔削弱截面而拉断，还需验算开孔截面的强度，即

$$\sigma = \frac{N}{A_n} \leqslant f \tag{3-18}$$

式中，A_n——构件净截面面积。

注：当节点板或拼接接头一端螺栓沿受力方向的连接长度 $l_1 > 15 d_0$ 时，即使连接进入弹塑性阶段，螺栓受力不均匀，端部螺栓受力仍最大，往往首先破坏。因此，应将螺栓的承载力 (N_v^b, N_c^b) 乘以下列折减系数：$l_0 > 15 d_0$ 时，$\beta = 1.1 - \dfrac{l_1}{150 d_0}$；$l_0 \geqslant 60 d_0$ 时，$\beta = 0.7$。

在扭矩 $T = Fe$ 作用下，假定：①被连接板件是绝对刚性的；②在 T 作用下，被连接件绕螺栓群形心旋转，各螺栓所受剪力方向垂直于该螺栓与形心的连线，其大小与连线的距离成正比，则在 T 作用下最不利位置单个螺栓承载力为

合力：$N_1^T = \dfrac{Tr_1}{\sum r_i^2} = \dfrac{Tr_1}{\sum x_i^2 + y_i^2}$

分力：$N_{1x}^T = \dfrac{Ty_1}{\sum x_i^2 + y_i^2}$ 和 $N_{1y}^T = \dfrac{Tx_1}{\sum x_i^2 + y_i^2}$

此时 T 扭矩可以分解成沿 x 轴和 y 轴两个方向的剪力。同时如果节点连接处还存在另外的剪力，则在剪力作用下危险位置的单个螺栓应承受平均剪力的作用，即 $N_{1y}^V = \dfrac{V}{n}$。

这样在危险位置的 1 号螺栓承受的剪力合力为

$$N_1 = \sqrt{(N_{1x}^T)^2 + (N_{1y}^T + N_{1y}^V)^2} \leqslant N_{\min}^b \tag{3-19}$$

式中，$N_{\min}^b$——一个螺栓抗剪承载力设计值与承压承载力设计值的较小值；

n——节点连接处所需要的螺栓数目。

特别地，当螺栓群布置成一狭长带状时，危险位置螺栓 y 轴方向与螺栓群中心线的距离为 y_1，x 轴方向与螺栓群中心线的距离为 x_1，如果 $y_1 > 3x_1$ 或 $x_1 > 3y_1$ 时，近似地可取计算公式中的 $\sum x_i^2 = 0$ 或 $\sum y_i^2 = 0$，即忽略 y 方向或 x 方向的剪力分力。简化公式如下：

当 $y_1 > 3x_1$ 时，$x \approx 0$，$N_{1x}^T = \dfrac{Ty_1}{\sum y_i^2}$，$N_{1y}^T = 0$；

当 $x_1 > 3y_1$ 时，$y \approx 0$，$N_{1y}^T = \dfrac{Tx_1}{\sum x_i^2}$，$N_{1x}^T = 0$。

2. 普通螺栓的抗拉连接（受拉螺栓连接）

1）螺栓受拉性能

螺栓所受拉力的大小与被连接板件的刚度有关，刚度大，连接板件无变形，一个螺栓所受拉力为 $P_f = N_t$；刚度小，受力后角钢发生较大变形，在角钢水平肢的端部，因杠杆作用产生反力 Q，$\sum Y = 0$，$P_f = N_t + Q$，Q 与连接板刚度、螺栓直径、螺栓所在位置有关。《钢结构设计规范》(GB 50017—2003)将螺栓的抗拉强度适当降低 $(f_t^b = 0.8f)$ 以考虑这种不利影

响,在构造上采取措施,提高刚度。

试验分析表明,螺栓的破坏形式为栓杆拉断部位多在被螺纹削弱截面处。

2) 单个受拉螺栓的承载力

螺栓承受沿螺杆纵向长度方向的轴心拉力,则根据材料力学原理可知,螺栓的最小横截面一定产生最大的拉应力,最小截面一定在螺纹处。因此单个螺栓抗拉承载力设计值为

$$N_t^b = \frac{\pi d_e^2}{4} f_t^b = A_e f_t^b \tag{3-20}$$

式中,f_t^b——螺栓的抗拉强度设计值;

d_e,A_e——螺纹处有效直径和有效面积。按照国家标准生产的螺栓,每种规格的螺纹间距 p 都是一定的,所以可以按照公式计算出有效面积,即 $A_e = \frac{\pi}{4}\left(d - \frac{13}{24}\sqrt{3}\,p\right)^2$。

规格 M10~M100 的有效面积可在钢结构设计手册中查阅使用。

3) 螺栓群抗拉承载力

(1) 轴心力作用下,假定每个螺栓平均受力,则连接所需螺栓数:

$$n \geqslant \frac{N}{N_t^b} \tag{3-21}$$

(2) 弯矩作用下,螺栓群转变成受拉作用。如果支托承受剪力 V,在 M 作用下,连接板有顺 M 方向旋转的趋势,而普通螺栓不施加预拉力,当 M 较大时,中和轴向下移动,计算时假定中和轴位于最下一排螺栓的轴线处,螺栓所受拉力大小与其至中和轴的距离 y_i 成正比。

由平衡条件:$M = m(N_1^M y_1 + N_2^M y_2 + \cdots + N_{n-1}^M y_{n-1})$,(式中的 m 表示螺栓列数)

由假定条件:

$$\begin{cases} \dfrac{N_1^M}{y_1} = \dfrac{N_2^M}{y_2} = \cdots = \dfrac{N_{n-1}^M}{y_{n-1}} \\[2mm] N_2^M = \dfrac{y_2}{y_1} N_1^M \cdots N_{n-1}^M = \dfrac{y_{n-1}}{y_1} N_1^M \\[2mm] M = \dfrac{M}{y_1} N_1^M (y_1^2 + y_2^2 + \cdots + y_n^2) \\[2mm] N_1^M = \dfrac{M y_1}{m \sum y_i^2} \leqslant N_t^b \end{cases} \tag{3-22}$$

① 小偏心情况

作用力 N 靠近螺栓群的形心,则连接以承受轴心拉力为主,M 不大,在这种情况下,螺栓群中所有螺栓均受拉。在计算 M 产生的螺栓内力时,中和轴取在螺栓群的形心轴 O 处。

危险位置处单个螺栓抗拉承载力包括两部分,即偏心距和轴向拉力共同作用下的承载力:

$$N_1^M = \frac{Ney_1}{m \sum y_i^2}, \quad N_1^N = \frac{N}{n}$$

$$N_{1\max} = \frac{N}{n} + \frac{Ney_1}{m \sum y_i^2} \leqslant N_t^b$$

$$N_{1\min} = \frac{N}{n} - \frac{Ney_1}{m \sum y_i^2} \geqslant 0$$

由 $N_{1min} \geqslant 0$ 得：$e \leqslant \dfrac{m \sum y_i^2}{n y_1}$ 为小偏心。

② 大偏心情况

作用力 N 远离螺栓群的形心，M 增大，即 $e > \dfrac{m \sum y_i^2}{n y_1}$，端板底部会出现受拉区，中和轴下移，假定中和轴位于最下一排螺栓轴线 O' 处。最危险位置的螺栓中 1 号螺栓所受拉力最大，其承受的拉力为

$$N_{1max} = \frac{N e' y_1'}{m \sum y_i'^2} \leqslant N_t^b \tag{3-23}$$

（3）普通螺栓受剪力和拉力的联合作用（拉剪螺栓连接）

根据试验结果，螺栓的强度条件应满足下列的相关方程：

$$\sqrt{\left(\frac{N_v}{N_v^b}\right)^2 + \left(\frac{N_t}{N_t^b}\right)^2} \leqslant 1 \tag{3-24}$$

式中，N_v，N_t——一个螺栓所承受的剪力和拉力。

当连接板件过薄时，可能因承压强度不足而破坏，需按下列公式计算螺栓的承压承载力：

$$N_v \leqslant N_c^b \tag{3-25}$$

［例题 3-5］　设计两块钢板用普通螺栓的盖板拼接。已知轴心拉力的设计值 $N = 325\text{kN}$，钢材为 Q235A，螺栓直径 $d = 20\text{mm}$（粗制螺栓），如图 3-33 所示。

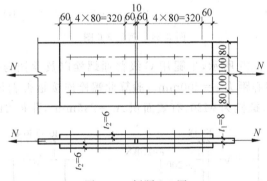

图 3-33　例题 3-5 图

解：受剪承载力设计值：$N_v^b = n_v \dfrac{\pi d^2}{4} f_v^b = 2 \times \dfrac{3.14 \times 20^2}{4} \times 140 = 87.9(\text{kN})$

承压承载力设计值：$N_c^b = d \sum t \cdot f_c^b = 20 \times 8 \times 305 = 48.8(\text{kN})$

一侧所需螺栓数：$n = \dfrac{325}{48.8} = 6.7$，取 8 个。

［例题 3-6］　设计如图 3-34 所示的普通螺栓拼接。柱翼缘厚度为 10mm，连接板厚度为 8mm，钢材为 Q235B，荷载设计值为 $F = 150\text{kN}$，偏心距为 $e = 250\text{mm}$，粗制螺栓 M22。

解：将力向形心简化：$T = Fe = 150 \times 0.25 = 37.5(\text{kN} \cdot \text{m})$

$$V = F = 150\text{kN}$$

扭矩作用下 1 号螺栓受力：

$$\sum x_i^2 + \sum y_i^2 = 10 \times 6^2 + (4 \times 8^2 + 4 \times 16^2) = 1640(\text{mm}^2)$$

$$N_{1Tx} = \frac{Ty_1}{\sum x_i^2 + \sum y_i^2} = \frac{37.5 \times 0.16}{1640 \times 10^{-4}} = 36.6(\text{kN})$$

$$N_{1Ty} = \frac{Tx_1}{\sum x_i^2 + \sum y_i^2} = \frac{37.5 \times 0.06}{1640 \times 10^{-4}} = 13.7(\text{kN})$$

剪力作用下 1 号螺栓受力：$N_{1F} = \dfrac{F}{n} = \dfrac{150}{10} = 15(\text{kN})$

1 号螺栓受力：$\sqrt{N_{1Tx}^2 + (N_{1Tx} + N_{1F})^2} = \sqrt{36.6^2 + (13.7 + 15)^2} = 46.5(\text{kN})$

承载力验算：$N_v^b = n_v \dfrac{\pi d^2}{4} f_v^b = 1 \times \dfrac{3.14 \times 22^2}{4} \times 140 = 53.2(\text{kN}) > N_1 = 46.5\text{kN}$

$$N_c^b = d \sum t f_c^b = 22 \times 8 \times 305 = 53.7(\text{kN}) > N_1 = 46.5\text{kN}$$

$$N_1 = 46.5\text{kN} < N_{\min}^b = 53.2\text{kN}$$

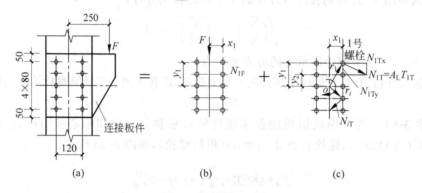

图 3-34　例题 3-6 图

[**例题 3-7**]　如图 3-35 所示，牛腿用 C 级普通螺栓以及承托与柱连接，承受竖向荷载（设计值）$F = 200\text{kN}$，偏心距为 $e = 200\text{mm}$。验算此螺栓连接是否满足设计要求。已知构件和螺栓均用 Q235 钢材，螺栓为 M20，有效面积 $A_e = 245\text{mm}^2$，孔径 21.5mm。

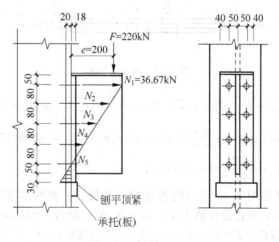

图 3-35　例题 3-7 图

解：承托传递全部剪力为 $V = F = 220\text{kN}$

弯矩由螺栓连接传递为 $M = Ve = 220 \times 0.20 = 44(\text{kN} \cdot \text{m})$

单个螺栓最大拉力为

$$N_1 = \frac{My_1}{\sum y_i^2} = \frac{44 \times 0.32}{22 \times (0.08^2 + 0.16^2 + 0.24^2 + 0.32^2)} = 36.7(\text{kN})$$

单个螺栓的抗拉承载力设计值为

$$N_t^b = A_e f_t^b = 245 \times 170 = 41.7(\text{kN}) > N_1 = 36.7\text{kN}$$

满足设计。

3.6 高强度螺栓连接的工作性能和计算

高强度螺栓的构造要求在 3.5.1 节和 3.5.2 节已经详细阐述,这里主要介绍高强度螺栓的强度计算和工作性能。

3.6.1 高强度螺栓的工作性能

1. 高强度螺栓的紧固方法

(1) 扭矩法。初拧后,使用一种能直接显示所施加扭矩大小的定扭扳手,终拧扭矩由试验测定。

(2) 转角法。初拧后,用电动或风动扳手继续拧螺母 1/3~2/3 圈,终拧角度与板叠厚度和螺栓直径等有关,可测定。

(3) 扭断螺栓尾部法。适用于扭剪型高强度螺栓,用特制电动扳手的两个套筒分别套住螺母和螺栓尾部(正、反转),由于螺栓尾部槽口深度按拧断和预拉力之间的关系确定,故所得预拉力值能得到保证。

2. 高强度螺栓预拉力的确定

$$P = \frac{0.9 \times 0.9}{1.2} f_{0.2} A_e \tag{3-26}$$

式中,A_e——螺栓的有效截面面积;

$f_{0.2}$——螺栓材料经热处理后的最低抗拉强度,$f_{0.2} = \alpha f_u$。

为充分发挥材料强度,应使栓杆中建立的预拉力达到条件屈服点。

(1) 拧紧螺母时螺栓承受拉应力和剪应力的共同作用,即

$$\sqrt{\sigma^2 + 3\tau^2} = \eta\sigma \tag{3-27}$$

根据试验分析,系数 η 为 $1.15\sim1.25$,平均值 1.2,即考虑拧紧螺栓时扭矩对螺栓的不利影响因素。

(2)考虑到材料的不均匀性和施加预拉力时有 10% 的超张拉(损失),条件屈服点 $f_{0.2}$ 应分别乘以系数 0.9。

根据式(3-26),将常用的高强度螺栓规格($M16\sim M30$)的有效面积和抗拉强度确定后,计算出一个高强度螺栓的设计预拉力值,如表 3-17 所示。

表 3-17　一个高强度螺栓的设计预拉应力值　　　　　　　　　　kN

螺栓的性能等级	螺栓公称直径/mm					
	16	20	22	24	27	30
8.8 级	80	125	155	180	230	285
10.9 级	100	155	190	225	290	355

3. 高强度螺栓摩擦面抗滑移系数

μ 与摩擦面的粗糙程度有关,即与构件接触面的处理方法和钢号有关(表 3-18)。试验表明 μ 值随被连接构件接触面的压紧力减小而降低。

表 3-18　摩擦面的抗滑移系数 μ 值

在连接处构件接触面的处理方法	构件的钢号		
	Q235 钢	Q345,Q390 钢	Q420 钢
喷砂	0.45	0.50	0.50
喷砂后涂无机富锌漆	0.35	0.40	0.40
喷砂后生锈	0.45	0.50	0.50
钢丝刷清除浮锈或未经处理的干净轧制表面	0.30	0.35	0.40

3.6.2　高强度螺栓的强度计算

承压型高强度螺栓破坏过程同普通螺栓一样分 4 个阶段,摩擦型高强度螺栓只有一个阶段,就是弹性阶段。在加载初期,荷载小,连接中的剪力也小,荷载靠构件间接触面的摩擦力传递,栓杆与孔壁之间的间隙保持不变。

1. 摩擦型高强度螺栓抗剪承载力

在抗剪连接中,单个摩擦型高强度螺栓的承载力设计值应按下式计算:

$$N_v^b = 0.9 n_f \mu P \tag{3-28}$$

式中,0.9——抗力分项系数 γ_R 的倒数,即取 $\gamma_R = 1/0.9 = 1.111$;

n_f——传力摩擦面数目,单剪时,$n_f = 1$;双剪时,$n_f = 2$;

P——一个高强度螺栓的设计预拉力,按表 3-17 采用;

μ——摩擦面抗滑移系数,按表 3-18 采用。

2. 摩擦型高强度螺栓抗拉承载力

摩擦型高强度螺栓受拉连接的工作性能如图 3-36 所示。受拉前,预拉力与接触面上的挤压力趋向平衡,$P=C$;受拉后:P 增加,趋近于 P_f,板件间的挤压力 C 减小,趋近于 $2C_f$。

$$P_f = N_t + C_f$$

$$\Delta_t = \Delta_c \quad (\text{栓杆伸长量} = \text{板件压缩恢复量})$$

$$P_f = P + 0.07N_t$$

当 $N_t = p$ 时,$P_f = 1.07P$。当施加于螺栓上的外拉力 $N_t \leqslant P$ 时,栓杆拉力增量很小,可以认为栓杆内原预拉力基本不变 $P_f = P$。

螺栓的超张拉试验表明:当外拉力超过 P 时,螺栓将发生松弛现象,即栓杆中的预拉力减小,这对连接的抗剪不利。当 $N_t \leqslant 0.8P$ 时无松弛现象。《钢结构设计规范》(GB 50017—2003)规定施加于栓杆上的外拉力不得大于 $0.8P$,即单个摩擦型高强度螺栓抗拉承载力设计值取为

$$N_t^b = 0.8P \tag{3-29}$$

3. 摩擦型高强度螺栓同时受拉力和剪力连接的工作性能和强度计算

如图 3-36 所示,受拉后,连接板间的挤压力减小,$C_f = P_f - N_t \approx P - N_t$。板件间接触面上的抗滑移系数由 μ 减小,趋近于 μ_1,螺栓的抗剪承载力设计值为 $0.9n_f\mu_1(P-N_t)$,仍采用原抗滑移系数 μ,并适当增加 N_t 来弥补,取 $1.25N_t$,即单个摩擦型高强度螺栓抗剪承载力设计值取为

$$N_v^b = 0.9n_f\mu(P - 1.25N_t) \tag{3-30}$$

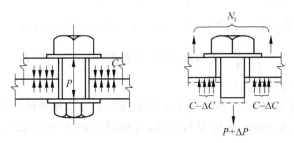

图 3-36　受拉连接的工作性能

摩擦型高强度螺栓同时受拉力和剪力连接的承载力按下式计算:

$$\frac{N_v}{N_v^b} + \frac{N_t}{N_t^b} \leqslant 1 \tag{3-31}$$

式中,N_v,N_t——单个摩擦型高强度螺栓所承受的剪力和拉力;

　　　N_v^b,N_t^b——单个摩擦型高强度螺栓受剪和受拉承载力设计值,按照式(3-28),
　　　　　　式(3-29)以及式(3-30)计算得出。

4. 摩擦型高强度螺栓群的抗剪计算

计算方法同普通螺栓,只需用高强度螺栓的抗剪承载力设计值代替普通螺栓的抗剪承

载力设计值。

单个摩擦型高强度螺栓承受剪力：

$$N_v = \frac{N}{n} \leqslant N_v^b \tag{3-32}$$

所连接节点一侧所需的螺栓数：

$$n \geqslant \frac{N}{N_v^b} \tag{3-33}$$

式中，N_v^b——一个摩擦型高强度螺栓抗剪承载力设计值，按照式(3-30)计算；

n——节点连接处所需要的螺栓数目。

5. 摩擦型高强度螺栓群的抗拉计算

计算方法同普通螺栓，但在弯矩 M 作用下，中和轴在螺栓群的中心处。高强度螺栓有很大的预拉力 P，所以连接板件间接触面始终压得很紧，螺栓所受拉力很大时($N_t > P$)才能拉开。

单个摩擦型高强度螺栓抗拉能力：

$$N_t \leqslant 0.8P \tag{3-34}$$

连接所需螺栓数：

$$n \geqslant \frac{N}{N_t^b} \tag{3-35}$$

[例题 3-8]　设计两块钢板(板厚为 8mm)用 8.8 级承压型高强度螺栓的盖板(板厚为 6mm)拼接。已知轴心拉力的设计值 $N = 325kN$，钢材为 Q235B，螺栓直径 $d = 20mm$，参见图 3-31。

解：受剪承载力设计值：$N_v^b = n_v \frac{\pi d^2}{4} f_v^b = 2 \times \frac{3.14 \times 20^2}{4} \times 250 = 156.96(kN)$

承压承载力设计值：$N_c^b = d \sum t f_c^b = 20 \times 8 \times 465 = 74.4(kN)$

一侧所需螺栓数：$n = \frac{325}{74.4} = 4.3$，取 6 个(并列布置)。也可以取 5 个，但是需要梅花形布置，那样就会增加盖板的宽度尺寸。

[例题 3-9]　设计如图 3-37 所示的 8.8 级承压型高强度螺栓的拼接节点。柱翼缘厚度为 10mm，连接板厚度为 8mm，钢材为 Q235B，荷载设计值 $F = 150kN$，偏心距 $e = 250mm$，螺栓规格 M20。

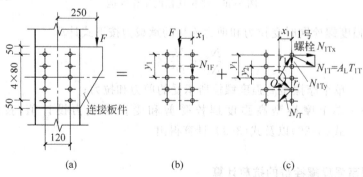

图 3-37　例题 3-9 图

解：将力向形心简化：$T=Fe=150\times0.25=37.5(\text{kN}\cdot\text{m})$

$$V=F=150\text{kN}$$

扭矩作用下 1 号螺栓受力：

$$\sum x_i^2+\sum y_i^2=10\times6^2+(4\times8^2+4\times16^2)=1640(\text{mm}^2)$$

$$N_{1Tx}=\frac{Ty_1}{\sum x_i^2+\sum y_i^2}=\frac{37.5\times0.16}{1640\times10^{-4}}=36.6(\text{kN})$$

$$N_{1Ty}=\frac{Tx_1}{\sum x_i^2+\sum y_i^2}=\frac{37.5\times0.06}{1640\times10^{-4}}=13.7(\text{kN})$$

剪力作用下 1 号螺栓受力：

$$N_{1F}=\frac{F}{n}=\frac{150}{10}=15(\text{kN})$$

1 号螺栓受力：$\sqrt{N_{1Tx}^2+(N_{1Tx}+N_{1F})^2}=\sqrt{36.6^2+(13.7+15)^2}=46.5(\text{kN})$

承载力验算：$N_v^b=n_v\dfrac{\pi d^2}{4}f_v^b=1\times\dfrac{3.14\times20^2}{4}\times250\times10^{-3}=78.5(\text{kN})>N_1=46.5\text{kN}$

$$N_c^b=d\sum tf_c^b=20\times8\times465\times10^{-3}=74.4(\text{kN})>N_1=46.5\text{kN}$$

$$N_1=46.5\text{kN}<N_{\min}^b=74.4\text{kN}$$

讨论：本例题结果表明，相比采用普通螺栓，在数量不变情况下高强度螺栓直径变为 M20。

本 章 小 结

本章重点介绍了钢结构各种连接（角焊缝、普通螺栓和摩擦型高强度螺栓）在不同荷载作用下的设计与计算，完成承载能力的验算设计，主要目的是让学生掌握如何识别钢结构连接的构造，能够正确分析焊缝和螺栓连接的受力性质。

1. 焊缝连接

（1）角焊缝的构造要求：熟练确定 $h_{f\max},h_{f\min},l_{w\max},l_{w\min}$。

（2）角焊缝计算基本公式：$\sqrt{\left(\dfrac{\sigma_f}{\beta_f}\right)^2+\tau_f^2}\leqslant f_f^w$。

（3）轴心力：掌握拼接接头的对接焊缝设计和搭接角焊缝设计计算；熟悉角钢与钢板的角焊缝连接计算。

（4）偏心力：掌握 M,N,V 共同作用下的角焊缝计算；熟悉扭矩 T 可以转化成剪力作用；熟悉弯矩可以转化成拉力作用的原理。

2. 螺栓连接

1）普通螺栓连接的计算

（1）构造要求：M 为公称直径，螺栓排列的最大、最小容许距离。

（2）连接计算：

① 受剪

单螺栓抗剪承载力：$N_v^b = n_v \dfrac{\pi d^2}{4} f_v^b$ 和 $N_c^b = d \sum t f_c^b$

螺栓群数目：$n \geqslant \dfrac{N}{N_{min}^b}$

偏心力：扭矩 T 作用

$$N_{1x}^T = \frac{Ty_1}{\sum x_i^2 + y_i^2} \quad 和 \quad N_{1y}^T = \frac{Tx_1}{\sum x_i^2 + y_i^2}$$

中和轴位置位于形心处。

② 受拉

单螺栓抗拉承载力：$N_t^b = \dfrac{\pi d_e^2}{4} f_t^b = A_e f_t^b$

螺栓群数目：$n \geqslant \dfrac{N}{N_t^b}$

偏心力：弯矩 M 作用

$$N_1^M = \frac{Ney_1}{m \sum y_i^2}$$

中和轴位于最下一排螺栓轴线处。

③ 拉剪共同作用

$$\sqrt{\left(\frac{N_v}{N_v^b}\right)^2 + \left(\frac{N_t}{N_t^b}\right)^2} \leqslant 1 \quad 和 \quad N_v \leqslant N_c^b$$

2）摩擦型高强度螺栓连接计算

（1）承载力设计值

受剪：$N_v^b = 0.9 n_f \mu P$

受拉：$N_t^b = 0.8P$

拉剪：$N_t^b = 0.8P$

$$N_v^b = 0.9 n_f \mu (P - 1.25 N_t)$$

$$\frac{N_v}{N_v^b} + \frac{N_t}{N_t^b} \leqslant 1$$

（2）螺栓群受力

受剪：计算方法同普通螺栓；受拉：计算方法同普通螺栓，中和轴位置位于螺栓群形心处；

拉剪：分开计算，先受拉再受剪。

练 习 题

一、填空题

1. 高强度螺栓预拉力设计值与_____和_____有关。

2. 角焊缝的计算长度不得小于_____,也不得小于_____;侧面角焊缝承受静荷载时,其计算长度不宜大于_____。

3. 钢结构的连接方法有_____、_____和_____。

4. 按焊缝和截面形式不同,直角焊缝可分为_____、_____、_____和_____等。

二、简答题

1. 高强度螺栓的8.8级和10.9级代表什么含义?

2. 焊缝可能存在哪些缺陷?

3. 焊缝的质量级别有几级?各有哪些具体检验要求?

4. 在抗剪连接中,普通螺栓连接和摩擦型高强度螺栓连接的传力方式和破坏形式有何不同?

5. 钢结构有哪些连接方法?各有什么优缺点?

6. 对接焊缝的构造有哪些要求?

7. 焊接残余应力和焊接残余变形是如何产生的?焊接残余应力和焊接残余变形对结构性能有何影响?减少焊接残余应力和焊接残余变形的方法有哪些?

8. 角焊缝的计算假定是什么?角焊缝有哪些主要构造要求?

9. 螺栓的排列有哪些构造要求?

三、计算题

1. 试计算如图3-38所示连接中 C 级螺栓的强度。已知荷载设计值 $F=45\text{kN}$,螺栓M20,孔径21.5mm,$f_v^b=130\text{N/mm}^2$,$f_c^b=305\text{N/mm}^2$。

2. 如图3-39所示焊接工形截面梁,在腹板上设置一条对接焊缝,梁拼接处承受内力为 $M=2500\text{kN}\cdot\text{m}$,$V=500\text{kN}$,钢材为 Q235 钢,焊条为 E43 型,手工焊,二级质量标准。试验算拼接焊缝强度。

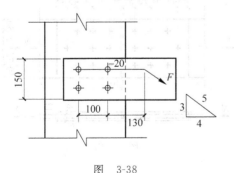

图 3-38

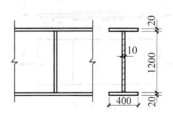

图 3-39

提示：剪力 V 可假定全部由腹板承担，弯矩按刚度比分配，即 $M_w = \dfrac{I_w}{I}M$。

3. 试验算如图 3-40 所示牛腿与柱连接的对接焊缝强度。荷载设计值 $F = 220\text{kN}$，钢材 Q235，焊条 E43，手工焊，无引弧板，焊缝质量三级。有关强度设计值 $f_c^w = 215\text{N/mm}^2$，$f_t^w = 185\text{N/mm}^2$（假定剪力全部由腹板上的焊缝承受）。

4. 图 3-41 所示一柱间支撑与柱的连接节点，支撑杆承受轴心拉力设计值 $N = 300\text{kN}$，用 $2 \llcorner 80 \times 6$ 做成，钢材均为 Q235 钢，焊条为 E43 型，手工焊。已知 $f_f^w = 160\text{N/mm}^2$。

（1）支撑与节点板采用两侧角焊缝相连（绕角焊），焊脚尺寸见图 3-41，试确定焊缝长度。

（2）节点板与端板用两条角焊缝相连，试验算该连接焊缝强度。

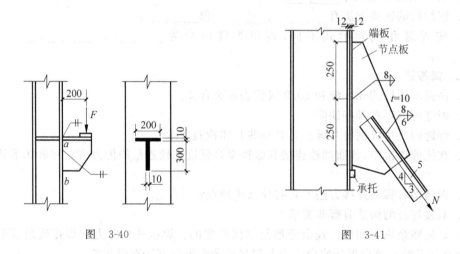

图 3-40   图 3-41

5. 设计如图 3-42 所示矩形拼接板与板件用普通螺栓连接的平接接头，图中长度单位为 mm。已知轴心拉力设计值 $N = 450\text{kN}$，有关强度设计值 $f_v^b = 130\text{N/mm}^2$，$f_c^b = 305\text{N/mm}^2$，$f = 215\text{N/mm}^2$。粗制螺栓 $d = 20\text{mm}$，孔径 $d_0 = 21.5\text{mm}$。

6. 如图 3-43 所示，用 M20 普通螺栓的钢板拼接接头，钢材为 Q235，$f = 215\text{N/mm}^2$。试计算接头所能承受的最大轴心力设计值 $N_{\max}$。螺栓 M20，孔径 21.5mm，$f_v^b = 130\text{N/mm}^2$，$f_c^b = 305\text{N/mm}^2$。

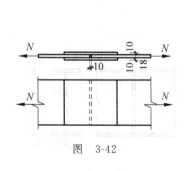   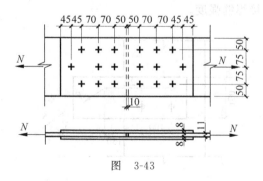

图 3-42   图 3-43

参 考 文 献

[1]　包头钢铁设计研究总院,中国钢结构协会房屋建筑钢结构协会.钢结构设计与计算[M].北京:机械工业出版社,2002.

[2]　陈绍蕃,顾强.钢结构(上、下)[M].北京:中国建筑工业出版社,2014.

[3]　中国建筑科学研究院.建筑结构可靠度设计统一标准:GB 50068—2001[S].北京:中国建筑工业出版社,2001.

[4]　北京钢铁设计研究总院.钢结构设计规范:GB 50017—2003[S].北京:中国计划出版社,2003.

[5]　中南设计研究院.冷弯薄壁型钢结构技术规范:GB 50018—2002[S].北京:中国标准出版社,2002.

[6]　李和华.钢结构连接节点设计手册[M].北京:中国建筑工业出版社,1992.

[7]　美国钢结构学会.钢结构细部设计[M].水利电力部郑州机械设计研究所,译.北京:中国建筑工业出版社,1987.

[8]　董军.钢结构基本原理[M].重庆:重庆大学出版社,2011.

[9]　欧阳可庆.钢结构[M].北京:中国建筑工业出版社,1991.

第 4 章

钢结构受力构件计算与设计

本章导读：本章主要介绍轴心受力构件的强度、刚度和稳定计算方法；实腹式柱和格构式柱的设计内容和设计方法；偏心构件的强度、刚度和稳定计算，框架柱的设计内容以及框架梁柱的连接；受弯构件的强度设计计算，受弯构件整体稳定的计算；主次梁的连接方式。

本章重点：轴心受力构件、偏心受力构件和受弯构件的设计计算方法。

4.1 概　　述

房屋建筑钢结构设计时应该综合考虑 3 个层次的承载力计算，即截面的、构件的和结构的承载力设计计算。截面的承载力取决于材料的强度和应力性质，属于构件强度设计研究范畴；构件的承载力取决于构件的几何尺度和比例，也就是取决于构件的整体刚度，研究构件在未达到极限强度之前的失稳问题，属于构件稳定（包括整体稳定和局部稳定）的设计研究范畴；结构的承载力取决于组成结构的每个构件的强度和刚度，属于整体结构体系的设计研究范畴。因此本章集中介绍各类受力构件的强度和稳定，满足结构设计要求。

钢结构构件按照截面的受力不同可以分为轴心受力构件、偏心受力构件、单向或双向受弯构件。在对整体结构进行内力分析后，根据控制截面的受力类别和特点，按照钢结构材料性质进行构件的强度和稳定设计计算，按照构件的连接节点特性进行整体结构的承载力和正常使用状态下的设计。

4.2　轴心受力构件的强度和刚度

4.2.1　概述

平面桁架、塔架和网架、网壳等杆件体系均为铰接节点的连接,当杆长区域无节间荷载时,杆件内力只是承受轴向拉力或压力,这类杆件称为轴心受拉构件和轴心受压构件,统称轴心受力构件。图 4-1 即为轴心受力构件在工程中应用的一些实例。

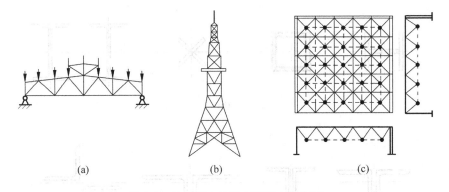

图 4-1　轴心受力构件在工程中的应用

工作平台支柱为轴心压杆。柱由柱头、柱身和柱脚 3 部分组成(图 4-2)。柱头用来支承平台或桁架,柱脚坐落在基础上将轴心压力传给基础。

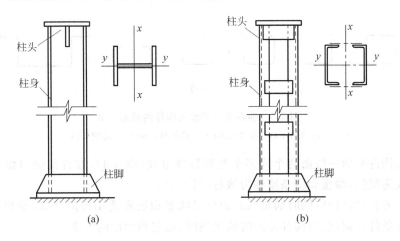

图 4-2　柱的组成

轴心受力构件的常用截面形式可分为实腹式和格构式两大类。

　　实腹式构件常用形式有：单个型钢截面,如圆钢、钢管、角钢、T 型钢、槽钢、工字钢、H 型钢等(图 4-3(a));由型钢或钢板组合而成的组合截面(图 4-3(b));一般桁架结构中的弦杆和腹杆,除 T 型钢外,常采用热轧角钢组成 T 形的或十字形的双角钢组合截面(图 4-3(c));在轻型钢结构中则可采用冷弯薄壁型钢截面(图 4-3(d))。

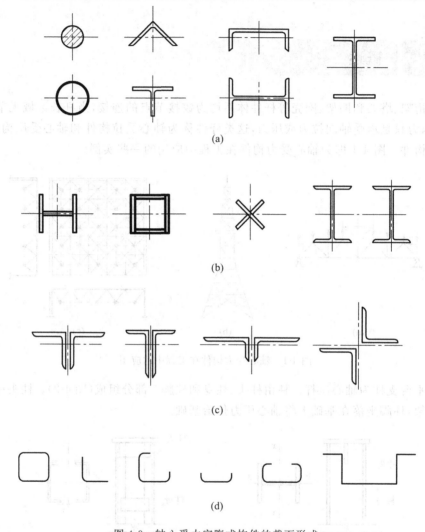

图 4-3　轴心受力实腹式构件的截面形式

(a) 型钢；(b) 组合截面；(c) 双角钢；(d) 冷弯薄壁型钢

　　格构式构件截面一般由两个或多个型钢肢件组成(图 4-4),肢件间通过缀条或缀板进行连接而成为整体,缀板和缀条统称为缀材(图 4-5)。

　　轴心受力构件设计应同时满足承载力极限状态和正常使用极限状态,受拉构件一般是强度和刚度条件控制,受压构件需同时满足强度、稳定和刚度的要求。

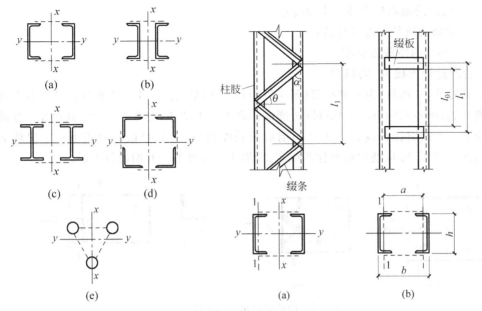

图 4-4　格构式构件的常用截面形式

图 4-5　格构式构件的缀材布置

（a）桁架；（b）塔架

4.2.2　轴心受力构件的强度和刚度

1. 强度计算

　　轴心受力构件的强度承载力是以截面的平均应力达到钢材的屈服应力为极限。但当构件的截面有局部孔洞（如螺栓孔）削弱时，在孔洞附近有如图 4-6（a）所示的应力集中现象，截面上的应力分布不均匀。在弹性阶段，孔壁边缘的最大应力 σ_{max} 可能达到构件毛截面平均应力 σ_a 的 3 倍。若拉力继续增加，当孔壁边缘的最大应力达到材料的屈服强度以后，应力不再继续增加而只是产生塑性变形，截面上的应力发生重新分布，最后达到均匀分布。

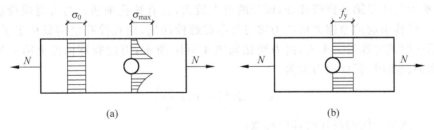

图 4-6　有孔洞拉杆的截面应力分布

（a）弹性状态应力；（b）极限状态应力

　　轴心受力构件的强度计算式如下：

$$\sigma = \frac{N}{A_n} \leqslant f \tag{4-1}$$

式中，N——构件的轴心拉力或压力设计值；

　　　f——钢材的抗拉强度设计值；

　　　A_n——构件的净截面面积。

（1）普通螺栓连接 A_n 的确定

　　若普通螺栓（或铆钉）为并列布置（图 4-7(a)），A_n 按最危险的Ⅰ—Ⅰ截面计算。若普通螺栓错列布置（图 4-7(b)、(c)），构件既可能沿截面Ⅰ—Ⅰ破坏，也可能沿齿状截面Ⅱ—Ⅱ破坏。截面Ⅱ—Ⅱ的路径长度较大但孔洞削弱的长度也较大，其净截面面积不一定比截面Ⅰ—Ⅰ的大。所以 A_n 应通过计算比较确定，即取Ⅰ—Ⅰ和Ⅱ—Ⅱ两者较小者。

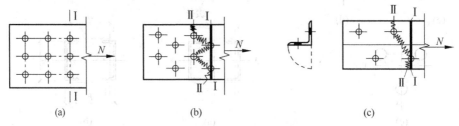

图 4-7　净截面面积 A_n 的计算

（2）高强度螺栓摩擦型连接轴力 N' 的确定

当采用摩擦型高强螺栓的对接连接时，构件的内力是依靠连接板件间的摩擦力传递的，如图 4-8 所示。

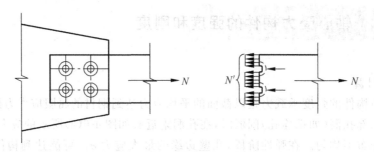

图 4-8　高强度螺栓的孔前传力

　　假设构件承受的拉压力 N，一进入连接盖板范围就开始由摩擦力传给盖板。对构件来说，危险截面仍然是第一排螺栓处，该处的内力较大，且有栓孔削弱。与普通螺栓连接不同的是，每个螺栓引起的摩擦力可认为均匀分布在螺栓四周，而在栓孔之前就传走了一半力，过栓孔后再继续传递另一半力，内力变化如图 4-8(b)所示，因此验算构件上第一排螺栓处危险截面的强度时，截面内力取为

$$N' = N\left(1 - 0.5\,\frac{n_1}{n}\right) \tag{4-2}$$

式中，n——连接一侧的高强度螺栓总数；

　　　n_1——计算截面（最外排螺栓处）上的高强度螺栓数；

　　　0.5——孔前传力系数。

验算最外排螺栓处危险截面的强度时，应按下式计算：

$$\sigma = \frac{N'}{A_n} \leqslant f \tag{4-3}$$

高强度螺栓摩擦型连接的拉杆,除按式(4-3)验算净截面强度外,还应按下式验算毛截面强度:

$$\sigma = \frac{N}{A} \leqslant f \tag{4-4}$$

式中,A——构件的毛截面面积。

2. 刚度计算

为满足结构正常使用要求,轴心受力构件应具有一定的刚度,以保证构件不产生过度的变形,即要求轴心受力构件的长细比不超过规范规定的容许长细比:

$$\lambda = \frac{l_0}{i} \leqslant [\lambda] \tag{4-5}$$

式中,λ——构件的最大长细比;

l_0——构件的计算长度;

i——截面的回转半径;

$[\lambda]$——构件的容许长细比。

《钢结构设计规范》(GB 50017—2003)对受拉构件的容许长细比规定了不同的要求和数值,见表4-1。规范对受压构件容许长细比的规定更为严格,见表4-2。

表 4-1　受拉构件的容许长细比

项次	构 件 名 称	承受静力荷载或间接承受动力荷载的结构		直接承受动力荷载的结构
		一般建筑结构	有重级工作制起重机的厂房	
1	桁架的杆件	350	250	250
2	起重机梁或起重机桁架以下的柱间支撑	300	200	—
3	其他拉杆、支撑、系杆	400	350	—

注:① 承受静力荷载的结构中,可仅计算受拉构件在竖向平面内的长细比。

② 对于直接或间接承受动力荷载的结构,计算单角钢受拉构件的长细比时,应采用角钢的最小回转半径;但在计算交叉杆件平面外的长细比时,应采用与角钢肢边平行轴的回转半径。

③ 中、重级工作制起重机桁架的下弦杆长细比不宜超过200。

④ 在设有夹钳起重机或刚性料耙起重机的厂房中,支撑(表中第2项除外)的长细比不宜超过300。

⑤ 受拉构件在永久荷载与风荷载组合作用下受压时,其长细比不宜超过250。

⑥ 跨度等于或大于60m的桁架,其受拉弦杆和腹杆的长细比不宜超过300(承受静力荷载)或250(承受动力荷载)。

表 4-2　受压构件的容许长细比

项次	构 件 名 称	容许长细比
1	柱、桁架和天窗架构件	150
	柱的缀条、起重机梁或起重机桁架以下的柱间支撑	
2	支撑(起重机梁或起重机桁架以下的柱间支撑除外)	200
	用以减小受压构件长细比的杆件	

注:① 桁架(包括空间桁架)的受压腹杆,当其内力等于或小于承载能力的50%时,容许长细比值可取为200。

② 计算单角钢受压构件的长细比时,应采用角钢的最小回转半径;但在计算交叉杆件平面外的长细比时,应采用与角钢肢边平行轴的回转半径。

③ 跨度等于或大于60m的桁架,其受压弦杆和端压杆的容许长细比值宜取为100,其他受压腹杆可取为150(承受静力荷载)或120(承受动力荷载)。

[**例题 4-1**] 图 4-9 所示一中级工作制起重机的厂房屋架的双角钢拉杆截面为 $2 \llcorner 100 \times 10$,角钢上有交错排列的普通螺栓孔,孔径 $d = 20$mm。试计算此拉杆所能承受的最大拉力及容许达到的最大计算长度。钢材为 Q235 钢。

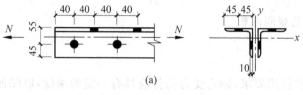

(a)

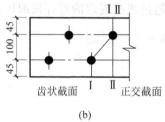

齿状截面 Ⅰ Ⅱ 正交截面

(b)

图 4-9　例题 4-1 图

解:查型钢表可知 $2 \llcorner 100 \times 10$ 角钢,$i_x = 3.05$cm,$i_y = 4.52$cm,$f = 215$N/mm²,角钢的厚度为 10mm,在确定危险截面之前先把它展开如图 4-9(b)所示。

正交截面的净截面面积为

$$A_n = 2 \times (45 + 100 + 45 - 20 \times 1) \times 10 = 3400 \text{mm}^2$$

齿状截面的净面积为

$$A_n = 2 \times (45 + \sqrt{100^2 + 40^2} + 45 - 20 \times 2) \times 10 = 3150 \text{mm}^2$$

得知危险截面是齿状截面。

此拉杆所能承受的最大拉力为

$$N = A_n f = 3150 \times 215 = 677000 \text{N} = 677 \text{kN}$$

容许的最大计算长度为

对 x 轴,$l_{0x} = [\lambda] \cdot i_x = 350 \times 3.05 = 1067.5$cm

对 y 轴,$l_{0y} = [\lambda] \cdot i_y = 350 \times 4.52 = 1582$cm

最大轴向拉力为 670kN,杆件最大计算长度为 1000mm。

3. 轴心受压构件的整体稳定

1) 整体稳定的临界应力

轴心受压构件的整体稳定临界应力和许多因素有关,一般确定方法有下列 4 种:

(1) 屈曲准则

建立在理想轴心压杆的假定之上,弹性阶段以欧拉临界力为基础,弹塑性阶段以切线模量临界力为基础,通过提高安全系数来考虑初偏心、初弯曲等不利影响。屈曲形式有:弯曲屈曲,只发生弯曲变形,截面绕一个主轴旋转(图 4-10(a));扭转屈曲,绕纵轴扭转(图 4-10(b));弯扭屈曲,既有弯曲变形也有扭转变形(图 4-10(c))。

(2) 边缘屈服准则

以有初偏心和初弯曲等缺陷的压杆为计算模型,截面边缘应力达到屈服点即视为承载

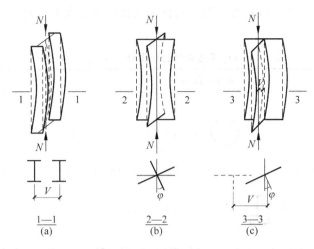

图 4-10　轴心压杆的屈曲变形

(a) 弯曲屈曲；(b) 扭转屈曲；(c) 弯扭屈曲

能力的极限。

（3）最大强度准则

边缘纤维屈服以后塑性还可以深入截面，压力还可以继续增加，最大强度准则仍以有初始缺陷（初偏心、初弯曲和残余应力等）的压杆为出发点，但考虑塑性深入截面，以构件最后破坏时所能达到的最大压力值作为压杆的极限承载能力值。

（4）经验公式

临界应力根据试验资料确定。

2）轴心受压构件的柱子曲线

压杆失稳时临界应力 σ_{cr} 与长细比 λ 之间的关系曲线称为柱子曲线。

《钢结构设计规范》(GB 50017—2003)所采用的轴心受压柱子曲线是按最大强度准则确定的。柱子曲线合并归纳为四组，取每组中柱子曲线的平均值作为代表曲线，即图 4-11 中的 a、b、c、d 四条曲线。

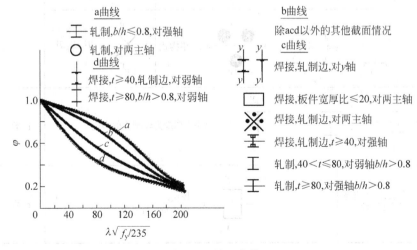

图 4-11　柱子曲线

组成板件厚度 $t<40\mathrm{mm}$ 的轴心受压构件的截面分类见表 4-3,而 $t\geqslant40\mathrm{mm}$ 的截面分类见表 4-4。

表 4-3　轴心受压构件的截面分类(板厚 $t<40\mathrm{mm}$)

截 面 形 式			对 x 轴	对 y 轴
轧制 (圆形)			a 类	a 类
轧制,$b/h\leqslant0.8$			a 类	b 类
轧制,$b/h>0.8$	焊接,翼缘为焰切边	焊接 (圆形)	b 类	b 类
轧制		轧制等边角钢		
轧制,焊接板件宽厚比>20	轧制或焊接			
焊接		轧制截面和翼缘为焰切边的焊接截面		
格构式		焊接,板件边缘焰切		
焊接,翼缘为轧制或剪切边			b 类	c 类
焊接,板件边缘轧制或剪切		焊接,板件宽厚比≤20	c 类	c 类

表 4-4　板厚 $t\geqslant 40$mm 轴心受压构件的截面分类

截面情况		对 x 轴	对 y 轴
轧制工字型或H型截面	$t<80$mm	b 类	c 类
	$t\geqslant 80$mm	c 类	d 类
焊接工字型截面	翼缘为焰切边	b 类	b 类
	翼缘为轧制或剪切边	c 类	d 类
焊接箱形截面	板件宽厚比>20	b 类	b 类
	板件宽厚比≤20	c 类	c 类

　　组成板件厚度 $t\geqslant 40$mm 的轧制工字形截面和焊接实腹截面,残余应力不但沿板件宽度方向变化,在厚度方向的变化也比较显著,另外厚板质量较差也会对稳定带来不利影响,故应按照表 4-4 进行分类。

　　3）轴心受压构件的整体稳定计算

　　轴心受压构件毛截面上的平均应力应不大于整体稳定的临界应力,考虑抗力分项系数 γ_R 后,即为

$$\sigma = \frac{N}{A} \leqslant \frac{\sigma_{cr}}{\gamma_R} = \frac{\sigma_{cr}}{f_y} \cdot \frac{f_y}{\gamma_R} = \varphi \cdot f$$

　　《钢结构设计规范》(GB 50017—2003)对轴心受压构件的整体稳定计算采用下列公式:

$$\frac{N}{\varphi \cdot A} \leqslant f \tag{4-6}$$

式中,φ——轴心受压构件的整体稳定系数,$\varphi = \dfrac{\sigma_{cr}}{f_y}$。

　　(1)整体稳定系数 φ 值

　　整体稳定系数 φ 值可以根据表 4-3 和表 4-4 的截面分类和构件的长细比数值,按表 4-5～表 4-8 查出。

表 4-5　a 类截面轴心受压构件稳定系数 φ

$\lambda\sqrt{\frac{f_y}{235}}$	0	1	2	3	4	5	6	7	8	9
0	1.000	1.000	1.000	1.000	0.999	0.999	0.998	0.998	0.997	0.996
10	0.995	0.994	0.993	0.992	0.991	0.989	0.988	0.986	0.985	0.983
20	0.981	0.979	0.977	0.976	0.974	0.972	0.970	0.968	0.966	0.964
30	0.963	0.961	0.959	0.957	0.955	0.952	0.950	0.948	0.946	0.944
40	0.941	0.939	0.937	0.934	0.932	0.929	0.927	0.924	0.921	0.919
50	0.916	0.913	0.910	0.907	0.904	0.900	0.897	0.894	0.890	0.886

续表

$\lambda\sqrt{\dfrac{f_y}{235}}$	0	1	2	3	4	5	6	7	8	9
60	0.883	0.879	0.875	0.871	0.867	0.863	0.858	0.854	0.849	0.844
70	0.839	0.834	0.829	0.824	0.818	0.813	0.807	0.801	0.795	0.789
80	0.783	0.776	0.770	0.763	0.757	0.750	0.743	0.736	0.728	0.721
90	0.714	0.706	0.699	0.691	0.684	0.676	0.668	0.661	0.653	0.645
100	0.638	0.630	0.622	0.615	0.607	0.600	0.592	0.585	0.577	0.570
110	0.563	0.555	0.548	0.541	0.534	0.527	0.520	0.514	0.507	0.500
120	0.494	0.488	0.481	0.475	0.469	0.463	0.457	0.451	0.445	0.440
130	0.434	0.429	0.423	0.418	0.412	0.407	0.402	0.397	0.392	0.387
140	0.383	0.378	0.373	0.369	0.364	0.360	0.356	0.351	0.347	0.343
150	0.339	0.335	0.331	0.327	0.323	0.320	0.316	0.312	0.309	0.305
160	0.302	0.298	0.295	0.292	0.289	0.285	0.282	0.279	0.276	0.273
170	0.270	0.267	0.264	0.262	0.259	0.256	0.253	0.251	0.248	0.246
180	0.243	0.241	0.238	0.236	0.233	0.231	0.229	0.226	0.224	0.222
190	0.220	0.218	0.215	0.213	0.211	0.209	0.207	0.205	0.203	0.201
200	0.199	0.198	0.196	0.194	0.192	0.190	0.189	0.187	0.185	0.183
210	0.182	0.180	0.179	0.177	0.175	0.174	0.172	0.171	0.169	0.168
220	0.166	0.165	0.164	0.162	0.161	0.159	0.158	0.157	0.155	0.154
230	0.153	0.152	0.150	0.149	0.148	0.147	0.146	0.144	0.143	0.142
240	0.141	0.140	0.139	0.138	0.136	0.135	0.134	0.133	0.132	0.131
250	0.130									

表 4-6   b 类截面轴心受压构件稳定系数 φ

$\lambda\sqrt{\dfrac{f_y}{235}}$	0	1	2	3	4	5	6	7	8	9
0	1.000	1.000	1.000	0.999	0.999	0.998	0.997	0.996	0.995	0.994
10	0.992	0.991	0.989	0.987	0.985	0.983	0.981	0.978	0.976	0.973
20	0.970	0.967	0.963	0.960	0.957	0.953	0.950	0.946	0.943	0.939
30	0.936	0.932	0.929	0.925	0.922	0.918	0.914	0.910	0.906	0.903
40	0.899	0.895	0.891	0.887	0.882	0.878	0.874	0.870	0.865	0.861
50	0.856	0.852	0.847	0.842	0.838	0.833	0.828	0.823	0.818	0.813
60	0.807	0.802	0.797	0.791	0.786	0.780	0.774	0.769	0.763	0.757
70	0.751	0.745	0.739	0.732	0.726	0.720	0.714	0.707	0.701	0.694
80	0.688	0.681	0.675	0.668	0.661	0.655	0.648	0.641	0.635	0.628
90	0.621	0.614	0.608	0.601	0.594	0.588	0.581	0.575	0.568	0.561
100	0.555	0.549	0.542	0.536	0.529	0.523	0.517	0.511	0.505	0.499
110	0.493	0.487	0.481	0.475	0.470	0.464	0.458	0.453	0.447	0.442
120	0.437	0.432	0.426	0.421	0.416	0.411	0.406	0.402	0.397	0.392
130	0.387	0.383	0.378	0.374	0.370	0.365	0.361	0.357	0.353	0.349
140	0.345	0.341	0.337	0.333	0.329	0.326	0.322	0.318	0.315	0.311
150	0.308	0.304	0.301	0.298	0.295	0.291	0.288	0.285	0.282	0.279

续表

$\lambda\sqrt{\dfrac{f_y}{235}}$	0	1	2	3	4	5	6	7	8	9
160	0.276	0.273	0.270	0.267	0.265	0.262	0.259	0.256	0.254	0.251
170	0.249	0.246	0.244	0.241	0.239	0.236	0.234	0.232	0.229	0.227
180	0.225	0.223	0.220	0.218	0.216	0.214	0.212	0.210	0.208	0.206
190	0.204	0.202	0.200	0.198	0.197	0.195	0.193	0.191	0.190	0.188
200	0.186	0.184	0.183	0.181	0.180	0.178	0.176	0.175	0.173	0.172
210	0.170	0.169	0.167	0.166	0.165	0.163	0.162	0.160	0.159	0.158
220	0.156	0.155	0.154	0.153	0.151	0.150	0.149	0.148	0.146	0.145
230	0.144	0.143	0.142	0.141	0.140	0.138	0.137	0.136	0.135	0.134
240	0.133	0.132	0.131	0.130	0.129	0.128	0.127	0.126	0.125	0.124
250	0.123									

表 4-7 c 类截面轴心受压构件稳定系数 φ

$\lambda\sqrt{\dfrac{f_y}{235}}$	0	1	2	3	4	5	6	7	8	9
0	1.000	1.000	1.000	0.999	0.999	0.998	0.997	0.996	0.995	0.993
10	0.992	0.990	0.988	0.986	0.983	0.981	0.978	0.976	0.973	0.970
20	0.966	0.959	0.953	0.947	0.940	0.934	0.928	0.921	0.915	0.909
30	0.902	0.896	0.890	0.884	0.877	0.871	0.865	0.858	0.852	0.846
40	0.839	0.833	0.826	0.820	0.814	0.807	0.801	0.794	0.788	0.781
50	0.775	0.768	0.762	0.755	0.748	0.742	0.735	0.729	0.722	0.715
60	0.709	0.702	0.695	0.689	0.682	0.676	0.669	0.662	0.656	0.649
70	0.643	0.636	0.629	0.623	0.616	0.610	0.604	0.597	0.591	0.584
80	0.578	0.572	0.566	0.559	0.553	0.547	0.541	0.535	0.529	0.523
90	0.517	0.511	0.505	0.500	0.494	0.488	0.483	0.477	0.472	0.467
100	0.463	0.458	0.454	0.449	0.445	0.441	0.436	0.432	0.428	0.423
110	0.419	0.415	0.411	0.407	0.403	0.399	0.395	0.391	0.387	0.383
120	0.379	0.375	0.371	0.367	0.364	0.360	0.356	0.353	0.349	0.346
130	0.342	0.339	0.335	0.332	0.328	0.325	0.322	0.319	0.315	0.312
140	0.309	0.306	0.303	0.300	0.297	0.294	0.291	0.288	0.285	0.282
150	0.280	0.277	0.274	0.271	0.269	0.266	0.264	0.261	0.258	0.256
160	0.254	0.251	0.249	0.246	0.244	0.242	0.239	0.237	0.235	0.233
170	0.230	0.228	0.226	0.224	0.222	0.220	0.218	0.216	0.214	0.212
180	0.210	0.208	0.206	0.205	0.203	0.201	0.199	0.197	0.196	0.194
190	0.192	0.190	0.189	0.187	0.186	0.184	0.182	0.181	0.179	0.178
200	0.176	0.175	0.173	0.172	0.170	0.169	0.168	0.166	0.165	0.163
210	0.162	0.161	0.159	0.158	0.157	0.156	0.154	0.153	0.152	0.151
220	0.150	0.148	0.147	0.146	0.145	0.144	0.143	0.142	0.140	0.139
230	0.138	0.137	0.136	0.135	0.134	0.133	0.132	0.131	0.130	0.129
240	0.128	0.127	0.126	0.125	0.124	0.124	0.123	0.122	0.121	0.120
250	0.119									

表 4-8　d 类截面轴心受压构件稳定系数 φ

$\lambda\sqrt{\dfrac{f_y}{235}}$	0	1	2	3	4	5	6	7	8	9
0	1.000	1.000	0.999	0.999	0.998	0.996	0.994	0.992	0.990	0.987
10	0.984	0.981	0.978	0.974	0.969	0.965	0.960	0.955	0.949	0.944
20	0.937	0.927	0.918	0.909	0.900	0.891	0.883	0.874	0.865	0.857
30	0.848	0.840	0.831	0.823	0.815	0.807	0.799	0.790	0.782	0.774
40	0.766	0.759	0.751	0.743	0.735	0.728	0.720	0.712	0.705	0.697
50	0.690	0.683	0.675	0.668	0.661	0.654	0.646	0.639	0.632	0.625
60	0.618	0.612	0.605	0.598	0.591	0.585	0.578	0.572	0.565	0.559
70	0.552	0.546	0.540	0.534	0.528	0.522	0.516	0.510	0.504	0.498
80	0.493	0.487	0.481	0.476	0.470	0.465	0.460	0.454	0.449	0.444
90	0.439	0.434	0.429	0.424	0.419	0.414	0.410	0.405	0.401	0.397
100	0.394	0.390	0.387	0.383	0.380	0.376	0.373	0.370	0.366	0.363
110	0.359	0.356	0.353	0.350	0.346	0.343	0.340	0.337	0.334	0.331
120	0.328	0.325	0.322	0.319	0.316	0.313	0.310	0.307	0.304	0.301
130	0.299	0.296	0.293	0.290	0.288	0.285	0.282	0.280	0.277	0.275
140	0.272	0.270	0.267	0.265	0.262	0.260	0.258	0.255	0.253	0.251
150	0.248	0.246	0.244	0.242	0.240	0.237	0.235	0.233	0.231	0.229
160	0.227	0.225	0.223	0.221	0.219	0.217	0.215	0.213	0.212	0.210
170	0.208	0.206	0.204	0.203	0.201	0.199	0.197	0.196	0.194	0.192
180	0.191	0.189	0.188	0.186	0.184	0.183	0.181	0.180	0.178	0.177
190	0.176	0.174	0.173	0.171	0.170	0.168	0.167	0.166	0.164	0.163
200	0.162									

（2）根据下列规定确定构件长细比 λ

对于截面为双轴对称工字形构件

$$\left.\begin{array}{l}\lambda_x = l_{0x}/i_x \\ \lambda_y = l_{0y}/i_y\end{array}\right\} \tag{4-7}$$

式中，l_{0x}，l_{0y}——构件对主轴 x 和 y 的计算长度；

i_x，i_y——构件截面对主轴 x 和 y 的回转半径。

对于截面为双轴对称十字形构件：λ_x 或 λ_y 取值不得小于 $5.07\dfrac{b}{t}$（b/t 为悬伸板件宽厚比）。

对于单轴对称截面，由于截面形心与剪心（即剪切中心）不重合，在弯曲的同时总伴随扭转，即形成扭转屈曲。因此，对双板 T 形和槽形等单轴对称截面进行扭转分析后，认为绕对称轴（设为 y 轴）的稳定性应计及扭转效应，按下列换算长细比代替 λ_y

$$\lambda_{yz} = \frac{1}{\sqrt{2}}\left[(\lambda_y^2 + \lambda_z^2) + \sqrt{(\lambda_y^2 + \lambda_z^2)^2 - 4\left(1 - \frac{e_0^2}{i_0^2}\right)\lambda_y^2\lambda_z^2}\right]^{\frac{1}{2}} \tag{4-8}$$

$$\lambda_z^2 = \frac{i_0^2 A}{I_t/25.7 + I_w/l_w^2} \tag{4-9}$$

式中，e_0——截面形心至剪切中心的距离；

i_0——截面对剪心的极回转半径，$i_0^2 = e_0^2 + i_x^2 + i_y^2$；

λ_y——构件绕对称轴的长细比；

λ_z——扭转屈曲的换算长细比；

I_t——毛截面抗扭惯性矩；

I_w——毛截面扇形惯性矩；对 T 形截面（轧制、双板焊接、双角钢组合）、十字形截面和角形截面 $I_w = 0$；

A——毛截面面积；

l_w——扭转屈曲的计算长度，对两端铰接端部截面可自由翘曲或两端嵌固端部截面的翘曲完全受到约束的构件，取 $l_w = l_{0y}$。

对于单角钢截面和双角钢组合 T 形截面（图 4-12），绕对称轴的换算长细比 λ_{yz} 可采用下列简化方法确定：

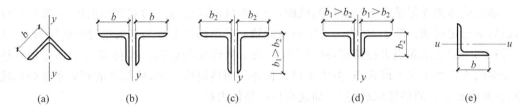

图 4-12　单角钢截面和双角钢组合 T 形截面

① 等边单角钢截面（图 4-12(a)）

当 $b/t \leqslant 0.54 l_{0y}/b$ 时，　$\lambda_{yz} = \lambda_y \left(1 + \dfrac{0.85 b^4}{l_{0y}^2 t^2}\right)$ 　　　　　　　(4-10)

当 $b/t > 0.54 l_{0y}/b$ 时，　$\lambda_{yz} = 4.78 \dfrac{b}{t}\left(1 + \dfrac{l_{0y}^2 t^2}{13.5 b^4}\right)$ 　　　　　(4-11)

式中，b，t——角钢肢宽度和厚度。

② 等边双角钢截面（图 4-12(b)）

当 $b/t \leqslant 0.58 l_{0y}/b$ 时，　$\lambda_{yz} = \lambda_y \left(1 + \dfrac{0.475 b^4}{l_{0y}^2 t^2}\right)$ 　　　　　(4-12)

当 $b/t > 0.58 l_{0y}/b$ 时，　$\lambda_{yz} = 3.9 \dfrac{b}{t}\left(1 + \dfrac{l_{0y}^2 t^2}{18.6 b^4}\right)$ 　　　　　(4-13)

③ 长肢相并的不等边双角钢截面（图 4-12(c)）

当 $b_2/t \leqslant 0.48 l_{0y}/b_2$ 时，　$\lambda_{yz} = \lambda_y \left(1 + \dfrac{1.09 b_2^4}{l_{0y}^2 t^2}\right)$ 　　　　(4-14)

当 $b_2/t > 0.48 l_{0y}/b_2$ 时，　$\lambda_{yz} = 5.1 \dfrac{b_2}{t}\left(1 + \dfrac{l_{0y}^2 t^2}{17.4 b_2^4}\right)$ 　　　　(4-15)

④ 短肢相并的不等边双角钢截面（图 4-12(d)）

当 $b_1/t \leqslant 0.56 l_{0y}/b_1$ 时，　$\lambda_{yz} = \lambda_y$

当 $b_1/t > 0.56 l_{0y}/b_1$ 时，　$\lambda_{yz} = 3.7 \dfrac{b_1}{t}\left(1 + \dfrac{l_{0y}^2 t^2}{52.7 b^4}\right)$

单轴对称的轴心压杆在绕非对称主轴以外的任一轴失稳时应按照弯扭屈曲计算其稳定性。当计算等边单角钢构件绕平行轴（图 4-12(e)的 u 轴）的稳定时，可用下式计算其换算

长细比 λ_{uz}，并按 b 类截面确定 φ 值：

$$当\ b/t \leqslant 0.69l_{0u}/b\ 时, \quad \lambda_{uz} = \lambda_u \left(1 + \frac{0.25b^4}{l_{0u}^2 t^2} \right) \tag{4-16}$$

$$当\ b/t > 0.69l_{0u}/b\ 时, \quad \lambda_{uz} = 5.4b/t \tag{4-17}$$

式中，$\lambda_u = l_{0u}/i_u$。

4.2.3 轴心受力构件的局部稳定

1. 失稳的基本形式

轴心受压构件都是由一些板件组成的，一般板件的厚度与板的宽度相比较小，设计时应考虑局部稳定问题。图 4-13 为一工字形截面轴心受压构件发生局部失稳时的变形形态，其中，图 4-13(a) 表示腹板失稳情况，图 4-13(b) 表示翼缘失稳情况。构件丧失局部稳定后还可能继续维持整体的平衡状态，但由于部分板件屈曲后退出工作，使构件的有效承载截面减小，从而降低构件的整体承载能力、加速构件的整体失稳。

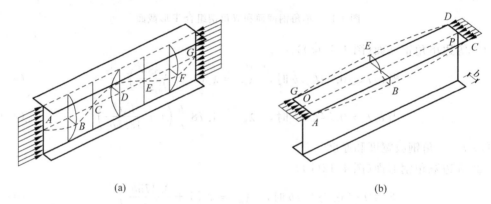

(a)   (b)

图 4-13　轴心受压构件的局部稳定

2. 临界应力

在单向压应力作用下，板件的临界应力可用下式表达：

$$\sigma_{cr} = \frac{\sqrt{\eta}\chi\beta\pi^2 E}{12(1-\nu^2)} \left(\frac{t}{b} \right)^2 \tag{4-18}$$

式中，χ——板边缘的弹性约束系数；

β——屈曲系数；

η——弹性模量折减系数，根据轴心受压构件局部稳定的试验资料，可取为

$$\eta = 0.1013\lambda^2 \left(1 - 0.0248\lambda^2 \frac{f_y}{E} \right) \frac{f_y}{E} \tag{4-19}$$

局部稳定验算考虑等稳定性，保证板件的局部失稳临界应力（式(4-20)）不小于构件整

体稳定的临界应力$(\varphi \cdot f_y)$,即

$$\frac{\sqrt{\eta}\chi\beta\pi^2 E}{12(1-\nu^2)}\left(\frac{t}{b}\right)^2 \geqslant \varphi f_y \tag{4-20}$$

由式(4-20)即可确定出板件宽厚比的限值。各种截面构件的板件宽厚比限值见表4-9。

表 4-9 轴心受压构件板宽厚比限值

截面及板件尺寸	宽厚比限值
双 T 组合角钢、焊接组合工字形、T 形	$\dfrac{b}{t}\left(\text{或}\dfrac{b_1}{t}\right)\leqslant(10+0.1\lambda)\sqrt{\dfrac{235}{f_y}}$ $\dfrac{b_1}{t}\leqslant(15+0.2\lambda)\sqrt{\dfrac{235}{f_y}}$ $\dfrac{h_0}{t_w}\leqslant(25+0.5\lambda)\sqrt{\dfrac{235}{f_y}}$
焊接组合箱型、焊接组合方形、加强翼缘焊接组合工字形	$\dfrac{b_0}{t}\left(\text{或}\dfrac{h_0}{t_w}\right)\leqslant 40\sqrt{\dfrac{235}{f_y}}$
焊接钢管	$\dfrac{d}{t}\leqslant 100\dfrac{235}{f_y}$

当腹板高厚比h_0/t_w不满足要求时,除了加厚腹板外,还可采用有效截面的概念进行计算,此时板内的纵向压应力不均匀,如图4-14(a)所示。

若近似以图4-14(a)中虚线所示的应力图形来代替板件屈曲后纵向压应力的分布,即引入等效宽度b_e和有效截面$b_e t_w$的概念。考虑腹板部分退出工作,实际平板可由一块应力等于f_y但宽度只有b_e的等效平板来代替。计算时,腹板截面面积仅考虑两侧宽度各为$20t_w\sqrt{235/f_y}$(相当于$b_e/2$)的部分,如图4-14(b)所示,但计算构件的稳定系数φ时仍可用全截面。

当腹板高厚比不满足要求时,亦可在腹板中部设置纵向加劲肋,但h_0应取翼缘与纵向加劲肋之间的距离,如图4-15所示。

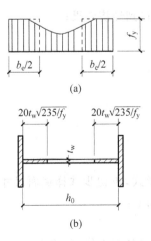

图 4-14 腹板屈曲后的有效截面

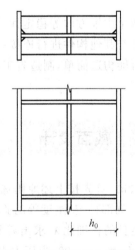

图 4-15 腹板设纵向加劲肋

4.3　实腹式轴心受压柱的设计

4.3.1　截面形式

实腹式轴心受压柱一般采用双轴对称截面,以避免弯扭失稳。常用截面形式有轧制普通工字钢、H 型钢、焊接工字钢截面、型钢和钢板的组合截面、圆管和方管截面等,如图 4-16 所示。

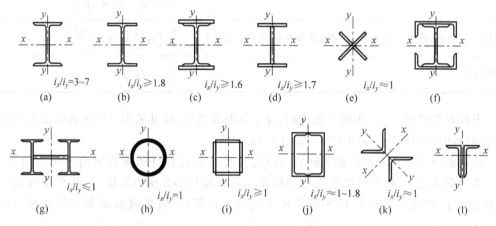

图 4-16　轴心受压实腹柱常用截面

选择轴心受压实腹柱的截面时,应考虑以下几个原则:

(1)材料的面积分布应尽量开展,以增加截面的惯性矩和回转半径,提高柱的整体稳定性和刚度;

(2)使两个主轴方向等稳定性,即使 $\varphi_x = \varphi_y$,以达到经济效果;

(3)便于与其他构件进行连接;

(4)尽可能构造简单,制造省工,取材方便。

4.3.2　截面设计

截面设计时,首先按上述原则选定合适的截面形式,再初步选择截面尺寸,然后进行强度、整体稳定、局部稳定、刚度等的验算。具体步骤如下:

(1)假定柱的长细比 λ,求出需要的截面面积 A

一般假定 $\lambda = 50 \sim 100$,当压力大而计算长度小时取较小值,反之取较大值。根据长细

比 λ、截面类别(a、b、c、d)和钢材牌号(Q235、Q345)可查得稳定系数 φ,则所需的截面面积为

$$A = \frac{N}{\varphi f} \tag{4-21}$$

(2)求两个主轴所需要的回转半径

$$i_x = \frac{l_{0x}}{\lambda}, \quad i_y = \frac{l_{0y}}{\lambda} \tag{4-22}$$

(3)由已知截面面积 A、两个主轴的回转半径 i_x,i_y 优先选用轧制型钢,如普通工字钢、H 型钢等。当现有型钢规格不满足所需截面尺寸时,可以采用组合截面,这时需先初步定出截面的轮廓尺寸,一般是根据回转半径确定所需截面的高度 h 和宽度 b:

$$h \approx \frac{i_x}{\alpha_1}; \quad b \approx \frac{i_y}{\alpha_2} \tag{4-23}$$

式中,α_1,α_2 为系数,表示 h,b 和回转半径 i_x,i_y 之间的近似数值关系,常用截面可由表 4-10 查得。

表 4-10　各种截面回转半径的近似值

截面							
$i_x = \alpha_1 h$	$0.43h$	$0.38h$	$0.38h$	$0.40h$	$0.30h$	$0.28h$	$0.32h$
$i_y = \alpha_2 h$	$0.24b$	$0.44b$	$0.60b$	$0.40b$	$0.215b$	$0.24b$	$0.20b$

例如,由 3 块钢板组成的工字形截面,$\alpha_1 = 0.43$,$\alpha_2 = 0.24$。

(4)由所需要的 A,h,b 等,再考虑构造要求、局部稳定以及钢材规格等,确定截面的初选尺寸。

(5)构件强度、稳定和刚度验算。

① 当截面有削弱时,需进行强度验算。

$$\sigma = \frac{N}{A_n} \leqslant \beta f \tag{4-24}$$

式中,A_n——构件的净截面面积;

$\quad$ β ——强度折减系数。

② 整体稳定验算

$$\sigma = \frac{N}{\varphi A} \leqslant f \tag{4-25}$$

③ 局部稳定验算

如上所述,轴心受压构件的局部稳定是以限制其组成板件的宽厚比来保证的。对于热轧型钢截面,板件的宽厚比较小,一般能满足要求,可不验算。对于组合截面,则应根据表 4-10 的规定对板件的宽厚比进行验算。

④ 刚度验算

轴心受压实腹柱的长细比应符合规范所规定的容许长细比要求。

$$\lambda = \frac{l_0}{i} \leqslant [\lambda] \tag{4-26}$$

事实上,在进行整体稳定验算时,长细比已预先求出,以确定整体稳定系数 φ,因而刚度验算可与整体稳定验算同时进行。

[例题 4-2] 图 4-17(a)所示为一管道支架,其支柱的设计压力为 $N = 1600 \text{kN}$(设计值),柱两端铰接,钢材为 Q235,截面无孔眼削弱。试设计此支柱的截面:①用普通轧制工字钢;②用热轧 H 型钢;③用焊接工字形截面,翼缘板为焰切边。

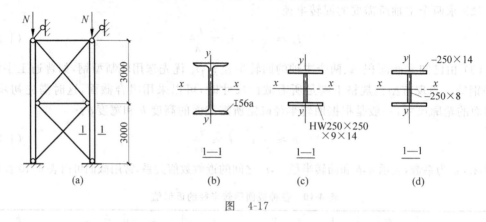

图 4-17

解:支柱在两个方向的计算长度不相等,故取如图 4-17(b)所示的截面使强轴与 x 轴方向一致,弱轴与 y 轴方向一致。这样,柱在两个方向的计算长度分别为: $l_{0x} = 600 \text{cm}$, $l_{0y} = 300 \text{cm}$。

(1)轧制工字钢(图 4-17(b))

① 试选截面。假定 $\lambda = 90$,对于轧制工字钢,当绕 x 轴失稳时属于 a 类截面,由表 4-5 查得 $\varphi_x = 0.714$;当绕 y 轴失稳时,属于 b 类截面,由表 4-6 查得 $\varphi_y = 0.621$。需要的截面几何量为

$$A = \frac{N}{\varphi_{\min}f} = \frac{1600 \times 10^3}{0.621 \times 215 \times 10^2} = 119.8(\text{cm}^2)$$

$$i_x = \frac{l_{0x}}{\lambda} = \frac{600}{90} = 6.67(\text{cm})$$

$$i_y = \frac{l_{0y}}{\lambda} = \frac{300}{90} = 3.33(\text{cm})$$

试选 I 56a, $A = 135 \text{cm}^2$, $i_x = 22.0 \text{cm}$, $i_y = 3.18 \text{cm}$。

② 截面验算。因截面无孔眼削弱,可不验算强度。又因轧制工字钢的翼缘和腹板均较厚,可不验算局部稳定,只需进行整体稳定和刚度验算。

长细比: $\lambda_x = \dfrac{l_{0x}}{i_x} = \dfrac{600}{22.0} = 27.3 < [\lambda] = 150$

$$\lambda_y = \frac{l_{0y}}{i_y} = \frac{300}{3.18} = 94.3 < [\lambda] = 150$$

$\lambda_y \gg \lambda_x$,故由 λ_y 查表 4-6 得 $\varphi = 0.591$。整体稳定验算如下:

$$\frac{N}{\varphi A} = \frac{1600 \times 10^3}{0.591 \times 135 \times 10^2} = 200.5(\text{N/mm}^2) < f = 215(\text{N/mm}^2)$$

(2)热轧 H 型钢

① 试选截面(图 4-17(c))。选用热轧 H 型钢宽翼缘的形式,其截面宽度较大,长细比的假设值可适当减小,因此假设 $\lambda = 60$。对宽翼缘 H 型钢,因 $b/h > 0.8$,所以不论对 x 轴或

y 轴都属于 b 类截面。根据 $\lambda=60$、b 类截面、钢材 Q235,由表 4-6 查得 $\varphi=0.807$,所需截面几何量为

$$A = \frac{N}{\varphi f} = \frac{1600 \times 10^3}{0.807 \times 215 \times 10^2} = 92.2(\text{cm}^2)$$

$$i_x = \frac{l_{0x}}{\lambda} = \frac{600}{60} = 10.0(\text{cm})$$

$$i_y = \frac{l_{0y}}{\lambda} = \frac{300}{60} = 5.0(\text{cm})$$

试选 HW250×250×9×14,$A=92.18\text{cm}^2$,$i_x=10.8\text{cm}$,$i_y=6.29\text{cm}$。

② 截面验算。因截面无孔眼削弱,可不验算强度。又因为热轧型钢,亦可不验算局部稳定,只需进行整体稳定和刚度验算。

长细比:$\lambda_x = \dfrac{l_{0x}}{i_x} = \dfrac{600}{10.8} = 55.6 < [\lambda] = 150$

$$\lambda_y = \frac{l_{0y}}{i_y} = \frac{300}{6.29} = 47.4 < [\lambda] = 150$$

因对 x 轴和 y 轴 φ 值均属 b 类,故由较大长细比 $\lambda_x=55.6$ 查表 4-6 得 $\varphi=0.830$,有

$$\frac{N}{\varphi A} = \frac{1600 \times 10^3}{0.83 \times 92.18 \times 10^2} = 209(\text{N/mm}^2) < f = 215\text{N/mm}^2$$

(3) 焊接工字形截面

① 试选截面。参照 H 型钢截面,选用截面如图 4-17(d)所示,翼缘 2-250×14,腹板 1-250×8,其截面几何特性值:$A = 2 \times 25 \times 1.4 + 25 \times 0.8 = 90(\text{cm}^2)$

$$I_x = \frac{1}{12}(25 \times 27.8^3 - 24.2 \times 25^3) = 13250(\text{cm}^4)$$

$$I_y = 2 \times \frac{1}{12} \times 1.4 \times 25^3 = 3650(\text{cm}^4)$$

$$i_x = \sqrt{\frac{13250}{90}} = 12.13(\text{cm})$$

$$i_y = \sqrt{\frac{3650}{90}} = 6.37(\text{cm})$$

② 整体稳定和长细比验算

长细比:$\lambda_x = \dfrac{l_{0x}}{i_x} = \dfrac{600}{12.13} = 49.5 < [\lambda] = 150$

$$\lambda_y = \frac{l_{0y}}{i_y} = \frac{300}{6.37} = 47.1 < [\lambda] = 150$$

因对 x 轴和 y 轴 φ 值均属 b 类,故由较大长细比 $\lambda_x=49.5$,查表 4-6 得 $\varphi=0.859$。

$$\frac{N}{\varphi A} = \frac{1600 \times 10^3}{0.859 \times 90 \times 10^2} = 207(\text{N/mm}^2) < f = 215\text{N/mm}^2$$

③ 局部稳定验算

翼缘外伸部分:$\dfrac{b}{t} = \dfrac{12.1}{1.4} = 8.9 < (10+0.1\lambda)\sqrt{\dfrac{235}{f_y}} = 14.95$

腹板的局部稳定:$\dfrac{h_0}{t_w} = \dfrac{25}{0.8} = 31.25 < (25+0.5\lambda)\sqrt{\dfrac{235}{f_y}} = 49.75$

截面无孔眼削弱，不必验算强度。

以上采用 3 种不同截面的形式对柱进行设计，由计算结果可知，轧制普通工字钢截面要比热轧 H 型钢截面和焊接工字形截面约大 50%，因为普通工字钢绕弱轴的回转半径太小，因而支柱的承载能力是由弱轴所控制的。对于轧制 H 型钢和焊接工字形截面，由于其两个方向的长细比非常接近，基本上做到了等稳定性，用料最经济。但焊接工字形截面的焊接工作量大，在设计轴心受压实腹柱时宜优先选用 H 型钢。

4.4 格构式轴心受压柱

4.4.1 截面形式

轴心受压格构柱一般采用双轴对称截面，如用两根槽钢（图 4-18(a)、(b)）或 H 型钢（图 4-18(c)）作为肢件，两肢间用缀条（图 4-19(a)）或缀板（图 4-19(b)）连成整体。槽钢肢件的槽口可以向内（图 4-18(a)），也可以向外（图 4-18(b)），前者外观平整优于后者。通过调整格构柱的两肢件距离可实现对两个主轴的等稳定性。

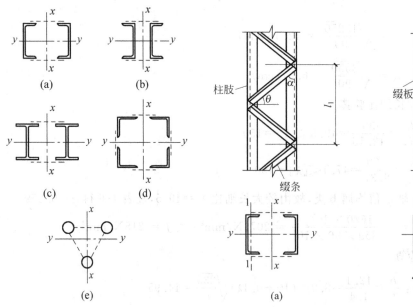

图 4-18　格构式构件常用截面形式　　　　图 4-19　格构式构件缀材布置

在柱的横截面上穿过肢件腹板的轴叫实轴(图 4-19 中的 y 轴),穿过两肢之间缀材面的轴称为虚轴(图 4-19 中的 x 轴)。

用 4 根角钢组成的四肢柱(图 4-18(d)),四面用缀材相连,适用于长度较大受力较小的柱,两个主轴 x—x 和 y—y 均为虚轴。三面用缀材相连的三肢柱(图 4-18(e)),一般用圆管作肢件,其截面是几何不变的三角形,受力性能较好,两个主轴也都为虚轴。四肢柱和三肢柱的缀材通常采用缀条。缀条一般采用单角钢制成,而缀板通常采用钢板制成。

4.4.2 换算长细比

格构柱绕实轴的稳定计算与实腹式构件相同。格构柱绕虚轴的整体稳定临界力比长细比相同的实腹式构件低。所以,在格构式柱的设计中,对虚轴失稳的计算,常以加大长细比的办法来考虑剪切变形的影响,加大后的长细比称为换算长细比。

《钢结构设计规范》(GB 50017—2003)对缀条柱和缀板柱采用不同的换算长细比计算公式。

1. 双肢缀条柱

$$\lambda_{0x} = \sqrt{\lambda_x^2 + 27\frac{A}{A_1}}\qquad(4\text{-}27)$$

式中,λ_x——整个柱对虚轴的长细比;

A——整个柱的毛截面面积。

2. 双肢缀板柱

$$\lambda_{0x} = \sqrt{\lambda_x^2 + \lambda_1^2}\qquad(4\text{-}28)$$

四肢柱和三肢柱的换算长细比,参见《钢结构设计规范》(GB 50017—2003)第 5.1.3 条。

4.4.3 缀材设计

1. 轴心受压格构柱的横向剪力

轴心压力作用下,格构柱绕虚轴发生弯曲而达到临界状态。

图 4-20 所示一两端铰支轴心受压柱,绕虚轴弯曲时的挠曲线假定为正弦曲线,跨中幅值最大为 v_0,则压杆轴线的挠度曲线为

$$y = v_0 \sin\frac{\pi z}{l}$$

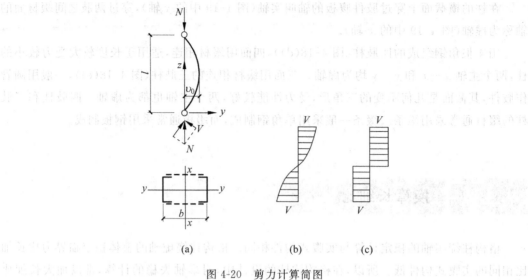

图 4-20　剪力计算简图

压杆任一横截面的弯矩为

$$M = Ny = Nv_0 \sin\frac{\pi z}{l}$$

任一横截面的剪力为

$$V = \frac{\mathrm{d}M}{\mathrm{d}y} = N\frac{\pi v_0}{l}\cos\frac{\pi z}{l}$$

即剪力按余弦曲线分布(图 4-20(b)),最大值在杆件的两端,为

$$V_{\max} = \frac{N\pi}{l}v_0 \qquad\qquad (4\text{-}29)$$

跨度中点的挠度 v_0 可由边缘纤维屈服准则导出。当截面边缘最大应力达到屈服强度时,有

$$\frac{N}{A} + \frac{Nv_0}{I_x}\cdot\frac{b}{2} = f_y$$

即

$$\frac{N}{Af_y}\left(1 + \frac{v_0}{i_x^2}\cdot\frac{b}{2}\right) = 1$$

上式中,令 $\dfrac{N}{Af_y} = \varphi$,并取 $b \approx i_x/0.44$(见表 4-10),得

$$v_0 = 0.88 i_x(1 - \varphi)\frac{1}{\varphi} \qquad\qquad (4\text{-}30)$$

将式(4-30)中的 v_0 值代入式(4-29)中,得

$$V_{\max} = \frac{0.88\pi(1 - \varphi)}{\lambda_x}\cdot\frac{N}{\varphi} = \frac{1}{k}\cdot\frac{N}{\varphi}$$

式中,$k = \dfrac{\lambda_x}{0.88\pi(1 - \varphi)}$。

经过对双肢格构柱的计算分析,在常用的长细比范围 $\lambda_x = 40\sim160$ 内,k 值受长细比 λ_x

的影响很小,可取为常数。对 Q235 钢构件,取 $k=85$;对 Q345,Q390 和 Q420 钢构件,取 $k \approx 85 \sqrt{235/f_y}$。因此,轴心受压格构柱平行于缀材面的剪力为

$$V_{max} = \frac{N}{85\varphi} \sqrt{\frac{f_y}{235}}$$

式中,φ——按虚轴换算长细比确定的整体稳定系数。

令 $N = \varphi A f$,即得《钢结构设计规范》(GB 50017—2003)规定的最大剪力计算式

$$V = \frac{Af}{85} \sqrt{\frac{f_y}{235}} \tag{4-31}$$

在设计中,将剪力 V 沿柱长度方向取为定值,相当于简化为图 4-20(c)的分布图形。

2. 缀条的设计

缀条为弦杆平行桁架的腹杆,横截面上的剪力由缀条承担。在横向剪力作用下,一个斜缀条的轴心力为(图 4-21)

$$N_1 = \frac{V_1}{n\cos\theta} \tag{4-32}$$

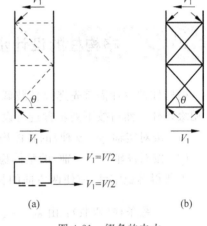

式中,V_1——分配到一个缀材面上的剪力;

n——一个缀材面承受剪力 V_1 的斜缀条数,单系缀条时 $n=1$,交叉缀条时 $n=2$;

θ——缀条与横向剪力的夹角。

图 4-21　缀条的内力

3. 缀板的设计

缀板柱视为一多层框架体系(柱肢视为框架立柱,缀板视为横梁)。当它整体挠曲时,假定各层分肢中点、缀板中点为反弯点(图 4-22(a))。从柱中取出如图 4-22(b)所示脱离体,可得缀板内力为

剪力: $$T = \frac{V_1 l_1}{a} \tag{4-33}$$

弯矩(与肢件连接处): $$M = T \cdot \frac{a}{2} = \frac{V_1 l_1}{2} \tag{4-34}$$

式中,l_1——缀板中心线间的距离;

a——肢件轴线间距离。

缀板与柱肢之间用角焊缝相连,角焊缝承受剪力和弯矩的共同作用。由于角焊缝的强度设计值小于钢材强度设计值,故只需用上述 M 和 T 验算缀板与肢件间的连接焊缝。

缀板应有一定的刚度。规范规定,同一截面处两侧缀板线刚度之和不得小于一个柱肢线刚度的 6 倍。一般取宽度 $d \geqslant 2a/3$(图 4-22(b)),厚度 $t \geqslant a/40$,且不小于 6mm。端缀板宜适当加宽,取 $d=a$。

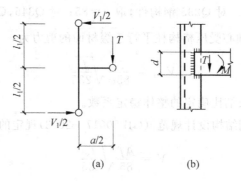

图 4-22　缀板计算简图

4.4.4　格构柱的设计步骤

格构柱的设计需首先选择柱肢截面和缀材的形式,中小型柱可用缀板或缀条柱,大型柱宜用缀条柱。然后按下列步骤进行设计:

(1) 按对实轴(y—y 轴)的整体稳定选择柱的截面,方法与实腹柱的计算相同。

(2) 按对虚轴(x—x 轴)的整体稳定确定两分肢的距离。

为获得等稳定性,应使两方向的长细比相等,即使 $\lambda_{0x}=\lambda_{0y}$。

缀条柱(双肢):由 $\lambda_{0x}=\sqrt{\lambda_x^2+27\dfrac{A}{A_1}}=\lambda_y$ 得　$\lambda_x=\sqrt{\lambda_y^2-27\dfrac{A}{A_1}}$　(4-35)

缀板柱(双肢):由 $\lambda_{0x}=\sqrt{\lambda_x^2+\lambda_1^2}=\lambda_y$ 得　$\lambda_x=\sqrt{\lambda_y^2-\lambda_1^2}$　(4-36)

按式(4-35)或式(4-36)计算得出 λ_x 后,即可得到对虚轴的回转半径 $i_x=l_{0x}/\lambda_x$,根据表 4-11,可得柱在缀材方向的宽度 $b\approx i_x/\alpha_1$,亦可由已知截面的几何量直接算出柱的宽度 b。

(3) 验算对虚轴的整体稳定性,不合适时应修改柱宽 b 再进行验算。

(4) 设计缀条或缀板(包括它们与分肢的连接)。

进行以上计算时应注意:

① 柱对实轴的长细比 λ_y 和对虚轴的换算长细比 λ_{0x} 均不得超过容许长细比$[\lambda]$;

② 缀条柱的分肢长细比 $\lambda_1=l_1/i_1$ 不得超过柱两方向长细比(对虚轴为换算长细比)较大值的 0.7 倍,否则分肢可能先于整体失稳;

③ 缀板柱的分肢长细比 $\lambda_1=l_{01}/i_1$ 不应大于 40,并不应大于柱较大长细比 λ_{max} 的 0.5 倍(当 $\lambda_{max}<50$ 时,取 $\lambda_{max}=50$),亦是为了保证分肢不先于整体失稳。

4.4.5　柱的横隔

格构柱的横截面为中部空心的矩形,抗扭刚度较差。为提高格构柱的抗扭刚度,保证柱子在运输和安装过程中的截面形状不变,沿柱长度方向应设置一系列横隔结构。对于大型实腹柱,如工字形或箱形截面,也应设置横隔,如图 4-23 所示。

横隔的间距不得大于柱子较大宽度的 9 倍或 8m,且每个运送单元的端部均应设置横隔。

当柱身某一处受有较大水平集中力作用时,也应在该处设置横隔,以免柱肢局部受弯,有效地传递外力。横隔可用钢板(图 4-23(a)、(c)、(d))或交叉角钢(图 4-23(b))做成。工字钢截面实腹柱的横隔只能用钢板,它与横向加劲肋的区别在于它与翼缘宽度相同(图 4-23(c)),而横向加劲肋则通常较窄。箱形截面实腹柱的横隔有一边或两边不能预先焊接,可先焊两边或三边,装配后再在柱壁钻孔用电渣焊焊接其他边(图 4-23(d))。

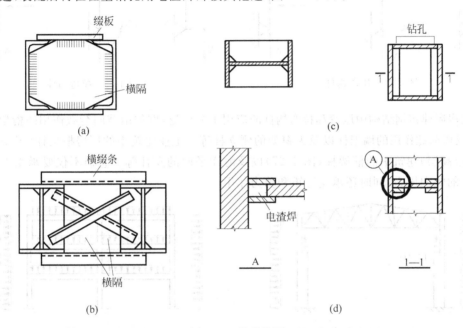

图 4-23 柱的横隔

4.5 偏心构件

4.5.1 概论

同时承受轴向力和弯矩的结构称为压弯构件(图 4-24)或拉弯构件(图 4-25)。弯矩可能由轴向力的偏心作用、弯矩作用或横向荷载作用等因素形成。当弯矩作用在截面的一个主轴平面内时称为单向压弯（或拉弯）构件，作用在两主轴平面的称为双向压弯（或拉弯）构件。

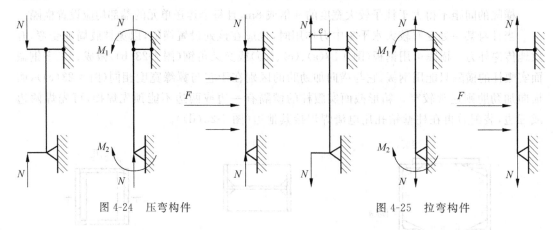

图 4-24　压弯构件　　　　　　　　图 4-25　拉弯构件

在房屋建筑钢结构中压弯和拉弯构件的应用十分广泛，例如由节间荷载作用的桁架上下弦杆，受风荷载作用的墙架柱以及天窗架的侧立柱等。工业建筑中的厂房框架柱（图 4-26）、多层（或高层）建筑中的框架柱（图 4-27）以及海洋平面的立柱等。它们不仅要承受上部结构传来的轴向压力，同时还承受弯矩和剪力作用。

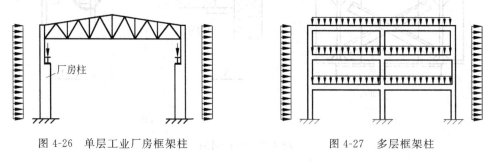

图 4-26　单层工业厂房框架柱　　　　　　图 4-27　多层框架柱

与轴心受力构件一样，在进行拉弯和压弯构件设计时，应同时满足承载能力极限状态和正常使用极限状态的要求。拉弯构件需要计算其强度和刚度（限制长细比）；压弯构件需要计算强度、整体稳定（弯矩作用平面内稳定和弯矩作用平面外稳定）、局部稳定和刚度（限制长细比）。拉弯构件的容许长细比与轴心拉杆相同（表 4-1）；压弯构件的容许长细比与轴心压杆相同（表 4-2）。

4.5.2　拉弯和压弯构件的强度

考虑钢结构的塑性性能，拉弯和压弯构件以截面出现塑性铰为强度极限。在轴心压力及弯矩的共同作用下，工字形截面上应力的发展过程如图 4-28 所示（拉力及弯矩共同作用下与此类似，仅应力图形上下相反）。

假设轴心力不变而弯矩不断增加，截面上应力的发展过程如下：①边缘纤维的最大应力达到屈服点(图 4-28(a));②最大应力一侧塑性部分深入截面(图 4-28(b));③两侧均有部分塑性深入截面(图 4-28(c));④全截面进入塑性(图 4-28(d)),此时达到承载能力的极限状态。

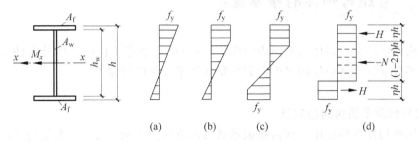

图 4-28 压弯截面应力发展过程

承受单向弯矩的拉弯和压弯构件强度计算公式为

$$\frac{N}{A_n} + \frac{M_x}{\gamma_x W_{nx}} \leqslant f \tag{4-37}$$

承受双向弯矩的拉弯或压弯构件强度计算公式为

$$\frac{N}{A_n} + \frac{M_x}{\gamma_x W_{nx}} + \frac{M_y}{\gamma_y W_{ny}} \leqslant f \tag{4-38}$$

式中,A_n——净截面面积;

W_{nx},W_{ny}——对 x 轴和 y 轴的净截面模量

γ_x,γ_y——截面塑性发展系数。

当压弯构件受压翼缘的自由外伸宽度与其厚度之比 $b/t > 13 \sqrt{235/f_y}$(且小于 $15\sqrt{235/f_y}$)时,取 $\gamma_x = 1.0$。对需要计算疲劳的拉弯和压弯构件,宜取 $\gamma_x = \gamma_y = 1.0$。

[**例 4-3**] 图 4-29 所示的拉弯构件,间接承受动力荷载,轴向拉力的设计值为 800kN,横向荷载的设计值为 7kN/m。试选择其截面,设截面无削弱,材料为 Q345 钢。

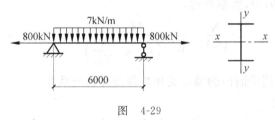

图 4-29

解:设采用 I22a,自重 0.33kN/m,截面积 $A = 42.1\text{cm}^2$,$W_x = 310\text{cm}^3$,$i_x = 8.99\text{cm}$,$i_y = 2.32\text{cm}$。

验算强度:

$$M_x = \frac{1}{8}(7 + 0.33 \times 1.2) \times 6^2 = 33.3(\text{kN} \cdot \text{m})$$

$$\frac{N}{A_n} + \frac{M_x}{\gamma_x W_{nx}} = \frac{800 \times 10^3}{42.1 \times 10^2} + \frac{33.3 \times 10^6}{1.05 \times 310 \times 10^3}$$

$$= 292(\text{N/mm}^2) < f = 310(\text{N/mm}^2)$$

验算长细比:

$$\lambda_x = \frac{600}{8.99} = 66.7, \quad \lambda_y = \frac{600}{2.32} = 259 < [\lambda] = 350$$

4.5.3   压弯构件的整体稳定

压弯构件可能在弯矩作用平面内弯曲失稳，也可能在弯矩作用平面外弯曲失稳，所以，压弯构件要分别计算弯矩作用平面内和弯矩作用平面外的稳定性。

1. 弯矩作用平面内的稳定性

确定压弯构件弯矩作用平面内极限承载力的方法分为两大类：一类是边缘纤维屈服准则的计算方法，另一类是数值计算方法。

（1）边缘纤维屈服准则

对于两端铰支，跨中最大初弯曲值为 v_0 的弹性压弯构件，沿全长弯矩作用下，截面的受压最大边缘屈服时，其边缘纤维的应力表达式为

$$\frac{N}{A} + \frac{M_x + N v_0}{W_{1x}\left(1 - \dfrac{N}{N_{Ex}}\right)} = f_y \qquad (4\text{-}39)$$

若公式中的 $M_x = 0$，则轴心力 N 即为有初始缺陷的轴心压杆的临界力 N_0，得

$$\frac{N_0}{A} + \frac{N_0 v_0}{W_{1x}\left(1 - \dfrac{N_0}{N_{Ex}}\right)} = f_y \qquad (4\text{-}40)$$

上式应与轴心受压构件的稳定计算式协调，即 $N_0 = \varphi_x A f_y$，代入式（4-40），解得

$$v_0 = \left(\frac{1}{\varphi_x} - 1\right)\left(1 - \varphi_x \frac{A f_y}{N_{Ex}}\right)\frac{W_{1x}}{A} \qquad (4\text{-}41)$$

将此 v_0 值代入式（4-39）中，经整理得：

$$\frac{N}{\varphi_x A} + \frac{M_x}{W_{1x}\left(1 - \varphi_x \dfrac{N}{N_{Ex}}\right)} = f_y \qquad (4\text{-}42)$$

式中，φ_x——在弯矩作用平面内的轴心受压构件整体稳定系数。

（2）数值计算方法

包括各种截面形式的近 200 条曲线，很难用一个统一公式来表达。根据理论分析的结果，经过数值运算，得出比较符合实际又能满足工程精度要求的实用相关公式。

《钢结构设计规范》（GB 50017—2003）采用弹性压弯构件边缘纤维屈服时计算公式的形式，在计算弯曲应力时考虑了截面的塑性发展和二阶弯矩，对于初弯曲和残余应力的影响综合在一个等效偏心距 v_0 内，最后提出一近似相关公式：

$$\frac{N}{\varphi_x A} + \frac{M_x}{W_{px}\left(1 - 0.8\dfrac{N}{N_{Ex}}\right)} = f_y \qquad (4\text{-}43)$$

（3）规范规定的实腹式压弯构件整体稳定计算式

式（4-43）仅适用于弯矩沿杆长为均匀分布的两端铰支压弯构件。当弯矩为非均匀分布时，构件的实际承载能力将比由上式算得的值高。为了把式（4-43）推广应用于其他荷载

作用时的压弯构件,可用等效弯矩 $\beta_{mx}M_x$(M_x 为最大弯矩,$\beta_{mx} \leqslant 1$)代替公式中的 M_x 来考虑这种有利因素。另外,考虑部分塑性深入截面,采用 $W_{px} = \gamma_x W_{1x}$,并引入抗力分项系数,即得到实腹式压弯构件弯矩作用平面内的稳定计算式:

$$\frac{N}{\varphi_x A} + \frac{\beta_{mx} M_x}{\gamma_x W_{1x}\left(1 - 0.8\dfrac{N}{N'_{Ex}}\right)} \leqslant f \tag{4-44}$$

式中,N——轴向压力;

M_x——所计算构件段范围内最大弯矩;

φ_x——轴心受压构件的稳定系数;

W_{1x}——受压最大纤维的毛截面抵抗矩;

N'_{Ex}——参数,为欧拉临界力除以抗力分项系数 γ_R(不分钢种,取 $\gamma_R = 1.1$),$N'_{Ex} = \pi^2 EA/(1.1\lambda_x^2)$;

β_{mx}——等效弯矩系数,按下列情况取值:

对于框架柱和两端支承的构件:

① 无横向荷载作用时

$$\beta_{mx} = 0.65 + 0.35 M_2/M_1 \tag{4-45a}$$

式中,M_1、M_2——端弯矩,使构件产生同向曲率(无反弯点)时取同号,使构件产生反向曲率(有反弯点时)取异号,$|M_1| \geqslant |M_2|$。

② 有端弯矩和横向荷载同时作用时

$$\begin{cases} 1.1\beta_{mx} = 1.0 & \text{(使构件产生同向曲率时)} \\ \beta_{mx} = 0.85 & \text{(使构件产生反向曲率时)} \end{cases} \tag{4-45b}$$

③ 端弯矩但有横向荷载作用时

$$\beta_{mx} = 1.0 \tag{4-45c}$$

对于悬臂构件,$\beta_{mx} = 1.0$。

(4) 特种截面的补充验算

对于 T 型钢、双角钢 T 形等单轴对称截面压弯构件,当弯矩作用于对称轴平面且使较大翼缘受压时,构件失稳时出现的塑性区除存在前述受压区屈服和受压、受拉区同时屈服两种情况外,还可能在受拉区首先出现屈服而导致构件失去承载能力,故除了按式(4-44)计算外,还应按下式计算:

$$\left| \frac{N}{A} - \frac{\beta_{mx} M_x}{\gamma_x W_{2x}\left(1 - 1.25\dfrac{N}{N'_{Ex}}\right)} \right| \leqslant f \tag{4-46}$$

式中,W_{2x}——受拉侧最外纤维的毛截面模量;

γ_x——与 W_{2x} 相应的截面塑性发展系数。

其余符号同式(4-44),上式第二项分母中的 1.25 也是经过与理论计算结果比较后引进的修正系数。

2. 弯矩作用平面外的稳定

开口薄壁截面压弯构件的抗扭刚度及弯矩作用平面外的抗弯刚度通常较小,当构件在弯矩作用平面外没有足够的支承以阻止其产生侧向位移和扭转时,构件可能因弯扭屈曲而

破坏。构件在发生弯扭失稳时,其临界条件为:

$$\left(1 - \frac{N}{N_{Ey}}\right)\left(1 - \frac{N}{N_{Ey}} \cdot \frac{N_{Ey}}{N_z}\right) - \left(\frac{M_x}{M_{crx}}\right)^2 = 0 \tag{4-47}$$

以 N_z/N_{Ey} 的不同比值代入上式,可以画出 N/N_{Ey} 和 M_x/M_{crx} 之间的相关曲线。这些曲线与 N_z/N_{Ey} 的比值有关。N_z/N_{Ey} 值越大,曲线越外凸。对于钢结构中常用的双轴对称工字形截面,其 N_z/N_{Ey} 总是大于 1.0,如偏安全地取:$N_z/N_{Ey} = 1.0$,则上式成为

$$\frac{N}{N_{Ey}} + \frac{M_x}{M_{crx}} = 1 \tag{4-48}$$

在式(4-48)中,用 $N_{Ey} = \varphi_y A f_y$,$M_{crx} = \varphi_b W_{1x} f_y$ 代入,并引入非均匀弯矩作用时的等效弯矩系数 β_{tx}、箱形截面的调整系数 η 以及抗力分项系数 γ_R 后,就得到规范规定的压弯构件在弯矩作用平面外稳定计算的相关公式为

$$\frac{N}{\varphi_y A} + \eta \frac{\beta_{tx} M_x}{\varphi_b W_{1x}} \leqslant f \tag{4-49}$$

式中,M_x——所计算构件段范围内(构件侧向支承点间)的最大弯矩;

β_{tx}——等效弯矩系数,应根据所计算构件段的荷载和内力情况确定,取值方法与弯矩作用平面内的等效弯矩系数 β_{mx} 相同;

η——调整系数:箱形截面 $\eta = 0.7$,其他截面 $\eta = 1.0$;

φ_y——弯矩作用平面外的轴心受压构件稳定系数;

φ_b——均匀弯曲梁的整体稳定系数,为了设计上的方便,规范对压弯构件的整体稳定系数 φ_b 采用了近似计算公式,这些公式已考虑了构件的弹塑性失稳问题,因此当 $\varphi_b > 0.6$ 时不必再换算。

(1) 工字形截面(含 H 型钢)

双轴对称时

$$\varphi_b = 1.07 - \frac{\lambda_y^2}{44000} \cdot \frac{f_y}{235} \tag{4-50}$$

单轴对称时

$$\varphi_b = 1.07 - \frac{W_{1x}}{(2\alpha_b + 0.1)Ah} \cdot \frac{\lambda_y^2}{14000} \cdot \frac{f_y}{235} \tag{4-51}$$

式中,$\alpha_b = I_1/(I_1 + I_2)$;$I_1$,$I_2$ 分别为受压翼缘和受拉翼缘对 y 轴的惯性矩。

(2) T 形截面

弯矩使翼缘受压时的双角钢:

$$\varphi_b = 1.0 - 0.0017\lambda_y \sqrt{f_y/235}$$

弯矩使翼缘受压时的两板组合(含 T 型钢):$\varphi_b = 1 - 0.0022\lambda_y \sqrt{f_y/235}$

弯矩使翼缘受拉时,$\varphi_b = 1.0 - 0.0005\lambda_y \sqrt{f_y/235}$

(3) 箱形截面

$$\varphi_b = 1.0$$

3. 双向弯曲实腹式压弯构件的整体稳定

弯矩作用在两个主轴平面内称为双向弯曲压弯构件,主要应用于双轴对称截面柱。双轴对称的工字形截面(含 H 型钢)和箱形截面的压弯构件,当弯矩作用在两个主平面内时,可用下列的线性公式计算其稳定性:

$$\frac{N}{\varphi_x A} + \frac{\beta_{mx} M_x}{\gamma_x W_{1x}\left(1 - 0.8\dfrac{N}{N'_{Ex}}\right)} + \eta\frac{\beta_{ty} M_y}{\varphi_{by} W_{1y}} \leqslant f \tag{4-52}$$

$$\frac{N}{\varphi_y A} + \eta\frac{\beta_{tx} M_x}{\varphi_{bx} W_{1x}} + \frac{\beta_{my} M_y}{\gamma_y W_{1y}\left(1 - 0.8\dfrac{N}{N'_{Ey}}\right)} \leqslant f \tag{4-53}$$

式中，M_x，M_y——对 x 轴（工字形截面和 H 型钢 x 轴为强轴）和 y 轴的弯矩；

φ_x，φ_y——对 x 轴和 y 轴的轴心受压构件稳定系数；

φ_{bx}，φ_{by}——梁的整体稳定系数。

等效弯矩系数 β_{mx}，β_{my} 应按式（4-45）中有关弯矩作用平面内的规定采用；β_{tx}，β_{ty} 应按式（4-45）中有关弯矩作用平面外的规定采用。

4.5.4 压弯构件的局部稳定

为保证压弯构件中板件的局部稳定，《钢结构设计规范》（GB 50027—2003）采取同轴心受压构件相同的方法，限制翼缘和腹板的宽厚比及高厚比，见表 4-11。

表 4-11 压弯构件（弯矩作用在截面的竖直平面）的板件宽厚比限值

项次	宽厚比限值
1	工字形或 H 型截面：$\dfrac{b}{t} \leqslant 15\sqrt{235/f_y}$
2	角钢截面和弯矩使翼缘受拉的 T 形截面： 当 $\alpha_0 \leqslant 1.0$ 时，$\dfrac{b_1}{t_1}$ 或 $\dfrac{b_1}{t} \leqslant 15\sqrt{235/f_y}$ 当 $\alpha_0 > 1.0$ 时，$\dfrac{b_1}{t_1}$ 或 $\dfrac{b_1}{t} \leqslant 18\sqrt{235/f_y}$ 弯矩使翼缘受压的 T 型钢：$b_1/t_1 \leqslant (15+0.2\lambda)\sqrt{235/f_y}$
3	工字形或 H 型截面： 当 $0 \leqslant \alpha_0 \leqslant 1.6$ 时，$\dfrac{h_0}{t_w} \leqslant (16\alpha_0 + 0.5\lambda + 25)\sqrt{235/f_y}$ 当 $1.6 < \alpha_0 \leqslant 2$ 时，$\dfrac{h_0}{t_w} \leqslant (48\alpha_0 + 0.5\lambda - 26.2)\sqrt{235/f_y}$
4	箱形截面：$\dfrac{b_0}{t} \leqslant 40\sqrt{235/f_y}$ $\quad$ $\dfrac{h_0}{t_w} \leqslant 40\sqrt{235/f_y}$
5	圆形截面：$\dfrac{d}{t} \leqslant 100(235/f_y)$

注：① 弯矩使翼缘受压的两板焊接 T 形截面，其腹板高厚比应满足：当 $\lambda < 30$ 时，取 $\lambda = 30$。

② λ 为构件在弯矩作用平面内的长细比。当 $\lambda < 30$ 时，取 $\lambda = 30$；当 $\lambda > 100$ 时，取 $\lambda = 100$。

③ $\alpha_0 = (\sigma_{\max} - \sigma_{\min})/\sigma_{\max}$，$\sigma_{\max}$，$\sigma_{\min}$ 分别为腹板计算高度边缘的最大压应力和另一边缘的应力（压应力取正值，拉应力取负值），按构件的强度公式进行计算，且不考虑塑性发展系数。

④ 当翼缘自由外伸宽度与其厚度之比在 $13\sqrt{235/f_y} < \dfrac{b}{t} \leqslant 15\sqrt{235/f_y}$ 范围内时，在构件的强度和稳定计算中应取 $\gamma_x = 1.0$。

4.5.5 压弯构件(框架柱)的设计

1. 框架柱的计算长度

(1) 单层等截面框架柱在框架平面内的计算长度

在进行框架的整体稳定分析时,一般取平面框架作为计算模型,不考虑空间作用。框架的可能失稳形式有两种:一种是有支撑框架,其失稳形式一般为无侧移的(图 4-30(a)、(b));另一种是无支撑的纯框架,其失稳形式为有侧移的(图 4-30(c)、(d))。有侧移失稳的框架,其临界力比无侧移失稳的框架低得多。因此,除非有阻止框架侧移的支撑体系(包括支撑架、剪力墙等),框架的承载能力一般由有侧移失稳时的临界力确定。

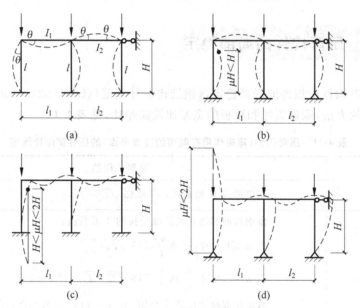

图 4-30 单层框架的失稳形式

通常根据弹性稳定理论确定框架柱的计算长度,并作了如下近似假定:①框架只承受作用于节点的竖向荷载,忽略横梁荷载和水平荷载产生弯矩的影响;②所有框架柱同时丧失稳定,即所有框架柱同时达到临界荷载;③失稳时横梁两端的转角相等。

框架柱的上端与横梁刚性连接。横梁对柱的约束作用取决于横梁的线刚度 l_1/l 与柱的线刚度 I/H 的比值 K_1,即

$$K_1 = \frac{I_1/l}{I/H} \qquad (4\text{-}54)$$

对于单层多跨框架,K_1 值为与柱相邻的两根横梁的线刚度之和 $I_1/l_1 + I_2/l_2$ 与柱线刚度 I/H 之比:

$$K_1 = \frac{I_1/l_1 + I_2/l_2}{I/H} \qquad (4\text{-}55)$$

框架柱在框架平面内的计算长度 H_0 可用下式表达:

$$H_0 = \mu H \qquad (4\text{-}56)$$

式中，H——柱的几何长度；

μ——计算长度系数。显然，μ 值与框架柱柱脚与基础的连接形式及 K_1 值有关。

表 4-12 为当采用一阶弹性分析计算内力时单层等截面框架柱的计算长度系数 μ，它是在上述近似假定的基础上用弹性稳定理论求得的。

表 4-12　有侧移单层等截面无支撑纯框架柱的计算长度系数 μ

柱与基础的连接	相交于上端的横梁线刚度之和与柱线刚度之比										
	0	0.05	0.1	0.2	0.3	0.4	0.5	1.0	2.0	5.0	≥10
铰接	—	6.02	4.46	3.42	3.01	2.78	2.64	2.33	2.17	2.07	2.03
刚性固定	2.03	1.83	1.70	1.52	1.42	1.35	1.30	1.17	1.10	1.05	1.03

注：① 线刚度为截面惯性矩与构件长度之比；
　　② 与柱铰接的横梁取其线刚度为零；
　　③ 计算框架的等截面格构式柱和桁架式横梁的线刚度时，将其惯性矩乘以 0.9。

从表 4-12 可以看出，有侧移的无支撑纯框架失稳时，框架柱的计算长度系数都大于 1.0。柱脚刚接的有侧移无支撑纯框架柱，μ 值为 $1.0 \sim 2.0$（如图 4-30(c)）。柱脚铰接的有侧移无支撑纯框架柱，μ 值总是大于 2.0，其实际意义可通过图 4-30(d)所示的变形情况来理解。

对于无侧移的有支撑框架柱，$\mu < 1.0$（图 4-30(a)、(b)）。

（2）多层等截面框架柱在框架平面内的计算长度

多层多跨框架的失稳形式也分为有侧移失稳（图 4-31(b)）和无侧移失稳（图 4-31(a)）两种情况，计算时的基本假定与单层框架相同。对于未设置支撑结构（支撑架、剪力墙、抗剪筒体等）的纯框架结构，属于有侧移反对称失稳。对于有支撑框架，根据抗侧移刚度的大小，又可分为强支撑框架和弱支撑框架。

判别支撑类型的条件公式如下：

$$S_b \geqslant 3\left(1.2\sum N_{bi} - \sum N_{oi}\right) \qquad (4\text{-}57)$$

式中，$\sum N_{bi}$，$\sum N_{oi}$——第 i 层层间所有框架柱用无侧移框架和有侧移框架柱计算长度系数算得的轴压杆稳定承载力之和；

S_b——第 i 层层间所有框架柱的侧移刚度。

① 无侧移失稳的条件：结构的侧移刚度（产生单位侧倾角的水平力）S_b 满足式(4-57)要求时，为强支撑框架，属于无侧移失稳。

② 有侧移失稳的条件：结构的侧移刚度（产生单位侧倾角的水平力）S_b 不满足式(4-57)要求时，为弱支撑框架。

多层多跨框架的未知节点位移数较多，需要展开高阶行列式和求解复杂的超越方程。故在实用工程设计中，引入简化杆端约束条件的假定，即将框架简化为图 4-31(c)、(d)所示的计算单元，只考虑与柱端直接相连构件的约束作用。在确定柱的计算长度时，假设柱开始失稳时相交于上下两端节点的横梁对于柱提供的约束弯矩，按其与上下两端节点柱的线刚度之和的比值 K_1 和 K_2 分配给柱。K_1 为相交于柱上端节点的横梁线刚度之和与柱线刚度之和的比值；K_2 为相交于柱下端节点的横梁线刚度之和与柱线刚度之和的比值。

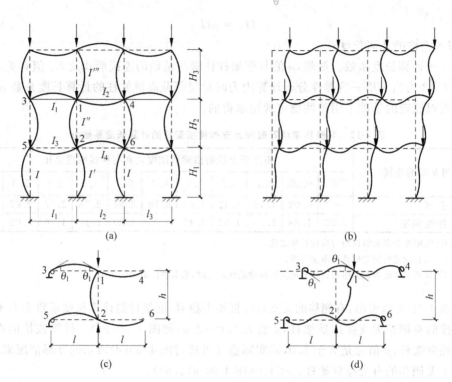

图 4-31　多层框架的失稳形式

以图 4-31 中的 1—2 杆为例,有

$$K_1 = \frac{I_1/l_1 + I_2/l_2}{I''/H_3 + I''/H_2}$$

$$K_2 = \frac{I_3/l_1 + I_4/l_2}{I''/H_2 + I'/H_1}$$

$K_2 = 0$ 表示框架柱与基础铰接;$K_2 = \infty$ 表示框架柱与基础刚接。

μ 值可采用下列近似公式计算:

① 无侧移失稳

$$\mu = \frac{3 + 1.4(K_1 + K_2) + 0.64K_1K_2}{3 + 2(K_1 + K_2) + 1.28K_1K_2} \tag{4-58}$$

对无侧移单层框架柱或多层框架的底层柱则上式变为:

柱脚刚性嵌固时,$K_2 = 10$,则有

$$\mu = \frac{0.74 + 0.34K_1}{1 + 0.643K_1}$$

柱脚铰支时,$K_2 = 0$,则有

$$\mu = \frac{3 + 1.4K_1}{3 + 2K_1}$$

② 有侧移失稳

$$\mu = \sqrt{\frac{7.5K_1K_2 + 4(K_1 + K_2) + 1.6}{7.5K_1K_2 + K_1 + K_2}} \tag{4-59}$$

对有侧移单层框架柱或多层框架的底层柱则上式变为:

柱脚刚性嵌固时，$K_2 = 10$，则有

$$\mu = \sqrt{\frac{7.9K_1 + 4.16}{7.6K_1 + 1}}$$

柱脚铰支时，$K_2 = 0$，则有

$$\mu = \sqrt{4 + \frac{1.6}{K_1}}$$

（3）多层框架柱在框架平面外的计算长度

框架柱在框架平面外的计算长度一般由支撑构件的布置情况确定。支撑体系提供柱在平面外的支承点，柱在平面外的计算长度取决于支撑点间的距离。这些支撑点应能阻止柱沿厂房的纵向发生侧移，如单层厂房框架柱，柱下段的支撑点常常是基础的表面和起重机梁的下翼缘处，柱上段的支撑点是起重机梁上翼缘的制动梁和屋架下弦纵向水平支撑或者托架的弦杆。

[例题 4-4] 图 4-32 为一有侧移 2 层框架结构，图中圆圈内的数字为横梁或柱的线刚度。试求出各柱在框架平面内的计算长度系数 μ。

解：各柱的计算长度系数如下：

柱 C_1、C_3：$K_1 = \dfrac{6}{2} = 3$，$K_2 = \dfrac{10}{2+4} = 1.67$，得 $\mu = 1.16$

柱 C_2：$K_1 = \dfrac{6+6}{4} = 3$，$K_2 = \dfrac{10+10}{4+8} = 1.67$，得 $\mu = 1.16$

柱 C_4、C_6：$K_1 = \dfrac{10}{2+4} = 1.67$，$K_2 = 10$，得 $\mu = 1.13$

柱 C_5：$K_1 = \dfrac{10+10}{4+8} = 1.67$，$K_2 = 0$，得 $\mu = 2.22$

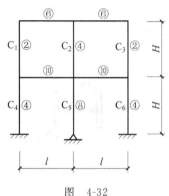

图 4-32

2. 框架柱的设计

（1）截面形式

对于压弯构件，当承受的弯矩较小时其截面形式与一般的轴心受压构件相同。当弯矩较大时宜采用在弯矩作用平面内截面高度较大的双轴对称截面或单轴对称截面（图 4-33）。图中的双箭头为用矢量表示的绕 x 轴的弯矩 M_x（右手法则）。

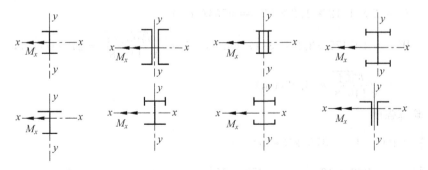

图 4-33 弯矩较大的实腹式压弯构件截面

（2）截面选择及验算

设计时需首先选定截面的形式，再根据构件所承受的轴力 N、弯矩 M 和构件的计算长

度 l_{0x}、l_{0y}，初步确定截面尺寸，然后进行强度、整体稳定、局部稳定和刚度的验算。由于压弯构件的验算式中所牵涉的未知量较多，根据估计初选出来的截面尺寸不一定合适，因而初选的截面尺寸往往需要进行多次调整。

（3）构造要求

压弯构件的翼缘宽厚比必须满足局部稳定的要求，否则翼缘屈曲必然导致构件整体失稳。腹板屈曲时，由于存在屈曲后强度，构件不会立即失稳只会使其承载力有所降低。因此，设计中有时采用较薄的腹板，当腹板的高厚比不满足要求时，可考虑腹板中间部分由于失稳而退出工作，计算时腹板截面面积仅考虑两侧宽度各为 $20t_w\sqrt{235/f_y}$ 的部分（计算构件的稳定系数时仍用全截面）。也可在腹板中部设置纵向加劲肋。

[**例题 4-5**] 图 4-34 所示为 Q235 钢的焰切边工字形截面柱，两端铰支，中间 1/3 长度处有侧向支承，截面无削弱，承受轴心压力的设计值为 900kN，跨中集中力设计值为 100kN。验算此构件的承载力。

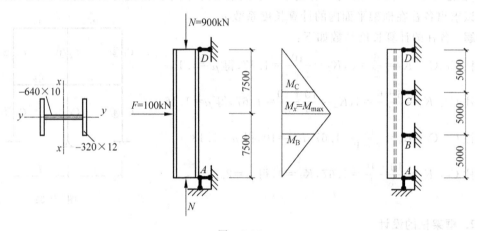

图 4-34

解：（1）截面的几何特性

$$A = 2 \times 32 \times 1.2 + 64 \times 1.0 = 140.8 (\text{cm}^2)$$

$$I_x = 1/12 \times (32 \times 66.4^3 - 31 \times 64^3) = 103475 (\text{cm}^4)$$

$$I_y = 2 \times 1/12 \times 1.2 \times 32^3 = 6554 (\text{cm}^4)$$

$$W_{1x} = 103475/33.2 = 3117 (\text{cm}^3), \quad i_x = \sqrt{\frac{103475}{140.8}} = 27.11 (\text{cm}),$$

$$i_y = \sqrt{\frac{6554}{140.8}} = 6.82 (\text{cm})$$

（2）验算强度

$$M_x = \frac{1}{4} \times 100 \times 15 = 375 (\text{kN} \cdot \text{m})$$

$$\frac{N}{A_n} + \frac{M_x}{\gamma_x W_{nx}} = \frac{900 \times 10^3}{140.8 \times 10^2} + \frac{375 \times 10^6}{1.05 \times 3117 \times 10^3} = 178.5 (\text{N/mm}^2) < f = 215 \text{N/mm}^2$$

（3）验算弯矩作用平面内的稳定

$$\lambda_x = \frac{1500}{27.11} = 55.3 < [\lambda] = 150$$

查表 4-6(b 类截面),得 $\varphi_x = 0.831$,则

$$N'_{Ex} = \frac{\pi^2 EA}{1.1\lambda_x^2} = \frac{\pi^2 \times 206000 \times 140.8 \times 10^2}{1.1 \times 55.3^2} = 8510 \times 10^3 (\text{N}) = 8510(\text{kN})$$

$$\beta_{mx} = 1.0$$

$$\frac{N}{\varphi_x A} + \frac{\beta_{mx}M_x}{\gamma_x W_{1x}\left(1 - 0.8\dfrac{N}{N'_{Ex}}\right)} = \frac{900 \times 10^3}{0.831 \times 140.8 \times 10^2} + \frac{1.0 \times 375 \times 10^6}{1.05 \times 3117 \times 10^3 \times \left(1 - 0.8 \times \dfrac{900}{8510}\right)}$$

$$= 202(\text{N/mm}^2) < f = 215\text{N/mm}^2$$

(4)验算弯矩作用平面外的稳定

$$\lambda_y = \frac{500}{6.82} = 73.3 < [\lambda] = 150$$

查表 4-6(b 类截面),$\varphi_y = 0.730$,则

$$\varphi_b = 1.07 - \frac{\lambda_y^2}{44000} = 1.07 - \frac{73.3^2}{44000} = 0.948$$

所计算构件段为 BC 段,有端弯矩和横向荷载作用,但使构件段产生同向曲率,故取 $\beta_{tx} = 1.0$,另对称截面,所以取 $\eta = 1.0$。

$$\frac{N}{\varphi_y A} + \eta\frac{\beta_{tx}M_x}{\varphi_b W_{1x}} = \frac{900 \times 10^3}{0.730 \times 140.8 \times 10^2} + \frac{375 \times 10^6}{0.948 \times 3117 \times 10^3}$$

$$= 214.5(\text{N/mm}^2) < f = 215\text{N/mm}^2$$

由以上计算可知,此压弯构件是由弯矩作用平面外的稳定控制设计的(承载力最接近极限值)。

(5)局部稳定验算

$$\sigma_{\max} = \frac{N}{A} + \frac{M_x}{I_x} \cdot \frac{h_0}{2} = \frac{900 \times 10^3}{140.8 \times 10^2} + \frac{375 \times 10^6}{103475 \times 10^4} \times 320 = 180(\text{N/mm}^2)$$

$$\sigma_{\min} = \frac{N}{A} - \frac{M_x}{I_x} \cdot \frac{h_0}{2} = \frac{900 \times 10^3}{140.8 \times 10^2} - \frac{375 \times 10^6}{103475 \times 10^4} \times 320 = -52(\text{N/mm}^2)$$

$$\alpha_0 = \frac{\sigma_{\max} - \sigma_{\min}}{\sigma_{\max}} = \frac{180 + 52}{180} = 1.29 < 1.6$$

腹板:$\dfrac{h_0}{t_w} = \dfrac{640}{10} = 64 < (16\alpha_0 + 0.5\lambda_x + 25)\sqrt{235/f_y}$

$$= 16 \times 1.29 + 0.5 \times 55.3 + 25 = 73.29$$

翼缘:$\dfrac{b}{t} = \dfrac{160-5}{12} = 12.9 < 13$(构件计算时取 $\gamma_x = 1.05$)

验算结果表明,此压弯构件承载力满足设计要求。

4.5.6 框架结构中梁与柱的连接

在框架结构中,梁与柱的连接节点采用刚接。梁与柱的刚性连接不仅要求连接点能可靠地传递剪力而且能有效地传递弯矩。图 4-35 是横梁与柱刚性连接的构造图。图 4-35(a)

的构造是通过上下两块水平板将弯矩传给柱,梁端剪力则通过支托传递。图 4-35(b)是通过翼缘连接焊缝将弯矩全部传给柱,而剪力则全部由腹板焊缝传递。为使翼缘连接焊缝能在平焊位置施焊,要在柱侧焊上衬板,同时在梁腹板端部预先留出槽口,上槽口是为了让出衬板的位置,下槽口是为了满足施工焊的要求。图 4-35(c)为梁采用高强度螺栓连于预先焊在柱上的牛腿形成的刚性连接,梁端的弯矩和剪力是通过牛腿的焊缝传递给柱,而高强度螺栓传递梁与牛腿连接处的弯矩和剪力。

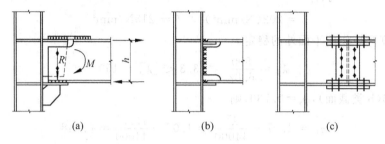

图 4-35　梁与柱的刚性连接

梁上翼缘的连接范围内,柱的翼缘可能在水平拉力的作用下向外弯曲致使连接焊缝受力不均;在梁下翼缘附近,柱腹板可能因水平压力的作用而局部失稳。因此一般需在对应于梁的上、下翼缘处设置柱的水平加劲肋或横隔。

4.5.7　框架柱的柱脚

框架柱(压弯构件)的柱脚为刚接。框架柱的刚接柱脚除传递轴心压力和剪力外,还要传递弯矩。按照截面类型和柱脚受力大小的不同,可以采用 3 种柱脚形式,包括整体式刚接柱脚、分离式刚接柱脚和插入式刚接柱脚,如图 4-36 及图 4-37 所示。

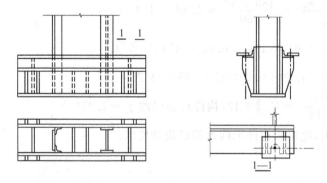

图 4-36　格构柱的整体式刚接柱脚

刚接柱脚在弯矩作用下产生的拉力需由锚栓承受,所以锚栓需经过计算。刚接柱脚的受力特点是在与基础连接处同时存在弯矩、轴心压力和剪力。同铰接柱脚一样,剪力由底板与基础间的摩擦力或专门设置的抗剪键传递,柱脚按承受弯矩和轴心压力计算。

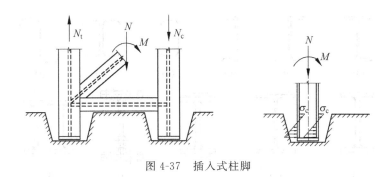

图 4-37　插入式柱脚

4.6　受弯构件

承受横向荷载的构件称为受弯构件,其形式有实腹式和格构式两个系列。

实腹式受弯构件应用于房屋建筑结构中的屋面或楼面梁(板);格构式受弯构件应用于跨度较大的屋面或楼面结构中。

4.6.1　实腹式受弯构件——梁

实腹式受弯构件通常为梁,在房屋建筑工程中应用很广泛,例如房屋建筑中的楼盖梁、工作平台梁、起重机梁、屋面檩条和墙架横梁,以及桥梁、水工闸门、起重机、海上采油平台中的梁等。

钢梁分为型钢梁和组合梁两大类。型钢梁构造简单,制造省工,成本较低,因而应优先采用。但在荷载较大或跨度较大时,由于轧制条件的限制,型钢的尺寸、规格不能满足梁承载力和刚度的要求,就必须采用组合梁。

型钢梁的截面有热轧工字钢(图 4-38(a))、热轧 H 型钢(图 4-38(b))和槽钢(图 4-38(c))3 种,其中以 H 型钢的截面分布最合理,翼缘内外边缘平行,与其他构件连接较方便,应予优先采用。用于梁的 H 型钢宜为窄翼缘型(HN 型)。槽钢因其截面扭转中心在腹板外侧,弯曲时将同时产生扭转,故只有在构造上使荷载作用线接近扭转中心,或能适当保证截面不发生扭转时才被采用。由于轧制条件的限制,热轧型钢腹板的厚度较大,用钢量较多。某些受弯构件(如檩条)采用冷弯薄壁型钢(图 4-38(d)~(f))较经济,但防腐要求较高。

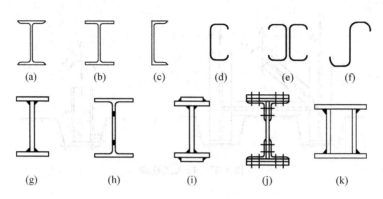

图 4-38　梁的截面类型

组合梁一般采用三块钢板焊接而成的工字形截面(图 4-38(g)),或由 T 型钢(H 型钢剖分而成)中间加板的焊接截面(图 4-38(h))。当焊接组合梁翼缘需要很厚时,可采用两层翼缘板的截面(图 4-38(i))。受动力荷载的梁如钢材质量不满足焊接结构要求时,可采用高强度螺栓或铆钉连接而成的工字形截面(图 4-38(j))。荷载很大而高度受到限制或梁的抗扭要求较高时,可采用箱形截面(图 4-38(k))。组合梁的截面组成比较灵活,可使材料在截面上分布更为合理,节省钢材。

钢梁可作成简支梁、连续梁、悬伸梁等。在房屋建筑结构工程中,除少数情况如起重机梁、起重机大梁或上承式铁路板梁桥等可单根梁或两根梁成对布置外,通常由若干梁平行或交叉排列而成梁格,图 4-39 即为工作平台梁格布置示例。

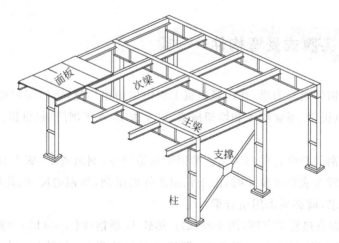

图 4-39　工作平台梁格示例

根据主梁和次梁的排列情况,梁格可分为 3 种类型:

(1) 单向梁格(图 4-40(a))只有主梁,适用于楼盖或平台结构的横向尺寸较小或面板跨度较大的情况。

(2) 双向梁格(图 4-40(b))有主梁及一个方向的次梁,次梁由主梁支承,是最为常用的梁格类型。

（3）复式梁格（图 4-40(c)）在主梁间设纵向次梁，纵向次梁间再设横向次梁。荷载传递层次多，梁格构造复杂，故应用较少，只适用于荷载大和主梁间距很大的情况。

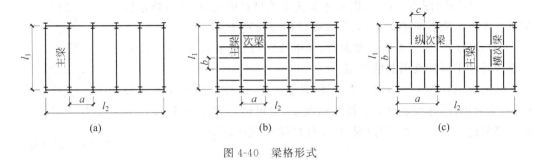

图 4-40 梁格形式

4.6.2 格构式受弯构件——桁架

主要承受横向荷载的格构式受弯构件称为桁架，与梁相比，其特点是以弦杆代替翼缘，以腹杆代替腹板，而在各节点将腹杆与弦杆连接。这样，桁架整体受弯时，弯矩表现为上、下弦杆的轴心压力和拉力，剪力则表现为各腹杆的轴心压力或拉力。

钢桁架可以根据不同使用要求制成所需的外形，对跨度和高度较大的构件，其钢材用量比实腹梁有所减少，而刚度却有所增加。只是桁架的杆件和节点较多，构造较复杂，制造较为费工。

与梁一样，平面钢桁架在土木工程中应用很广泛，例如建筑工程中的屋架、托架、起重机桁架（桁架式起重机梁），桥梁中的桁架桥，还有其他领域，如起重机臂架、水工闸门和海洋平台的主要受弯构件等。大跨度屋盖结构中采用的钢网架以及各种类型的塔桅结构，则属于空间钢桁架。

钢桁架的结构类型有以下几种：

（1）简支梁式（图 4-41(a)～(d)），受力明确，杆件内力不受支座沉陷的影响，施工方便，使用广泛。图 4-41(a)～(c)为常用屋架形式，i 表示屋面坡度。

（2）刚架横梁式，将桁架端部上下弦与钢柱相连组成单跨或多跨刚架，可提高结构整体水平刚度，常用于单层厂房结构。

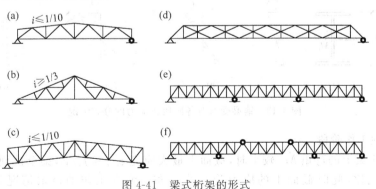

图 4-41 梁式桁架的形式

（3）连续式（图 4-41(e)），跨越较大距离的桥架，常用多跨连续的桁架，可增加刚度并节约材料。

（4）伸臂式（图 4-41(f)），既有连续式节约材料的优点，又有静定桁架不受支座沉陷影响的优点，只是铰接处构造较复杂。

（5）悬臂式，用于无线电发射塔、输电线路塔、气象塔等（图 4-42），主要承受水平风荷载引起的弯矩。

钢桁架的杆件主要为轴心拉杆和轴心压杆，设计方法已在 4.2 节（轴心受力构件）详细叙述；在特殊情况下，也可能出现压-弯杆件。下面主要叙述实腹式受弯构件（梁）的工作性能和设计方法。

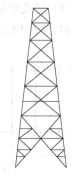

图 4-42　悬臂桁架

4.6.3　梁的强度和刚度

为了确保安全适用和经济合理，设计总则要求钢梁的设计必须同时考虑第一和第二极限状态。第一极限状态即承载力极限状态。在钢梁的设计中包括强度、整体稳定和局部稳定 3 方面。设计时要求在荷载设计值作用下，梁的弯曲正应力、剪应力、局部压应力和折算应力均不超过钢材相应的强度设计值。第二种极限状态即正常使用极限状态。设计时要求钢梁有足够的抗弯刚度，即在荷载标准值作用下，梁的最大挠度不大于《钢结构设计规范》（GB 50017—2003）规定的容许挠度值。

1. 梁的强度

梁的强度包括抗弯强度、抗剪强度、局部承压强度、复杂应力作用下强度，其中抗弯强度计算是主要设计验算的内容。

1）梁的抗弯强度

钢材受弯时的应力-应变曲线与受拉时相似，屈服点也差不多，因此，在梁的强度计算中，仍然使用钢材是理想弹塑性体的假定。当截面弯矩 M_x 由零逐渐加大时，截面中的应变始终符合平截面假定（图 4-43(a)），截面上、下边缘的应变最大，用 ε_{max} 表示。截面上的正应力发展过程可分为 3 个阶段。

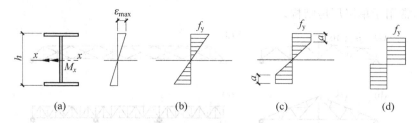

图 4-43　钢梁受弯时各阶段正应力的分布情况

（1）弹性工作阶段

当作用于梁上的弯矩 M_x 较小时，截面上最大应变 $\varepsilon_{max} \leqslant f_y/E$，梁全截面弹性工作，应力与应变成正比，此时截面上的应力为直线分布。弹性工作的极限情况是 $\varepsilon_{max} = f_y/E$

（图 4-43(b)），相应的弯矩为梁弹性工作阶段的最大弯矩，其值为

$$M_{xe} = f_y W_{nx} \tag{4-60}$$

式中，W_{nx}——梁净截面对 x 轴的弯曲模量。

（2）弹塑性工作阶段

当弯矩 M_x 继续增加，最大应变 $\varepsilon_{max} > f_y/E$，截面上、下各有一个高为 a 的区域，其应变 $\varepsilon_{max} \geqslant f_y/E$。由于钢材为理想弹塑性体，所以这个区域的正应力恒等于 f_y，为塑性区。然而，应变 $\varepsilon_{max} < f_y/E$ 的中间部分区域仍保持为弹性，应力和应变成正比（图 4-43(c)）。

（3）塑性工作阶段

当弯矩 M_x 再继续增加，梁截面的塑性区便不断向内发展，弹性核心不断减小。当弹性核心几乎完全消失（图 4-43(d)）时，弯矩 M_x 不再增加，而变形却继续发展，形成"塑性铰"，梁的承载能力达到极限，其最大弯矩为

$$M_{xp} = f_y(S_{1nx} + S_{2nx}) = f_y W_{pnx} \tag{4-61}$$

式中，S_{1nx}，S_{2nx}——中和轴以上、以下净截面对中和轴 x 的面积矩；

　　W_{pnx}——净截面对 x 轴的塑性模量，$W_{pnx}=(S_{1nx}+S_{2nx})$。

塑性铰弯矩 M_{xp} 与弹性最大弯矩 M_{xe} 之比为

$$\gamma_F = \frac{M_{xp}}{M_{xe}} = \frac{W_{pnx}}{W_{nx}} \tag{4-62}$$

γ_F 值只取决于截面的几何形状，而与材料的性质无关，称为截面形状系数。一般截面的 γ_F 值如图 4-44 所示。

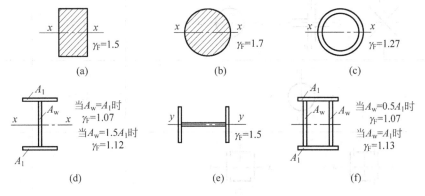

图 4-44　截面形状系数

梁的抗弯强度按下列规定计算：

在弯矩 M_x 作用下，

$$\frac{M_x}{\gamma_x W_{nx}} \leqslant f \tag{4-63}$$

在弯矩 M_x 和 M_y 作用下，

$$\frac{M_x}{\gamma_x W_{nx}} + \frac{M_y}{\gamma_y W_{ny}} \leqslant f \tag{4-64}$$

式中，M_x，M_y——绕 x 轴和 y 轴的弯矩（对工字形截面，x 轴为强轴，y 轴为弱轴）；

　　W_{nx}，W_{ny}——对 x 轴和 y 轴的净截面模量；

　　f——钢材的抗弯强度设计值；

γ_x，γ_y——截面塑性发展系数，对工字形截面，$\gamma_x=1.05$，$\gamma_y=1.20$；对箱形截面，$\gamma_x=\gamma_y=1.05$；对其他截面，可按表 4-13 采用。

表 4-13　截面塑性发展系数 γ_x，γ_y

截 面 形 式	γ_x	γ_y
	1.05	1.2
		1.05
	$\gamma_{x1}=1.05$ $\gamma_{x2}=1.2$	1.2
		1.05
	1.2	1.2
	1.15	1.15
	1.0	1.05
		1.0

为避免梁在失去强度之前受压翼缘局部失稳，规范规定：当梁受压翼缘的自由外伸宽度 b 与其厚度 t 之比大于 $13\sqrt{235/f_y}$（但不超过 $15\sqrt{235/f_y}$）时，应取 $\gamma_x=1.0$。f_y 为钢材屈服点强度。直接承受动力荷载且需要计算疲劳的梁，例如重级工作制起重机梁，塑性深入截面将使钢材发生硬化，促使疲劳断裂提前出现，因此取 $\gamma_x=\gamma_y=1.0$，即按弹性工作阶段进行计算。

2）梁的抗剪强度

一般情况下，梁既承受弯矩又承受剪力。工字形和槽形截面梁腹板上的剪应力分布如图 4-45 所示。剪应力的计算式为

$$\tau = \frac{V \cdot S}{I \cdot t_w} \tag{4-65a}$$

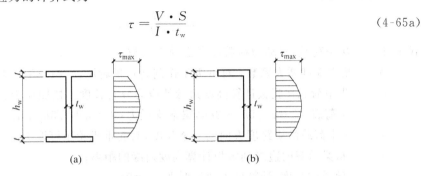

图 4-45 腹板剪应力

式中，V——计算截面沿腹板平面作用的剪力；

S——计算剪应力处以上（或以下）毛截面对中和轴的面积矩；

I——毛截面惯性矩；

t_w——腹板厚度。

截面上的最大剪应力发生在腹板中和轴处。在主平面受弯的实腹构件，其抗剪强度应按下式计算：

$$\tau_{max} = \frac{V \cdot S}{I \cdot t_w} \leqslant f_v \tag{4-65b}$$

式中，S——中和轴以上毛截面对中和轴的面积矩；

f_v——钢材的抗剪强度设计值。

3）梁的局部承压强度

当梁的翼缘受沿腹板平面作用的固定集中荷载（包括支座反力），且该荷载处又未设置支承加劲肋时（图 4-46（a）），或受移动的集中荷载（如起重机的轮压）时（图 4-46（b）），应验算腹板计算高度边缘的局部承压强度。

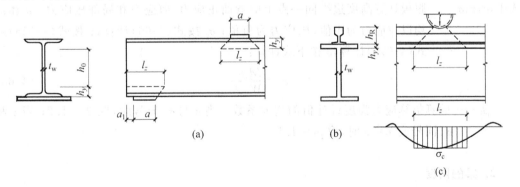

图 4-46 局部压应力

在集中荷载作用下，翼缘（在起重机梁中，还包括轨道）类似支承于腹板上的弹性地基梁。腹板计算高度边缘的压应力分布如图 4-46（c）曲线所示。假定集中荷载从作用处以

1：2.5(在 h_y 高度范围)和 1：1(h_R 高度范围)扩散,均匀分布于腹板计算高度边缘。按这种假定计算的均匀压应力 σ_c 与理论的局部压应力的最大值十分接近。于是,梁的局部承压强度可按下式计算:

$$\sigma_c = \frac{\psi F}{t_w l_z} \leqslant f \tag{4-66}$$

式中,F——集中荷载,对动力荷载应考虑动力系数;

　　ψ——集中荷载增大系数;对重级工作制起重机轮压,$\psi=1.35$,对其他荷载,$\psi=1.0$;

　　l_z——集中荷载在腹板计算高度边缘的应力分布长度。按照压力扩散原则,有跨中集中荷载:$l_z=a+5h_y+2h_R$,梁端支反力:$l_z=a+2.5h_y+a_1$

　　a——集中荷载沿梁跨度方向的支承长度,对起重机轮压可取为 50mm;

　　h_y——从梁承载的边缘到腹板计算高度边缘的距离;

　　h_R——轨道的高度,计算处无轨道时取 $h_R=0$;

　　a_1——梁端到支座板外边缘的距离,按实际取值,但不得大于 $2.5h_y$。

对轧制型钢梁腹板,计算高度 h_0 为腹板在与上、下翼缘相交接处两内弧起点间的距离;对焊接组合梁,h_0 为腹板高度;对铆接(或高强度螺栓连接)组合梁,h_0 为上、下翼缘与腹板连接的铆钉(或高强度螺栓)线间最近距离(见图 4-46(c))。

当计算不能满足时,在固定集中荷载处(包括支座处),应对腹板用支承加劲肋予以加强(图 4-47),并对支承加劲肋进行计算;对移动集中荷载,则只能修改梁截面,加大腹板厚度。

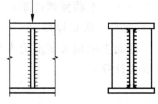

图 4-47　腹板的加强

4) 梁在复杂应力下的强度

在组合梁的腹板计算高度边缘处,当同时受较大的正应力、剪应力和局部压应力时,或同时受较大的正应力和剪应力时(如连续梁的支座处或梁的翼缘截面改变处等),应按下式验算该处的折算应力:

$$\sqrt{\sigma^2 + \sigma_c^2 - \sigma\sigma_c + 3\tau^2} \leqslant \beta_1 f \tag{4-67}$$

式中,σ,τ,σ_c——腹板计算高度边缘同一点上的弯曲正应力、剪应力和局部压应力。σ 和 σ_c 均以拉应力为正值,压应力为负值;σ_c 按式(4-66)计算,τ 按式(4-65a)或式(4-65b)计算,σ 按下式计算:

$$\sigma = \frac{M_x h_0}{W_{nx} h} \tag{4-68}$$

　　β_1——验算折算应力强度设计值的增大系数。当 σ 与 σ_c 异号时,取 $\beta_1=1.2$;当 σ 和 σ_c 同号或 $\sigma_c=0$ 时,取 $\beta_1=1.1$。

2. 梁的刚度

梁的刚度用荷载作用下的挠度大小来度量。梁的刚度不足就不能保证正常使用。如楼盖梁的挠度超过正常使用的某一限值时,给人们带来不舒服和不安全的感觉,同时可能使其上部的楼面及下部的抹灰开裂,影响结构的功能;起重机梁挠度过大,会加剧起重机运行时的冲击和振动,甚至使起重机运行困难等。因此,需要进行刚度验算。

梁的刚度条件：

$$v \leqslant [v] \tag{4-69}$$

式中，v——由荷载标准值(不考虑荷载分项系数和动力系数)产生的最大挠度；

$[v]$——梁的容许挠度值，《钢结构设计规范》(GB 50017—2003)规定的容许挠度值$[v]$。

梁的挠度可按材料力学和结构力学的方法计算，也可由结构静力计算手册取用。采用下列近似公式验算梁的挠度：

（1）对等截面简支梁：

$$\frac{v}{l} = \frac{5}{384} \frac{q_k l^3}{EI_x} = \frac{5}{48} \cdot \frac{q_k l^2 \cdot l}{8EI_x} \approx \frac{M_k l}{10EI_x} \leqslant \frac{[v]}{l} \tag{4-70}$$

（2）对变截面简支梁：

$$\frac{v}{l} = \frac{M_k l}{10EI_x} \left(1 + \frac{3}{25} \frac{I_x - I_{x1}}{I_x}\right) \leqslant \frac{[v]}{l} \tag{4-71}$$

式中，q_k——均布线荷载标准值；

M_k——荷载标准值产生的最大弯矩；

I_x——跨中毛截面惯性矩；

I_{x1}——支座附近毛截面惯性矩。

4.6.4　梁的整体稳定和支撑

1. 梁的整体稳定概念

钢梁截面一般为高而窄的形式，承受竖向荷载的方向刚度大，侧向刚度较小。如果梁的侧向支承比较弱时，梁的弯曲会随荷载大小变化而呈现两种截然不同的平衡状态。

如图 4-48 所示的工字形截面梁，荷载作用在其最大刚度平面内。当荷载较小时，梁的弯曲平衡状态是稳定的。虽然外界各种因素会使梁产生微小的侧向弯曲和扭转变形，但外界影响消失后，梁仍能恢复原来的弯曲平衡状态。然而，当荷载增大到某一数值后，梁在向下弯曲的同时，将突然发生侧向弯曲和扭转变形而破坏，这种现象称为梁的侧向弯扭屈曲或整体失稳。梁维持其稳定平衡状态所承担的最大荷载或最大弯矩称为临界荷载或临界弯矩。

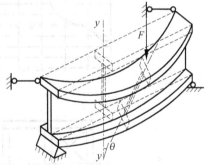

图 4-48　梁的整体失稳

梁整体稳定的临界荷载与梁的侧向抗弯刚度、抗扭刚度、荷载沿梁跨分布情况及其在截面上的作用点位置等因素有关。双轴对称工字形截面简支梁的临界弯矩和临界应力为

临界弯矩：

$$M_{cr} = \beta \frac{\sqrt{EI_y GI_t}}{l_1} \tag{4-72}$$

临界应力：

$$\sigma_{cr} = \frac{M_{cr}}{W_x} = \beta \frac{\sqrt{EI_y GI_t}}{l_1 W_x}$$

(4-73)

式中，I_y——梁对 y 轴（弱轴）的毛截面惯性矩；

$\qquad I_t$——梁毛截面扭转惯性矩；

$\qquad l_1$——梁受压翼缘的自由长度（受压翼缘侧向支承点间的距离）；

$\qquad W_x$——梁对 x 轴的毛截面模量；

$\qquad E, G$——钢材的弹性模量及剪切模量；

$\qquad \beta$——梁的侧扭屈曲系数，与荷载类型、梁端支承方式以及横向荷载作用位置等有关。

由临界弯矩 M_{cr} 的计算公式和 β 值，可总结出如下规律：

（1）梁的侧向抗弯刚度 EI_y、抗扭刚度 GI_t 越大，临界弯矩 M_{cr} 越大；

（2）梁受压翼缘的自由长度 l_1 越大，临界弯矩 M_{cr} 越小；

（3）荷载作用于下翼缘比作用于上翼缘的临界弯矩 M_{cr} 大。

2．梁整体稳定的保证

梁上密铺的刚性铺板（楼盖梁的楼面板或公路桥、人行天桥的面板等）应与梁的受压翼缘连牢（图 4-49(a)）。若梁上无刚性铺板或铺板与梁受压翼缘连接不可靠，则应设置平面支撑（图 4-49(b)）。平面内布置横向平面支撑和纵向平面支撑两种，横向支撑使主梁受压翼缘的自由长度由其跨长减小为 l_1（次梁间距）；纵向支撑是为了保证整个楼面的横向刚度。

不论梁上有无连接牢固的刚性铺板，支承工作平台梁格的支柱间均应设置柱间支撑（图 4-49(c)、(d)）。

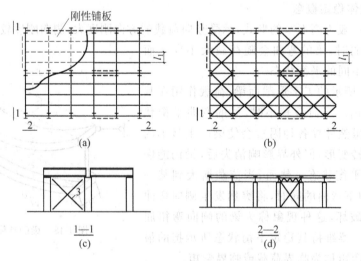

图 4-49　楼盖或工作平台梁格
(a) 有刚性铺板；(b) 无刚性铺板

当符合下列情况之一时，梁的整体稳定可得到保证，不必计算：

（1）有刚性铺板密铺在梁的受压翼缘上并与其牢固连接，能阻止梁受压翼缘的侧向位移，例如图 4-49(a)中的次梁即属于此种情况。

（2）对于工字形截面简支梁，受压翼缘的自由长度与其宽度之比 l_1/b_1（图 4-49（b)）不超过表 4-14 所规定的数值时。

表 4-14 工字形截面简支梁不需计算整体稳定的最大 l_1/b_1 值

跨中无侧向支承，荷载作用位置		跨中有侧向支承，不论荷载作用于何处
上翼缘	下翼缘	
$13\sqrt{235/f_y}$	$20\sqrt{235/f_y}$	$16\sqrt{235/f_y}$

（3）箱形截面简支梁，其截面尺寸（图 4-50）满足 $h/b_0 \leqslant 6$，且 $l_1/b_0 \leqslant 95(235/f_y)$ 时（箱形截面的此条件很容易满足)。

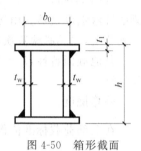

图 4-50 箱形截面

3. 梁整体稳定的计算方法

当不满足上述条件时，应进行梁的整体稳定计算，即

$$\frac{M_x}{\varphi_b W_x} \leqslant f \qquad (4-74)$$

式中，M_x——绕强轴作用的最大弯矩；

W_x——按受压纤维确定的梁毛截面模量；

$\varphi_b = \sigma_{cr}/f_y$——梁的整体稳定系数。

对于受纯弯曲的双轴对称焊接组合工字形截面简支梁，

$$\varphi_b = \frac{4320Ah}{\lambda_y^2 W_x} \sqrt{1 + \left(\frac{\lambda_y t_1}{4.4h}\right)^2} \frac{235}{f_y} \qquad (4-75a)$$

受纯弯曲的双轴对称轧制的工字型截面梁：

$$\varphi_b = \frac{570bt}{l_1 h} \frac{235}{f_y} \qquad (4-75b)$$

式中，A——梁毛截面面积；

h——截面高度；

t_1——受压翼缘厚度；

W_x——对 x 轴的毛截面模量；

l_1——受压翼缘的自由长度；

f_y——钢材屈服点，N/mm^2。

整体稳定系数 φ_b 是按弹性稳定理论求得的。当计算求得的 $\varphi_b > 0.6$ 时，梁已进入非弹性工作阶段，整体稳定临界应力有明显的降低，必须对 φ_b 进行修正。当按上述公式或表格确定的 $\varphi_b > 0.6$ 时，用 φ_b' 代替 φ_b 进行梁的整体稳定计算，其中

$$\varphi_b' = 1.07 - 0.282/\varphi_b, \quad \varphi_b' \leqslant 1.0 \qquad (4-76)$$

[例题 4-6] 参见图 4-49 的平台梁格，恒荷载标准值（不包括梁自重）$1.5kN/mm^2$，活荷载标准值为 $9kN/mm^2$。试按：①平台铺板与次梁连接牢固；②平台铺板不与次梁连接牢固两种情况，分别选择次梁的截面。次梁跨度为 5m，间距为 2.5m，钢材为 Q235。

解：（1）平台铺板与次梁连接牢固时，不必计算整体稳定。

假设次梁自重为 $0.5kN/m$，次梁承受的线荷载标准值为

$$q_k = (1.5 \times 2.5 + 0.5) + 9 \times 2.5$$

$$= 4.25 + 22.5 = 26.75(kN/m) = 26.75N/mm$$

荷载设计值为(按恒荷载分项系数为 1.2,活荷载分项系数为 1.3)

$$q = 4.25 \times 1.2 + 22.5 \times 1.3 = 34.35 (\text{kN/m})$$

最大弯矩设计值为

$$M_x = \frac{1}{8} q l^2 = \frac{1}{8} \times 34.35 \times 5^2 = 107.3 (\text{kN} \cdot \text{m})$$

根据抗弯强度选择截面,需要的截面模量为

$$W_{nx} = M_x / (\gamma_x f) = 107.3 \times 10^6 / (1.05 \times 215) = 475 \times 10^3 (\text{mm}^3) = 475 (\text{cm}^3)$$

选用 HN300×150×6.5×9,其 $W_x = 490 \text{cm}^3 > 475 \text{cm}^3$,跨中无孔眼削弱。分析得知此梁的抗弯强度足够。由于 H 型钢的腹板较厚,一般不必验算抗剪强度;若将次梁连于主梁加劲肋上,也不必验算次梁支座处的局部承压强度,即强度均满足要求。

其他截面特性,$I_x = 7350 \text{cm}^4$;自重 37.3kg/m=0.37kN/m,略小于假设自重,可以不重新计算。

验算挠度:

在全部荷载标准值作用下:$\dfrac{v_T}{l} = \dfrac{5}{384} \cdot \dfrac{26.75 \times 5000^3}{206 \times 10^3 \times 7350 \times 10^4} = \dfrac{1}{348} < \dfrac{[v_T]}{l} = \dfrac{1}{250}$

在可变荷载标准值作用下:$\dfrac{v_Q}{l} = \dfrac{1}{348} \cdot \dfrac{22.5}{26.75} = \dfrac{1}{414} < \dfrac{[v_Q]}{l} = \dfrac{1}{300}$

(2)若平台铺板不与次梁连接牢固,则需要计算其整体稳定。

假设次梁自重为 0.5kN/m,按整体稳定要求试选截面。假设普通工字钢的整体稳定系数 $\varphi_b = 0.73 > 0.6$

故 $\varphi_b' = 1.07 - 0.282/0.73 = 0.68$,所需的截面模量为

$$W_x = M_x / (\varphi_b' f) = 107.3 \times 10^3 / (0.68 \times 215) = 734 \times 10^3 (\text{mm}^3)$$

选用 HN350×175×7×11,$W_x = 782 \text{cm}^3$;自重 50kg/m=0.49kN/m,与假设相符。

另外,截面的 $i_y = 3.93 \text{cm}$,$A = 63.66 \text{cm}^2$。

由于试选截面时,整体稳定系数是参考普通工字钢的,对 H 型钢应进行计算:

$$\varphi_b = \beta_b \frac{4320}{\lambda_y^2} \cdot \frac{Ah}{W_x} \left[\sqrt{1 + \left(\frac{\lambda_y t_1}{4.4h} \right)^2} + \eta_b \right] \frac{235}{f_y}$$

$$\xi = \frac{l_1 t_1}{b_1 h} = \frac{5000 \times 11}{175 \times 350} = 0.898$$

$$\beta_b = 0.69 + 0.13 \times 0.898 = 0.807$$

$$\lambda_y = \frac{500}{3.93} = 127$$

$$\varphi_b = \beta_b \frac{4320}{\lambda_y^2} \cdot \frac{Ah}{W_x} \sqrt{1 + \left(\frac{\lambda_y t_1}{4.4h} \right)^2}$$

$$= 0.807 \times \frac{4320}{127^2} \times \frac{63.66 \times 35}{782} \sqrt{1 + \left(\frac{127 \times 1.1}{4.4 \times 35} \right)^2}$$

$$= 0.83$$

$$\varphi_b' = 1.07 - 0.282/0.83 = 0.73$$

验算整体稳定:

$$\frac{M_x}{\varphi_b' W_x} = \frac{107.3 \times 10^6}{0.73 \times 782 \times 10^3} = 188 (\text{N/mm}^2) < f = 215 \text{N/mm}^2$$

次梁兼作平面支撑桁架的横向腹杆,其 $\lambda_y = 127 < [\lambda] = 200$,$\lambda_x$ 更小,满足要求。

4.6.5　梁的局部稳定和腹板加劲肋设计

焊接组合截面的梁一般由翼缘和腹板等板件组成,如果不将这些板件适当地减薄加宽,板中压应力或剪应力达到某一数值后,腹板或受压翼缘有可能偏离其平面位置,出现波形鼓曲(图 4-51),这种现象称为梁局部失稳。

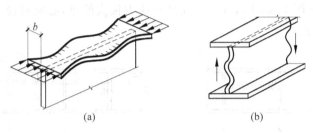

(a)　　　　　　　　　　(b)

图 4-51　梁局部稳定

(a) 翼缘；(b) 腹板

热轧型钢由于轧制条件,其板件宽厚比较小,都能满足局部稳定要求,不需要计算。对冷弯薄壁型钢梁的受压或受弯板件,宽厚比不超过规定的限制时,认为板件全部有效;当超过此限制时,则只考虑一部分宽度有效(称为有效宽度),应按现行《冷弯薄壁型钢结构技术规范》(GB 50018—2003)计算。

1. 受压翼缘的局部稳定

梁的受压翼缘板主要受均布压应力作用(图 4-52)。为充分发挥材料强度,翼缘的合理设计是采用一定厚度的钢板,让其临界应力 σ_{cr} 不低于钢材的屈服点 f_y,从而使翼缘不丧失稳定。一般采用限制宽厚比的办法来保证梁受压翼缘板的稳定性。

受压翼缘板的局部稳定则规定为

$$\frac{b}{t} \leqslant 13\sqrt{\frac{235}{f_y}} \tag{4-77}$$

当梁在绕强轴的弯矩 M_x 作用下的强度按弹性设计(即取 $\gamma_x = 1.0$)时,b/t 值可放宽为

$$\frac{b}{t} \leqslant 15\sqrt{\frac{235}{f_y}} \tag{4-78}$$

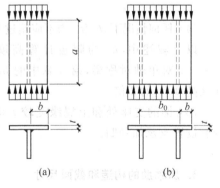

图 4-52　梁的受压翼缘板

箱形梁翼缘板(图 4-52(b))在两腹板之间的部分相当于四边简支单向均匀受压板:

$$\frac{b_0}{t} \leqslant 40\sqrt{\frac{235}{f_y}} \tag{4-79}$$

2. 腹板的局部稳定

承受静力荷载和间接承受动力荷载的组合梁,一般考虑腹板屈曲后强度,因此按下列规定配置加劲肋,并计算各板段的稳定性。

(1) 当 $h_0/t_w \leqslant 80\sqrt{235/f_y}$ 时,应按构造配置横向加劲肋($a \leqslant 7.0\, h_0$)(图 4-53(a))。

(2) 当 $h_0/t_w > 80\sqrt{235/f_y}$ 时,应按计算配置横向加劲肋(图 4-53(a))。

(3) 当 $h_0/t_w > 170\sqrt{235/f_y}$(受压翼缘受到约束,如连有刚性铺板、制动板或焊有钢轨时)或 $h_0/t_w > 150\sqrt{235/f_y}$(其他情况时)或按计算需要时,应在弯矩较大区格的受压区增加配置纵向加劲肋(图 4-53(b),(c))。局部压应力很大的梁,必要时尚宜在受压区配置短加劲肋(图 4-53(d))。

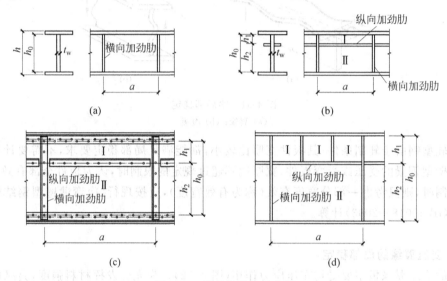

图 4-53 腹板加劲肋的布置

(4) 任何情况下,h_0/t_w 均不应超过 $250\sqrt{235/f_y}$。

以上叙述中,h_0 为腹板计算高度,对焊接梁,$h_0 = h_w$;对单轴对称梁,第 3 款中的 h_0 应取腹板受压区高度 h_c 的 2 倍。

(5) 梁的支座处和上翼缘受较大固定集中荷载处宜设置支承加劲肋。

3. 加劲肋的构造和截面尺寸

焊接的加劲肋一般用钢板做成,并在腹板两侧成对布置(图 4-54)。对非起重机梁的中间加劲肋,为了节约钢材和制造工作量,也可单侧布置。

横向加劲肋的间距 a 不得小于 $0.5h_0$,也不得大于 $2h_0$(对 $\sigma_c = 0$ 的梁,$h_0/t_w \leqslant 100$ 时,可采用 $2.5h_0$)。

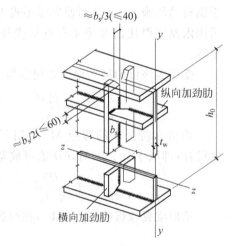

图 4-54 腹板加劲肋

双侧布置的钢板横向加劲肋的外伸宽度应满足下式要求：

$$b_s \geqslant \frac{h_0}{30} + 40 \tag{4-80}$$

单侧布置时，外伸宽度应比上式增大 20％。加劲肋的厚度不应小于实际取用外伸宽度的 1/15。

为了避免焊缝交叉，减小焊接应力，在加劲肋端部应切去宽约 $b_s/3$、高约 $b_s/2$ 的斜角（图 4-55）。对直接承受动力荷载的梁（如起重机梁），中间横向加劲肋下端不应与受拉翼缘焊接（若焊接，将降低受拉翼缘的疲劳强度），一般在距受拉翼缘 $50\sim100\mathrm{mm}$ 处断开（图 4-55(b)）。

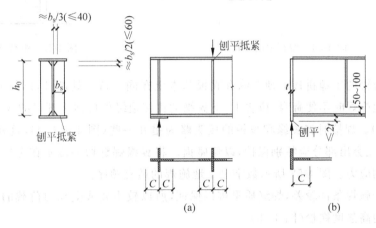

图 4-55　支承加劲肋（$C = 15 t_w \sqrt{235/f_y}$）

4.7　梁的拼接、连接和支座

4.7.1　梁的拼接

梁的拼接有工厂拼接和工地拼接两种，由于钢材尺寸的限制，必须将钢材接长或拼大，这种拼接常在工厂中进行，称为工厂拼接。由于运输或安装条件的限制，梁必须分段运输，然后在工地拼装连接，称为工地拼装。

型钢梁的拼接可采用对接焊缝连接（图 4-56(a)），但由于翼缘和腹板处不易焊透，故有时采用拼板拼接（图 4-56(b)）。上述拼接位置均宜放在弯矩较小的地方。

焊接组合梁的工厂拼接，翼缘和腹板拼接位置最好错开并用直对接焊缝连接。腹板的

拼焊缝与横向加劲肋之间至少应相距 $10t_w$(图 4-57)。对接焊缝施焊时宜加引弧板,并采用 1 级和 2 级焊缝(根据《钢结构工程施工质量验收规范》(GB 50205—2001)的规定分级)。这样焊缝可与基本金属等强。

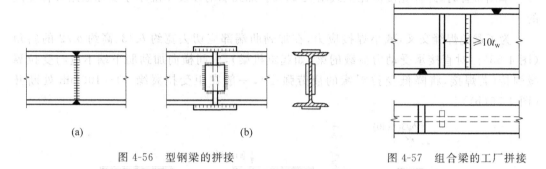

| (a) | (b) |

图 4-56　型钢梁的拼接

图 4-57　组合梁的工厂拼接

焊接组合梁的工地拼接应使翼缘和腹板基本上在同一截面处断开,以便分段运输。高大的梁在工地施焊时不便翻身,应将上、下翼缘的拼接边缘做成向上开口的 V 形坡口,以便俯焊(图 4-58)。焊接时将翼缘和腹板的接头略为错开一些(图 4-58(b)),这样受力情况较好,但运输单元突出部分应特别保护,以免碰损。将翼缘焊缝留一段不在工厂施焊,是为了减少焊缝收缩应力。图 4-58 所示数字是工地施焊的适宜顺序。

由于现场施焊条件较差,焊缝质量难以保证,所以较重要或受动力荷载的大型梁,其工地拼接宜采用高强度螺栓(图 4-59)。

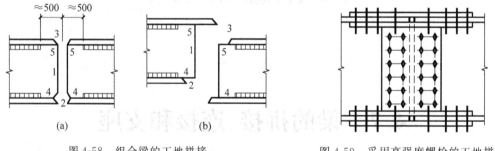

| (a) | (b) |

图 4-58　组合梁的工地拼接

图 4-59　采用高强度螺栓的工地拼接

当梁拼接处的对接焊缝不能与基本金属等强时,例如采用 3 级焊缝时,应对受拉区翼缘焊缝进行计算,使拼接处弯曲拉应力不超过焊缝抗拉强度设计值。

4.7.2　次梁与主梁的连接

次梁与主梁的连接型式有叠接和平接两种。

叠接(图 4-60)是将次梁直接搁在主梁上面,用螺栓或焊缝连接,构造简单,但需要的结构高度大,其使用常受到限制。图 4-60(a)是次梁为简支梁时与主梁连接的构造,而图 4-60(b)

是次梁为连续梁时与主梁连接的构造示例。如次梁截面较大时,应另采取构造措施防止支承处截面扭转。

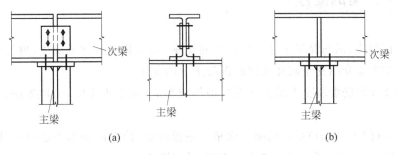

图 4-60　次梁与主梁的叠接

平接(图 4-61)是使次梁顶面与主梁相平或略高、略低于主梁顶面,从侧面与主梁的加劲肋或在腹板上专设的短角钢或支托相连接。图 4-61(a)、(b)、(c)是次梁为简支梁时与主梁连接的构造,图 4-61(d)是次梁为连续梁时与主梁连接的构造。平接虽构造复杂,但可降低结构高度,故在实际工程中应用较广泛。

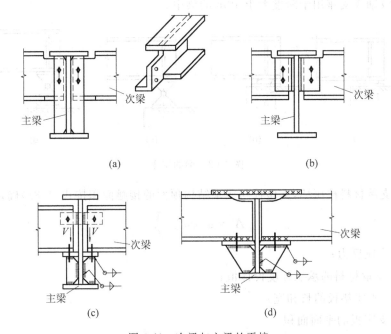

图 4-61　次梁与主梁的平接

对于刚接构造,次梁与主梁之间还要传递支座弯矩。图 4-61(b)的次梁本身是连续的,支座弯矩可以直接传递,不必计算。图 4-61(d)主梁两侧的次梁是断开的,支座弯矩靠焊缝连接的次梁上翼缘盖板、下翼缘支托水平顶板传递。由于梁的翼缘承受大部分的弯矩,所以连接盖板的截面及其焊缝可按承受水平力偶 $H=M/h$ 计算(M 为次梁支座弯矩,h 为次梁高度)。支托顶板与主梁腹板的连接焊缝也按力 H 计算。

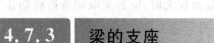

4.7.3　梁的支座

　　梁通过在砌体、钢筋混凝土柱或钢柱上的支座,将荷载传给柱或墙体,再传给基础和地基。因此本节主要介绍支于砌体或钢筋混凝土上的支座。

　　支于砌体或钢筋混凝土上的支座有 3 种传统形式,即平板支座、弧形支座、铰轴式支座(图 4-62)。

　　平板支座(图 4-62(a))系在梁端下面垫上钢板做成,使梁的端部不能自由移动和转动,一般用于跨度小于 20m 的梁中。弧形支座也叫切线式支座(图 4-62(b)),由厚 40~50mm 顶面切削成圆弧形的钢垫板制成,使梁能自由转动并可产生适量的移动(摩阻系数约为 0.2),并使下部结构在支承面上的受力较均匀,常用于跨度为 20~40m,支反力不超过 750kN(设计值)的梁中。铰轴式支座(图 4-62(c))完全符合梁简支的力学模型,可以自由转动,下面设置滚轴时称为滚轴支座(图 4-62(d))。滚轴支座能自由转动和移动,因此只能安装在简支梁的一端。铰轴式支座用于跨度大于 40m 的梁中。

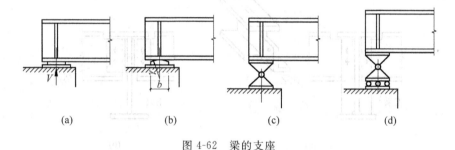

图 4-62　梁的支座

　　为防止支承材料被压坏,支座板与支承结构顶面的接触面积按式(4-81)确定:

$$A = a \times b \geqslant \frac{V}{f_c} \tag{4-81}$$

式中,V——支座反力;

　　　f_c——支承材料的承压强度设计值;

　　　a, b——支座垫板的长和宽;

　　　A——支座板的平面面积。

　　支座底板的厚度按均布支反力产生的最大弯矩进行计算。

　　为了防止弧形支座的弧形垫块和滚轴支座的滚轴被劈裂,其圆弧面与钢板接触面(系切线接触)的承压力(劈裂应力),应满足下式的要求:

$$V \leqslant 40nda_1/E \tag{4-82}$$

式中,d——弧形支座板表面半径 r 的 2 倍或滚轴支座的滚轴直径;

　　　a_1——弧形表面或滚轴与平板的接触长度;

　　　n——滚轴个数,对于弧形支座 $n=1$。

　　铰轴式支座的圆柱形枢轴,当接触面中心角 $\theta \geqslant 90°$ 时,其承压应力应满足下式要求:

$$\sigma = \frac{2V}{dl} \leqslant f \qquad\qquad (4\text{-}83)$$

d——枢轴直径；

l——枢轴纵向接触长度。

在设计梁的支座时,除了保证梁端可靠传递支反力并符合梁的力学计算模型外,还应与整个梁格的设计一道,采取必要的构造措施使支座有足够的水平抗震能力和防止梁端截面的侧移和扭转。

本 章 小 结

本章主要介绍了以下内容：

1. 轴心受力构件。包括轴心受力构件的强度计算；轴心受压构件的整体稳定的概念以及整体稳定的计算；轴心受压构件的局部稳定的计算；实腹式和格构式轴心受力构件的截面设计；轴心受力构件典型柱头和柱脚的设计。

2. 偏心受力构件。拉弯和压弯构件的强度计算；压弯构件整体稳定、局部稳定的概念以及计算；实腹式压弯构件的设计；框架梁、柱的典型连接以及偏心受压柱典型柱脚的设计。

3. 受弯构件。受弯构件强度和刚度的计算；梁的整体稳定的概念、影响梁的整体稳定的因素以及整体稳定的计算；梁的局部稳定的概念、局部稳定的验算以及加劲肋的设计；腹板屈曲后强度的概念以及考虑屈曲后强度梁的承载力计算；型钢梁和组合梁的设计。

练 习 题

一、填空题

1. 钢结构计算的两种极限状态是_____和_____。

2. 提高钢梁整体稳定性的有效途径是_____和_____。

3. 钢材的破坏形式有_____和_____。

4. 焊接组合工字梁,翼缘的局部稳定常采用_____的方法来保证,而腹板的局部稳定则常采用_____的方法来解决。

5. 轴心受压构件的稳定系数 φ 与_____、_____和_____有关。

6. 影响钢材疲劳的主要因素有_____、_____和_____。

7. 从形状看,纯弯曲的弯矩图为_____,均布荷载的弯矩图为_____,跨中央一个集中荷载的弯矩图为_____。

8. 轴心压杆可能的屈曲形式有_____、_____和_____。

9. 钢结构设计的基本原则是_____、_____、_____和_____。

10. 对于轴心受力构件,型钢截面可分为_____和_____;组合截面可分为_____和_____。

11. 影响钢梁整体稳定的主要因素有_____、_____、_____、_____和_____。

二、简答题

1. 在计算实际轴心压杆的临界力时,应考虑哪些初始缺陷的影响?

2. 在计算格构式轴心受压构件的整体稳定时,为什么要对虚轴采用换算长细比?

3. 轴心压杆有哪些屈曲形式?

4. 压弯构件的局部稳定计算与轴心受压构件有何不同?

5. 什么叫钢梁丧失整体稳定?影响钢梁整体稳定的主要因素是什么?提高钢梁整体稳定的有效措施是什么?

6. 什么叫钢梁丧失局部稳定?怎样验算组合钢梁翼缘和腹板的局部稳定?

三、计算题

1. 一简支梁跨长为 5.5m,在梁上翼缘承受均布静力荷载作用,恒荷载标准值为 10.2kN/m(不包括梁自重),活荷载标准值为 25kN/m,假定梁的受压翼缘有可靠侧向支撑(图 4-63)。梁的截面选用 I36a 轧制型钢,其几何性质为: $W_x = 875\text{cm}^3$, $t_w = 10\text{mm}$, $I/S = 30.7\text{cm}$,自重为 59.9kg/m,截面塑性发展系数为 1.05。钢材为 Q235,抗弯强度设计值为 215N/mm²,抗剪强度设计值为 125N/mm²。试对此梁进行强度验算并指明计算位置(恒载分项系数 $\gamma_G = 1.2$,活载分项系数 $\gamma_Q = 1.4$)。

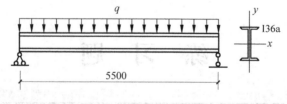

图 4-63

2. 已知一两端铰支轴心受压缀板式格构柱长 10.0m,截面由 2I32a 组成,两肢件之间的距离为 300cm,如图 4-64 所示,尺寸单位 mm。试求该柱最大长细比。注:I32a 的截面面积 $A = 67\text{cm}^2$,惯性矩 $I_y = 11080\text{cm}^4$, $I_{x1} = 460\text{cm}^4$。

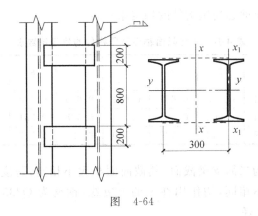

图 4-64

3. 用轧制工字钢 I 36a（材料 Q235）做成的 10m 长两端铰接柱，轴心压力的设计值为 650kN，在腹板平面承受均布荷载设计值 $q=6.24$ kN/m（图 4-65）。试计算此压弯柱在弯矩作用平面内的稳定有无保证？为保证弯矩作用平面外的稳定，需设置几个侧向中间支承点？

已知：$A=76.3$ cm^2，$W_x=875$ cm^3，$i_x=14.4$ cm，$i_y=2.69$ cm，$f=215$ N/mm^2。

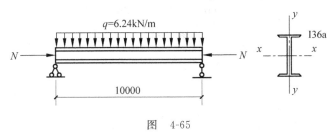

图 4-65

4. 一两端铰接焊接工字形截面轴心受压柱，翼缘为火焰切割边，截面如图 4-66 所示。杆长为 9m，设计荷载 $N=1000$ kN，钢材为 Q235 钢。试验算该柱的整体稳定及板件的局部稳定性是否均满足。

已知：$f=215$ N/mm^2，截面对 x 轴和 y 轴均为 b 类截面。

整体稳定：$\dfrac{N}{\varphi A}\leqslant f$

局部稳定：翼缘的宽厚比，$\dfrac{b_1}{t}\leqslant(10+0.1\lambda)\sqrt{\dfrac{235}{f_y}}$

腹板的高厚比，$\dfrac{h_0}{t_w}\leqslant(25+0.5\lambda)\sqrt{\dfrac{235}{f_y}}$

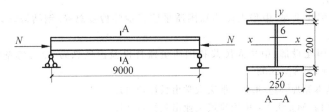

图 4-66

表 4-16 为 b 类截面轴心受压构件的稳定系数表。

表 4-16 b 类截面轴心受压构件的稳定系数表

$\lambda\sqrt{\dfrac{f_y}{235}}$	0	1	2	3	4	5	6	7	8	9
80	0.688	0.681	0.675	0.668	0.661	0.655	0.648	0.641	0.635	0.628
90	0.621	0.614	0.608	0.601	0.594	0.588	0.581	0.575	0.568	0.561
100	0.555	0.549	0.542	0.536	0.529	0.523	0.517	0.511	0.505	0.499

5. 如图 4-67 所示为二简支梁截面,其截面面积大小相同,跨度均为 12m,跨间无侧向支承点,均布荷载大小亦相同,均作用在梁的上翼缘,钢材为 Q235,试比较梁的稳定系数 φ_b,说明何者的稳定性更好。

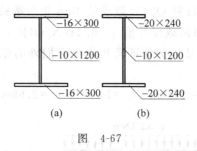

图 4-67

参 考 文 献

[1] 包头钢铁设计研究总院,中国钢结构协会房屋建筑钢结构协会. 钢结构设计与计算[M]. 北京:机械工业出版社,2012.

[2] 陈绍蕃,顾强. 钢结构(上、下)[M]. 北京:中国建筑工业出版社,2014.

[3] 中华人民共和国国家标准. 建筑结构可靠度设计统一标准(GB 50068—2001)[S]. 北京:中国建筑工业出版社,2001.

[4] 中华人民共和国建设部,中华人民共和国质量监督检验检疫总局. 钢结构设计规范(GB 50017—2003)[S],2003.

[5] 中华人民共和国建设部,中华人民共和国质量监督检验检疫总局. 冷弯薄壁型钢结构技术规范(GB 50018—2002)[S],2003.

[6] 董军. 钢结构基本原理[M]. 重庆:重庆大学出版社,2011.

[7] 欧阳可庆. 钢结构[M]. 北京:中国建筑工业出版社,1991.

第 5 章

装配式工业建筑设计与施工

本章导读：本章主要介绍装配式工业建筑的施工详图设计、钢结构的厂内加工工艺流程以及钢结构的现场施工工艺流程。

本章重点：钢结构的厂内加工和现场安装的工艺流程。

5.1 概　　述

　　工业建筑是指从事各类工业生产及直接为生产服务的房屋，一般称为厂房。工业建筑生产工艺复杂多样，在设计配合、使用要求、室内采光、屋面排水及建筑构造等方面，具有如下特点：

　　(1) 厂房的建筑设计是在工艺设计人员提出的工艺设计图的基础上进行的，建筑设计应首先适应生产工艺要求。

　　(2) 厂房中的生产设备多、体量大，各部分生产联系密切，并有多种起重运输设备通行，厂房内部应有较大的通畅空间。

　　(3) 厂房宽度一般较大，或对多跨厂房，为满足室内、通风的需要，屋顶上往往设有天窗。

　　(4) 厂房屋面防水、排水构造复杂，尤其是多跨厂房。

　　(5) 单层厂房中，由于跨度大，屋顶及起重机荷载较重，多采用钢结构承重；在多层厂房中，由于荷载较大，广泛采用钢结构承重；特别高大的厂房或地震烈度高的地区厂房宜采用钢骨架承重。

　　(6) 厂房多采用预制构件装配而成，各种设备和管线安装施工复杂。

5.1.1　工程概况

　　本工程为某汽车部件项目工程，建筑内容包括一个厂房和一个门卫室。其中厂房东南侧布置 2 层的钢筋混凝土框架结构辅楼，作为办公楼。在厂房的西北侧布置 1 层的钢筋混凝土框架辅楼,作为设备用房。

单体厂房局部 2 层框架结构,钢板墙面局部砖墙围护及生产配套设施,钢柱和钢梁均为 H 型钢截面,屋面系统采用博思格产镀铝锌优耐板 AZ150 光板,强度 G300,厚度≥0.6mm, 板型采用 470 型 360°卷边直立缝暗扣板,屋面坡度 5%。保温棉采用欧文斯科宁,厚度 100mm 超细玻璃棉 VR 贴面(屋面加设多股镀锌钢丝网,容重为 16kg/m³,导热系数为 0.038W/(m·℃))。外墙采用博思格产优压型钢板白灰色,高肋板肋高≥25mm,肋间距 180~210mm,覆盖宽度 780~800mm。内墙板:博思格钢铁苏州产优耐型钢板 land grey 白灰色,多肋板肋高 12~15mm,肋间距 200~250mm,覆盖宽度 800~1000mm。

5.1.2　工程范围

(1) 主体:基础工程、主体结构(钢结构)、砖墙围护(含外墙面及部分内墙面饰面装修)、门窗安装、室内外地坪、消防给排水工程、避雷接地。

(2) 室外附属工程:室外排水、绿化用地平整、室外道路工程(含侧石及停车位)、污水系统及化粪池、管线预埋、卫生间内给排水、围墙工程等。

5.2　施工详图设计

5.2.1　熟悉图纸准备图纸会审

(1) 先熟悉建筑图纸,建筑图从建筑设计说明开始,然后是建筑的平立剖和局部节点放大图,每一张图纸中任意一个节点要求详细、认真在电脑中建立起建筑模型。该工程包括一个厂房、一个门卫室。厂房为门式刚架,檐口建筑高度为 9m,屋面双坡,坡度 5%,厂房内 15t 起重机,屋面为单层彩钢板加采光板,门卫室为单层彩钢板弧形屋面等这些信息都要从建筑图纸读取。

(2) 熟悉结构图纸。结构图要求和建筑图一样,也是从结构设计说明开始,接着是结构平立剖、节点大样图等。结构设计说明包括:①工程概况:工程地点、地理情况、面积、跨度、起重机吨位和起重机工作制。②结构设计依据。③图纸说明。④建筑分类等级。⑤一系列说明中提到的内容。结构图是钢结构深化设计的主要依据,也是车间加工和安装构件数据的主要来源,包括所用材料的截面形式、材质、规格尺寸等。该公司为 H 型钢梁柱,材质为 Q345B,共 8 榀刚架,屋面选用 φ25 圆钢支撑、φ127×4.0 圆管系杆、〔280×70×20×2.5

屋面墙面檩条、双角钢柱间支撑、部分圆钢柱间支撑，㉗轴外侧 6.55m×67.5m 大雨篷等部分信息由结构图中读出。

(3) 熟悉施工合同。对于施工合同中的某些设计构件要求的条款，拆图人员一定要了解，合同中有些要求可能会与设计图纸不符，要按照合同要求做。该公司要求刚架及起重机梁喷两道环氧富锌底漆，漆膜总厚度 65μm，其余次钢采用镀锌处理，镀锌含量 275g/m^2，屋面采用单层博思格板，欧文斯科宁玻璃棉、VR 贴面、镀锌钢丝网现场复核屋面以及胶、自攻钉等都有指定的品牌。如有特殊的要求都会在合同中约定。

(4) 进行图纸会审。图纸会审主要是拆图人员对图纸中的疑问提问，设计人员给予解答。主要包括结构图中表达不清的，位置尺寸矛盾的，结构和建筑中不一致的，都要在图纸会审中提出，由设计人员进行纸面的确认回复后方可进行下一步，如图 5-1 所示。另外若结构图纸的某些节点在加工或安装时无法施工或施工较困难，可以在图纸会审中提出，设计认可便可以修改。

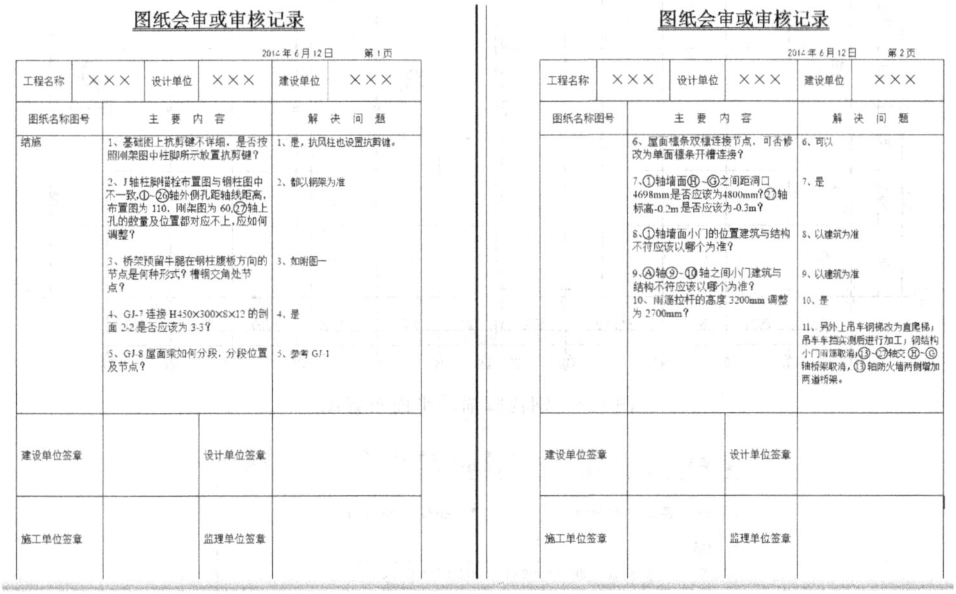

图纸会审或审核记录

2014年6月12日　第1页

工程名称	×××	设计单位	×××	建设单位	×××

图纸名称图号	主 要 内 容	解 决 问 题
结施	1、基础图上抗剪键不详细，是否按照刚架图中柱脚所示放置抗剪键？	1、是，抗风柱也设置抗剪键。
	2、J轴柱脚锚栓布置图与钢柱图中不一致，①~㉖轴外侧孔距轴线距离，布置图为 110，刚架图为 60，㉗轴上孔的数量及位置都对应不上，应如何调整？	2、都以钢架为准
	3、桥架预留牛腿在钢柱腹板方向的节点是何种形式？槽钢交角处节点？	3、如附图一
	4、GJ-7 连接 H450×300×8×12 的剖面 2-2 是否应该为 3-3？	4、是
	5、GJ-8 屋面梁如何分段，分段位置及节点？	5、参考 GJ-1

建设单位签章		设计单位签章	
施工单位签章		监理单位签章	

图纸会审或审核记录

2014年6月12日　第2页

工程名称	×××	设计单位	×××	建设单位	×××

图纸名称图号	主 要 内 容	解 决 问 题
	6、屋面檩条双檩连接节点，可否修改为单面檩条开槽连接？	6、可以
	7、①轴墙面Ⓗ~Ⓖ之间距洞口 4698mm是否应该为4800mm？㉗轴标高-0.2m 是否应该为-0.3m？	7、是
	8、①轴墙面小门的位置建筑与结构不符应该以哪个为准？	8、以建筑为准
	9、Ⓐ轴⑨~⑩轴之间小门建筑与结构不符应该以哪个为准？	9、以建筑为准
	10、雨篷拉杆的高度 3200mm 调整为 2700mm？	10、是
		11、另外上吊车钢梯改为直爬梯；吊车车挡实测后进行加工；钢结构小门雨篷取消；⑬~㉗轴交Ⓗ~Ⓖ轴桥架取消，⑬轴防火墙两侧增加两道桥架。

建设单位签章		设计单位签章	
施工单位签章		监理单位签章	

图 5-1　图纸会审或审核记录

5.2.2 建模

建模采用 Xsteel 软件，Xsteel 是芬兰 Tekla 公司开发的钢结构详图设计软件，该软件先创建三维模型然后自动生成钢结构详图和各种报表。

(1) 建轴线：根据结构图中(图 5-2)给出的轴线，在模型中输入数据，进行轴线的建模，如图 5-3 所示。

(2) 刚架建模。该公司一期项目共 8 榀刚架，其中 GJ-3 有 8 榀，GJ-6 有 7 榀，其余刚架各 1 榀。GJ-1 比 GJ-2 多一排抗风柱，GJ-3 比 GJ-2 多屋面刚架，因此建模时由 GJ-2 开始建模。地脚锚栓、地胶垫片、钢柱、钢梁及相关节点都要在模型中 1∶1 建好，标号和颜色进行

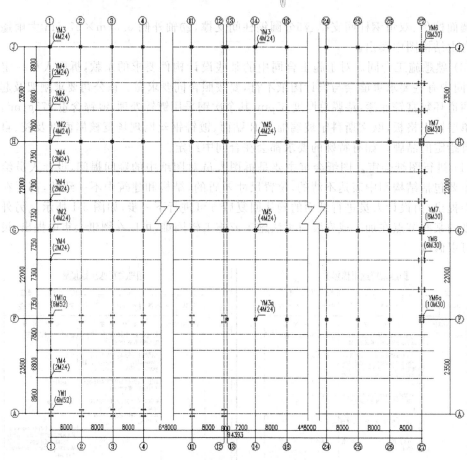

图 5-2 钢柱脚锚栓平面布置图

图 5-3 Xsteel 软件轴线命令图

区分。例如：钢柱构件编号为 GZ-＊,翼缘腹板零件编号为 ZH,其余零件编号为 ZP,钢梁也是类似编号。对于编号没有固定要求,只要能区分便可以,一般我们编号为构件的首字母,这样可以直观地判断出是哪部分的构件,另外地脚锚栓或地脚垫片等可以在模型中只见一种,然后在出图时进行数量的修改,但最好是按照实际用量建模,这样可以省去手动计算数量的步骤,省事省力。值得注意的是,钢柱和钢梁连接的节点,有部分加劲肋或者是连接板规格虽是一样的,但是也要加以区分编号,钢柱上焊接的命名为 ZP,钢梁上焊接的命名为 LP,这样在出小件图时就不会出现钢柱的小件包含了钢梁的小件,两种零件在颜色上也要加以区分,这样就可以直观地看出编号的名称是否已经修改,不需要进一步点击审核。一般结构图在刚架图中会给出檩托板的布置,但是我们在建刚架模型时不要建檩托板,檩托板在建檩条时再建模。钢柱钢梁在建模过程中也要将构件按照出图的要求焊接好。对于一榀刚架检查无误后,包括板厚、截面大小、连接节点、零件构件编号及焊接情况都检查好,对相同刚架进行复制,对不同刚架复制后进行修改。比如 GJ-2 建模好后,复制到 GJ-1 的位置,在 GJ-1 上增加抗风柱的连接节点即可,其余刚架也按照同样的方式进行建模,参见图 5-4。

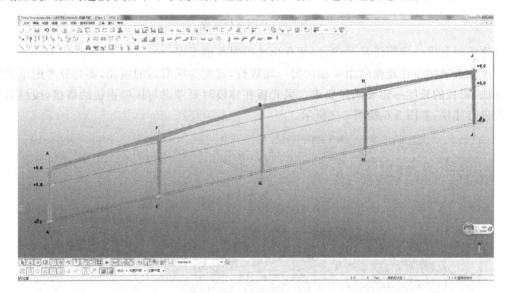

图 5-4　刚架建模

（3）起重机梁、水平支撑及柱间支撑的建模。一般刚架建模完成就要进行柱间支撑的建模,因为工期紧张时可能会要求分批出图,不能等到全部建完模以后再出图,柱间支撑连接板作为钢柱的一部分,要在钢柱出图时焊接在钢柱上。支撑和起重机梁建模时基本同刚架建模,严格按照设计图纸进行放样,编号一定要加以区分,焊在钢柱上的零件,按照钢柱零件编号,其余构件重新编号。支撑为圆钢支撑时,要在钢梁或者钢柱腹板上开孔,建模孔时一般不用切割命令,而是用打螺栓的方式进行开孔,开孔为长圆孔,大小为 2 倍孔大小。圆钢支撑连接用花篮螺栓,在建模时不体现,在生成报表时录入。另外,在打螺栓时,如果是高强螺栓则需要两个垫片,在建模时长度将两个垫片的选项都勾选,以保证螺栓列表中的长度准确。柱间支撑建模如图 5-5 所示。

（4）屋面檩条、墙面檩条建模,以及天沟建模,屋面板墙面板、采光板建模。檩条在建模时应注意开孔的位置,一般与檩托板连接的孔采用长圆孔,而檩托板上的开孔仍然为圆孔,在建模时应注意区分。在檩条上要开孔连接拉条与斜拉条,开孔一般选用打螺栓的形式,拉

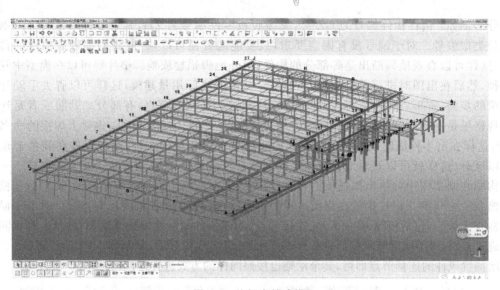

图 5-5 柱间支撑建模

条在建模时长度一定要满足要求,以便在出清单时准确无误。

屋面板墙面板在建模时由一端向另一端进行,宽度为压型后的板宽,要充分考虑压型件的做法,彩板的长度一定要满足要求。采光板在建模时要考虑与压型钢板的搭接,按照实际情况进行建模,如图 5-6 及图 5-7 所示。

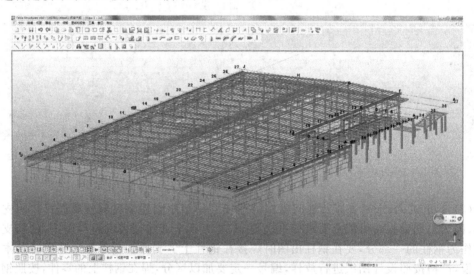

图 5-6 屋面檩条建模

5.2.3 出图

出图时也要分部进行,一般按结构部位分为钢柱、钢梁、系杆、水平支撑、柱间支撑、起重

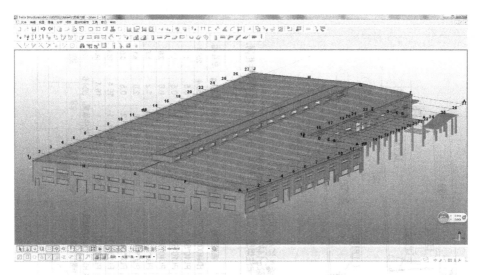

图 5-7　屋面板、墙面板、天沟及采光板建模

机梁、檩条等分别出图,进行编号和碰撞校核,检查焊接情况。出图内容包括构件图、零件图及布置图,例如图 5-8～图 5-10 所示。

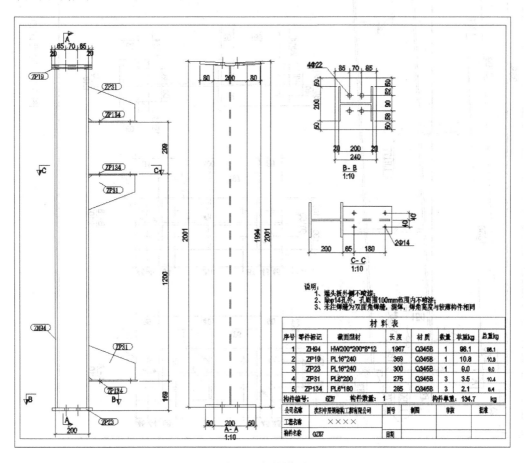

图 5-8　钢柱详图

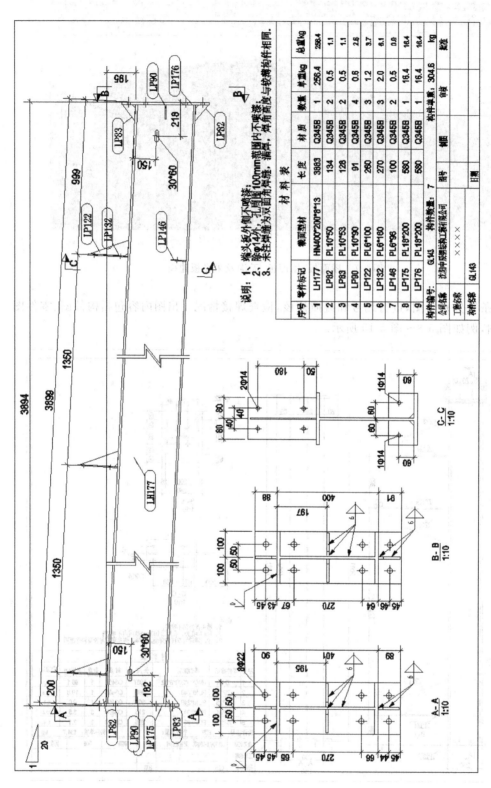

材 料 表

序号	零件标记	断面型材	长度	材质	数量	单重kg	总重kg
1	LH177	HN400*200*8*13	3883	Q345B	1	256.4	256.4
2	LP82	PL10*50	134	Q345B	2	0.5	1.1
3	LP83	PL10*53	128	Q345B	2	0.5	1.1
4	LP90	PL10*90	91	Q345B	4	0.6	2.6
5	LP122	PL6*100	260	Q345B	3	1.2	3.7
6	LP132	PL6*160	270	Q345B	3	2.0	6.1
7	LP146	PL6*96	100	Q345B	2	0.5	0.8
8	LP175	PL18*200	580	Q345B	1	16.4	16.4
9	LP176	PL18*200	580	Q345B	1	16.4	16.4
				构件净重		304.6	kg

构件编号: GL143	构件数量: 7	图号: 7
公司名称	沈阳中辰钢结构工程有限公司	日期
工程名称	×××××	
构件名称	GL143	

说明: 1、端头板外侧不喷漆;
2、除φ14外, 孔周围100mm范围内不喷漆;
3、未注焊缝为双面角焊缝, 满焊, 焊角高度与较薄钢件相同.

C-C 1:10

B-B 1:10

A-A 1:10

图 5-9 钢梁详图

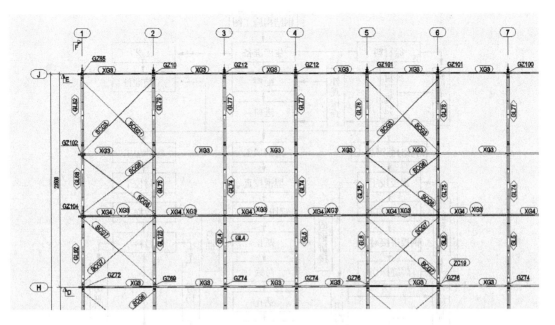

图 5-10 屋面结构布置图(局部)

5.3 钢结构工厂制作

5.3.1 H型钢工厂加工制作

1. 制作需要注意事项说明

在 H 型钢构件加工的工艺基础上,改良编制加工制作工艺,制作专用定位、焊接胎架或工装,以满足 H 型钢的加工工艺需求。

2. 钢结构加工程序和工艺流程图

按照招标图纸要求和设计文件的要求,编制《沈阳 ∗∗ 汽车部件有限公司沈北新区(一期)项目车间工程钢结构构件制造验收标准》作为内控标准来指导和控制钢构件制造的全过程,并对制造验收标准进行分解细化,编制各个工序的工艺文件用于指导生产,控制加工质量,如图 5-11 所示。

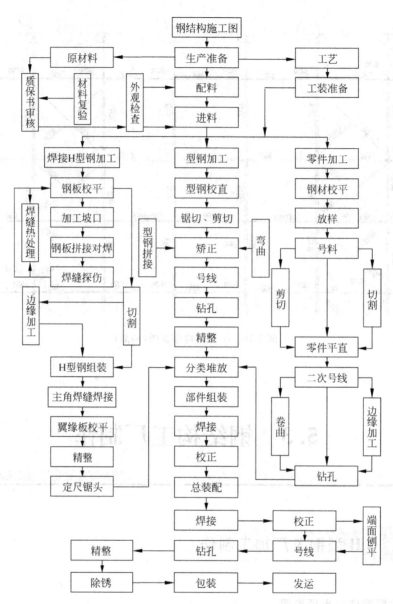

图 5-11　钢结构工艺流程图

3. 工厂施工机具配备(表 5-1)

表 5-1　施工机具明细表

序号	设 备 名 称	规 格 型 号	数量	国别产地	制 造 年 份
1	数控火焰切割机	GS/Z11-6000	3	国产	2009
2	直条火焰切割机	GZ-4000	8	国产	2010
3	液压摆式剪板机	QD12Y-10×2500	3	国产	2009
4	H型钢组立机	HZJ20	5	国产	2009
5	悬臂焊机	XBH	6	国产	2006

续表

序号	设 备 名 称	规 格 型 号	数量	国别产地	制造年份
6	H 型钢校正机	YJZ-60B	8	国产	2010
7	门型自动焊接机	JLH500A	4	国产	2009
8	铣边机	XBL-12	2	国产	2010
9	平面数控钻床	PD16C	2	国产	2010
10	三维数控钻床	SW1000A	2	国产	2010
11	端面铣床	DX-1416	1	国产	2009
12	半自动火焰切割机	CG30	25	国产	2008
13	半自动埋弧焊机	MZC-1250	16	国产	2010
14	碳弧气刨机	YD-630SS	25	国产	2009
15	CO_2 气体保护焊机	KRⅡ500	80	国产	2008
16	交直流焊机	505FL4	50	国产	2009
17	双立柱转角带锯机	BS1000	4	国产	2010
18	吸入式自控焊剂烘干机	YJJ-A-200	6	国产	2009
19	摇臂钻	Z3080×25	3	国产	2009
20	抛丸机	6912	3	国产	2010
21	磁力钻	MAB450	5	国产	2009
22	磁力钻	MAB600	5	国产	2009
23	空气压缩机	AW-0.9/12.5	2	国产	2010
24	空气压缩机	AW-0.9/8	2	国产	2010
25	高压无气喷涂机	GPQBCB	10	国产	2009
26	天车	32t	4	国产	2009
27	天车	20/5t	8	国产	2010
28	天车	10t	4	国产	2010
29	汽车式起重机	70t	4	国产	2010
30	H 型钢锁口铣床	BM38A/6	2	国产	2010
31	角向磨光机	ϕ100	100	国产	2008

4. 主要施工机具有如图 5-12 所示设备

(a)　　　　　　　　　　　　　(b)

图 5-12　主要施工机具

（a）单臂式焊接机；（b）端面铣；（c）抛丸清理机；（d）门式埋弧自动焊机；（e）翼缘校正机；（f）铣边机；
（g）数控火焰切割机；（h）无气喷涂机；（i）80 摇臂钻床；（j）数控平面钻；（k）门式切割机；（l）H 型钢组立
机；（m）平板抛丸机；（n）气保焊机；（o）锁口铣；（p）带锯机

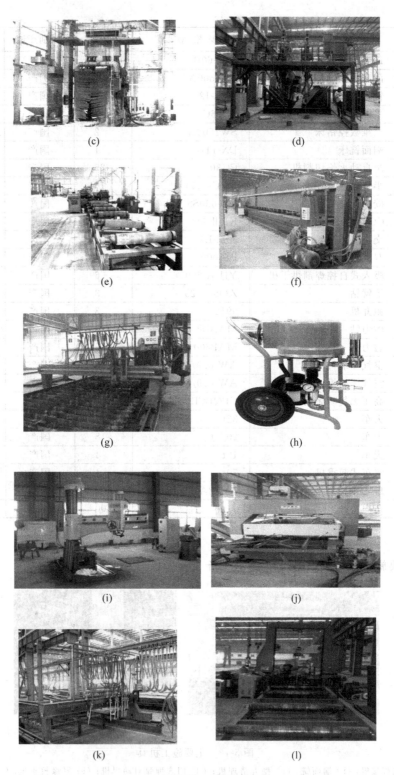

图 5-12　（续）

(m)	(n)
(o)	(p)

图 5-12 （续）

5.3.2 材料的采购存储及使用

1. 材料采购

（1）本工程主要材料为 Q345B 钢,采购材料时严格按公司 ISO 9001 质保体系进行控制,以保证原材料质量。

（2）技术部应根据标准及深化设计图先及时计算出所需原辅材料和外购零部配件的规格、型号、品种以及数量。

（3）供应部根据采购计划及合格供方的供应能力,保质、保量、准时供货到厂。采购合同应包含采购材料的名称、规格、型号、数量、依据的标准、质量要求及验收内容。

2. 材料的入库、检验

（1）本工程所需的材料全部由本公司自行采购,在原材料进库交接时,应对原材料进行全面检查,不符合要求的材料不准入库。

（2）所有进厂材料均应有生产厂家的材质证明书,钢材上标签应和材质证书相符。

（3）按钢厂的供货清单清点各种规格钢板数量,并计算到货质量。

（4）按钢厂提供的钢板尺寸及公差要求,对各种规格钢板检查其长宽尺寸、厚度及平整度,钢板的外表面质量。

（5）当产品合同及技术条件对材料检验无规定时,按批量抽检钢材的性能（检验数量按设计及监理的要求确定）。

3. 材料管理

（1）材料的储存保管，包括：①材料入库前，除对材料的外观质量、性能检验外，还应对材料质量证明书、数量、规格进行核对，经材料检查员、仓库保管员检查达到要求后才能办理入库手续，对检验不合格的材料要进行处理，不得入库。②按规格集中堆放，并用明显的油漆加以标识和防护，注明工程名称、规格型号、材料编号、材质、复验号等，以防未经批准的使用或不适当的处置，并定期检查质量状况以防损坏。③库房内要通风良好，保持干燥，库房内要放温度计和湿度计，相对湿度≤60％。

（2）材料的使用，包括：①材料的使用严格按排版图进行领料，实行专料专用，严禁代用。②材料排版及下料加工后应按质量管理要求作标识。③车间剩余材料应按不同品种规格、材质回收入库。④当钢材使用品种不能满足设计要求需用其他钢材进行代用时，代用钢材的化学成分及机械性能必须与设计基本一致，同时须取得设计人员的书面认可。⑤严禁使用药皮剥落、生锈的焊条及严重锈蚀的焊丝。

（3）所有型钢、钢板、焊接材料进厂后都要核对质保书，清点数量，按照验收规范进行尺寸和外观质量检查。原材料检验程序流程图如图 5-13 所示。

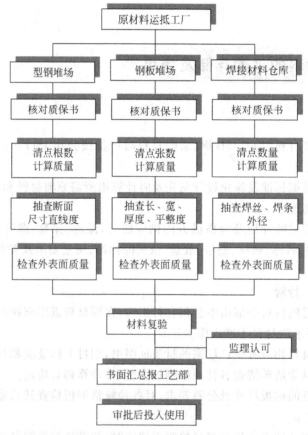

图 5-13　原材料检验程序流程图

1. H型钢构件加工制作流程

H型钢是一种新型经济建筑用钢。H型钢截面形状经济合理,力学性能好,轧制时截面上各点延伸较均匀、内应力小,与普通工字钢比较,具有截面模数大、质量轻、节省金属的优点,可使建筑结构减轻30%～40%;又因其腿内外侧平行,腿端是直角,拼装组合成构件,可节约焊接、铆接工作量达25%。常用于要求承载能力大,截面稳定性好的大型建筑(如厂房、高层建筑等),以及桥梁、船舶、起重运输机械、设备基础、支架、基础桩等。

H型钢是由上下两块翼缘板和中间一块垂直的腹板焊接而成,大的工艺流程包括下料、组立、埋弧焊、翼缘板机械校正、组装、焊接、校正、抛丸、涂装等工序,中间还穿插钻孔、剪板、钢板矫平等工序,配合的还有焊接工艺评定实施以及各种质量检查控制措施。因其基本全是由钢板生产而来,所以工艺流程比较长,详细的工艺流程参见图5-14。

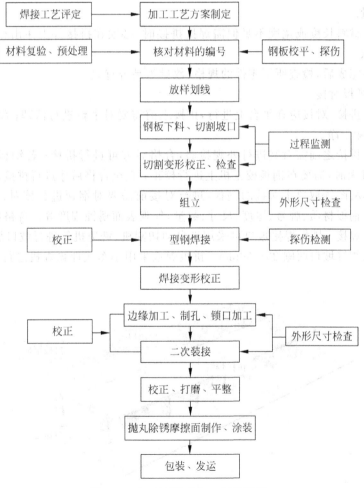

图5-14 H型钢构件加工制作流程

2. 画线(号料)及质量控制(表 5-2)

1)号料前应先确认材质和熟悉工艺要求,然后根据排版图和零件图进行号料。

(1)号料的母材必须平直无损伤及其他缺陷,否则应先校正或剔除。

表 5-2　号料公差要求

项　　目	允许偏差/mm	项　　目	允许偏差/mm
基准线孔距位置	≤0.5	零件外形尺寸	≤0.5

(2)号料前,号料人员应熟悉下料图所注的各种符号及标记等要求,核对材料牌号及规格、炉批号。当技术部门未作出材料配割(排料)计划时,号料人员应作出材料切割计划,合理排料,节约钢材。

(3)号料时,针对本工程的使用材料特点,复核所使用材料的规格,检查材料外观质量。凡发现材料规格不符合要求或材质外观不符要求者,须及时报质量管理部、供应部处理;遇有材料弯曲或不平度超差影响号料者,须经校正后号料,对于超标的材料退回生产厂家。

(4)根据锯、气割等不同切割要求和对刨、铣加工的零件,预留不同的切割及加工余量和焊接收缩量。

(5)因原材料长度或宽度不足但需焊接拼接时,必须在拼接件上注出相互拼接编号和焊接坡口形状。

(6)下料完成后,检查所下零件的规格、数量等是否有误。

2)钢板拼板对接

(1)钢板拼接、对接应在平台上进行,拼接之前需要对平台进行清理;将有碍拼接的杂物、余料等清除干净。

(2)钢板拼接之前需对其进行外观检验,合格后方可进行拼接;若钢板在拼接之前有平面度超差过大时,需要在钢板校正机上进行校正;直至合格后才进行拼接。

(3)按排料图领取要求对接的钢板,进行对接前需要对钢板进行核对;核对的主要指标包括:对接钢板材质、牌号、厚度、尺寸、数量,外观表面锈蚀程度等。合格后划出切割线。

(4)拼接焊接:拼板焊接坡口可采用半自动切割机、铣边机等进行坡口加工;火焰切割坡口后应打磨焊缝坡口两侧 20~30mm。拼板焊接采用小车式埋弧焊机进行焊接,如图 5-15 所示。

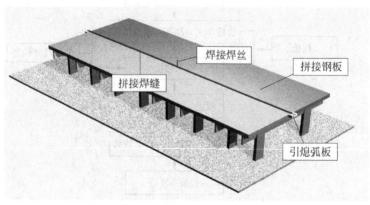

图 5-15　钢板拼接示意图

3）放样及质量控制

（1）本工程所有构件的放样全部采用计算机放样，以保证构件精度，为现场拼装及安装创造条件。

（2）放样前，放样人员必须熟悉施工图和工艺要求，核对构件及构件相互连接的几何尺寸。如发现施工图有遗漏或错误，以及其他原因需要更改施工图时，必须取得原设计单位签具的设计变更文件，不得擅自修改。

（3）放样均以计算机进行放样，以保证所有尺寸的绝对精确。

（4）放样工作完成后，对所放大样和样杆样板（或下料图）进行自检，无误后报专职检验人员检验。

（5）构件放样采用计算机放样技术，放样时必须将工艺需要的各种补偿余量加入整体尺寸中，为了保证切割质量，切割优先采用数控精密切割设备，选用高纯度 98.0% 以上的丙烷气加 99.99% 的液氧气体，可保证切割端面光滑、平直、无缺口、挂渣，坡口采用半自动切割机进行切割，本工程钢构件钢材数控下料切割生产图片如图 5-16 所示。

图 5-16　钢板气割示意图

3. 坡口加工

选用铣边机（图 5-17）和角磨机。为保证焊接质量，坡口的加工精度非常重要，采用铣边机开坡口，铣边机最大铣削长度 12m，最大铣削厚度 80mm，铣削速度 580r/min。可以轻松保证直线坡口的加工。坡口严格按照工艺评定规定的坡口尺寸进行加工。

图 5-17　铣边机

4. 校正、打磨

（1）钢材的机械校正，一般应在常温下用机械设备进行，如钢板的不平度可采用七辊矫平机，校正后的钢材表面上不应有严重的凹陷及其他损伤。

（2）热校正时应注意不能损伤母材，加热的温度不得超过工艺规定温度。

（3）由于建筑结构钢板主要是轧制钢材，钢板在轧制过程中有残余变形和轧制内应力的存在，所以钢板在投入生产加工制作之前需要进行钢板加工前的处理，钢板加工前的处理主要采取校平机机械冷校平加工；校平的目的是消除钢板的残余变形和减少轧制内应力，从而可以减少制造过程中的变形，满足投入工程钢材材质表面致密性能均匀、平整要求，保证板件平面度的必要设备如图 5-18 所示。

图 5-18　钢板校平

5. 钢板的预处理

预处理采用抛丸清理机和高压无气喷涂机进行，辊道连续式抛丸清理机清理宽度为 3m，清理长度为 12m，清理高度 0.2m，强大的抛力既可以去除板材轧制时残留的应力，还能保证粗糙度达到 $50\mu m$ 以上，清洁度达到 Sa2.5 级，抛丸后 4h 内使用高压无气喷涂机喷涂无机硅酸锌车间底漆，漆膜厚度为 $25\mu m$，如图 5-19 所示。

图 5-19　辊道连续式抛丸清理机

6. 钢板的火焰切割

（1）钢板火焰切割工艺评定试验方案。在产品加工制造前,根据材料的使用情况用有代表性的试件进行火焰切割工艺评定。通过火焰切割工艺评定试验,应验证热量控制技术并达到以下切割质量目的和要求:①切割端面无裂纹;②不得出现其他危害永久性结构使用性能的缺陷;③确定不同板厚的熔化宽度。

（2）切割前应清除母材表面的油污、铁锈和潮气;切割后气割表面应光滑无裂纹、熔渣和飞溅物。

（3）气割的检验公差要求如表 5-3 所示。

表 5-3　气割的公差要求

项　目	允许偏差/mm
零件的长度	±2.0
零件的宽度	翼、腹板:±2.0 零件板:±2.0
切割面不垂直度 e	$t \leqslant 20, e \leqslant 1$; $t \geqslant 20, e \leqslant t/20$ 且 $\leqslant 2$
割纹深度	0.2
局部缺口深度	对 $\leqslant 2$mm 打磨且圆滑过渡 对 $\geqslant 2$mm 电焊补后打磨形成圆滑过渡

（4）火焰切割后需自检零件尺寸,然后标上零件所属的工程号、构件号、零件号,再由质检员专检各项指标,合格后才能流入下一道工序。

7. 切割的质量控制

根据工程结构要求,构件的切割应首先采用数控、自动或半自动气割,以保证切割精度。钢材的切断应按其形状选择最适合的方法进行。切割前必须检查核对材料规格、牌号是否符合图纸要求。切口截面不得有撕裂、裂纹、棱边、夹渣、分层等缺陷和大于 1mm 的缺棱,并应去除毛刺。切割前,应将钢板表面的油污、铁锈等清除干净。切割时,必须看清断线符号,确定切割程序。

（1）钢板切割。工程钢板下料切割主要采用的是数控火焰气割切割下料,切割气体为液氧和丙烷(图 5-20)。

(a)　　　　　　　　　　　(b)

图 5-20　钢板切割示意图
(a)数控火焰气割机;(b)火焰割炬示意

（2）切割后的零件应平整地摆放并在上面注明工程名称、规格、编号等，以免将板材错用或混用。

（3）钢板下料切割后一般要求切割面与钢材表面不垂直度不大于钢材厚度的5%，且≤1.5mm。

（4）下料后的坡口制作。

（5）钢板坡口加工主要采用半自动切割机进行加工，其原理同钢板切割下料，不同之处在于随着坡口角度要求的不同，割炬并不是垂直钢板的，如图5-21所示。

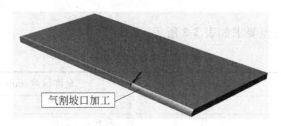

气割坡口加工

图 5-21　坡口气割加工

（6）钢板坡口尺寸按设计详图要求的尺寸进行坡口加工。

（7）气割坡口后清除割渣、氧化皮，检验几何尺寸合格后进入下道工序。

8．H型钢组立和检验

（1）组装前先检查组装用零件的编号、材质、尺寸、数量和加工精度等是否符合图纸和工艺要求，确认后才能进行装配。

（2）组装用的平台和胎架应符合构件装配的精度要求，并具有足够的强度和刚度，经验收后才能使用。

（3）构件组装要按照工艺流程进行，焊缝处30mm范围内的铁锈、油污等应清理干净。筋板的装配处应将松散的氧化皮清理干净。

（4）对于在组装后无法进行涂装的隐蔽部位，应事先清理表面并刷上油漆。

（5）计量用的钢卷尺应经二级以上计量部门检定合格才能使用，且在使用时，当拉至5m时应使用拉力器拉至50kN拉力，当拉至10m以上时，应拉至100kN拉力。并尽量与总包单位及现场安装使用的钢卷尺一致。

（6）组装过程中，定位用的焊接材料应注意与母材的匹配，应严格按照焊接工艺要求进行选用。

（7）构件组装完毕后应进行自检和互检，准确无误后再提交专检人员验收，若在检验中发现问题，应及时向上反映，待处理方法确定后进行修理和校正。

（8）各部件装焊结束后，应明确标出中心线、水平线、分段对合线等，做上标识。

在专用的组立机上自动组立成型，如图5-22所示。

组立后，需要点焊固定，按H型钢不同板厚及点焊焊接方法进行点焊焊接，如图5-23所示；必要时应对H型钢加设支撑件，确保吊装安全。

（9）型钢组装完成，经自检合格后报质检人员检验认可，方可继续批量组装；在批量组装中，应随时检查构件组装质量。

图 5-22 H 型钢组立机

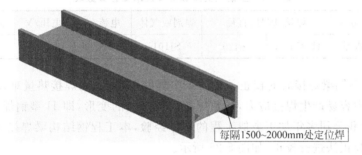

每隔1500~2000mm处定位焊

图 5-23 翼缘板与腹板点焊示意图

（10）组装后，及时注明构件编号；向下道工序移交前，应经质检人员检验构件组装质量；合格后方可移交下道工序施工，并办好工序间交接手续。

（11）检查上道工序加工组装的 H 型钢尺寸，坡口是否满足要求；熔渣、毛刺等是否清理干净。

（12）按《钢结构焊接规范》（GB 50661—2011）和设计规定的厚板，在焊前必须进行预热；预热温度一般规定：将腹板及翼缘板两侧 100mm 范围内的母材加热至 80～140℃（背侧测温）。

（13）焊接顺序：在船形胎架上进行 H 型钢 4 条纵焊缝的焊接，焊接采用全自动埋弧焊；顺序采取对角焊的方法施焊①—②—③—④，如图 5-24 和图 5-25 所示。

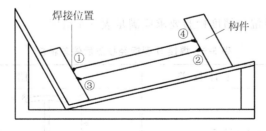

焊接位置 构件

图 5-24 H 型钢埋弧焊焊接顺序

（14）型钢 4 条主要焊缝焊接技术工艺参数。焊接时应控制层间温度 150～180℃。全自动埋弧焊接参数如表 5-4 所示。

图 5-25　H 型钢船形埋弧焊

表 5-4　型钢主要焊缝焊接技术工艺参数表

焊接道数	焊接方法	焊丝、牌号、直径	焊剂或气体	电流/A	电压/V	速度/(cm/min)
1	埋弧焊	H08MnA　ϕ4.0	SJ101	650～700	34～36	30～32

（15）焊接型钢梁焊接后的校正。在 4 条主焊缝焊接后,因焊接热量难以迅速散发,所以在焊接过程中容易产生焊接应力,导致焊接后翼缘板的变形,即 H 型钢焊接后需要对其进行校正,结合我公司多年加工类似工程的制作经验,本工程钢结构梁焊接 H 型钢校正主要采取机械冷校正法进行校正,如图 5-26 所示。

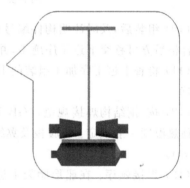

图 5-26　H 型钢翼缘板校正

焊接型钢经矫正后偏差精度检验要求应满足表 5-5 精度。

表 5-5　焊接 H 型钢经校正后偏差精度

项　　目	允许偏差	图　　例
翼缘垂直度 Δ_1 其他连接处 Δ_2	$\Delta_1 \leqslant 1.5$ $1.5b/100$,且 $\leqslant 5.0$	(a)　　　　(b)

9. 型钢钢构件的边缘加工

（1）焊接型钢边缘加工。从钢结构加工制作工艺角度看，焊接 H 型钢边缘加工方法包括很多种，如采取气割切割，带锯床切割锯断等方法；综合以上几点并结合我公司多年对类似工程加工所积累的制作经验，推荐本工程除斜梁、人字梁外边缘加工主要采用带锯床切割（图 5-27），确保工程加工质量。

图 5-27　带锯床

（2）端面割锯加工精度公差检验要求，如表 5-6 所示。

表 5-6　端面割锯加工精度

项　　目	允许偏差/mm	项　　目	允许偏差/mm
构件长度	±2.0	平面对轴线的垂直度	$L/1500$
两端面平面度	3.0		

10. 表面处理及涂装

钢构件整体焊接校正完毕后，需要整体抛丸和手工动力打磨。图 5-28 所示为通过式抛丸清理机，可以将焊接飞溅和钢板表面氧化皮全部处理掉，并将粗糙度控制在 $50\sim80\mu m$，表面清洁度达到 Sa2.5 级，即无明显可见的影响涂装因素，涂装时温度控制在 $5\sim38℃$，湿度≤85%。要求表面处理后 5h 内必须做上第一遍底漆，后续油漆严格按照厂家说明书规定的涂装间隔进行施工，同时喷涂时要垂直待涂覆面，距离不宜超过 400mm。同时注意摩擦面的防护。

图 5-28　抛丸清理机清理钢构件

为保证涂刷质量,需要注意以下几点:

(1) 使用设计要求的涂料品种,采购合格的产品,涂料必须附有产品质量保证书,并按业主及有关规范要求抽样复检。

(2) 认真施工,保证涂层厚度和涂刷质量。本工程中涂装采用高压无气喷涂和手工涂刷2种方法。刷油过程中严格按涂料使用说明书进行施工,并注意:①构件刷油4h内严防淋雨,涂装工作尽量在厂房内进行。②高强螺栓连接板摩擦面抗滑移系数,Q345之间为0.5。摩擦面严禁油污且不得涂漆,以安装前生浮锈为宜。③涂装场地环境温度、相对湿度必须符合涂料产品说明书的要求和其他相关规定,构件表面有结露时不得涂装。④涂膜干燥前应防止雨水、灰尘、垃圾等污染。⑤涂装表面应均匀,无明显起皱、流挂,附着性良好。

11. 焊接质量保证措施

1) 焊工

为保证本工程的焊接质量,本公司抽调施工过同类工程有着丰富焊接经验的技术尖子(具有相应资质的合格证书)作为本工程焊接的主力,正式焊接前按有关规定进行焊工附加保障考试,同时取得有关部门认可后方可持证上岗,从而为保证良好的焊接质量提供有力保障。

2) 焊接技术人员

焊接技术人员必须熟悉企业产品相关的焊接标准及有关法规,焊接技术人员主要负责下列任务:

(1) 负责产品设计的焊接工艺性审查,制订工艺规程(必要时通过工艺评定试验)指导生产实践。

(2) 熟悉本公司所涉及的各类钢材标准和常用钢材的焊接工艺要求。

(3) 选择合乎要求的焊接设备及夹具。

(4) 选择适用的焊接材料以及焊接方法并使之与母材相互匹配。

(5) 监督和提出焊接材料的储存条件和方法。

(6) 提出焊前准备及焊后处理要求。

(7) 厂内培训及考核焊工。

(8) 按设计要求规定有关的检验范围、检验方法。

(9) 对焊接产品的缺陷进行判断,分析其性质和产生原因,并作出技术处理意见。

(10) 监督焊工操作质量,对一切违反焊接工艺规程要求的操作有权提出一切必要的处理措施。钢结构焊接的全过程均应在焊接责任工程师的指导下进行。

3) 检查人员

包括无损检验人员及焊接质量检查人员等。无损检验人员应持有与产品类别相适应的探伤方法的等级合格证。

4) 焊接坡口

焊接坡口应根据图纸要求和工艺条件选用标准坡口或自行设计。选择坡口形式和尺寸应考虑下列因素:

(1) 焊接方法。

(2) 焊缝填充金属尽量少。

(3) 避免产生缺陷。

（4）减少残余焊接变形与应力。

（5）焊工操作方便。

（6）制造厂应按有关技术标准的规定对采购的焊接材料进行验收。

（7）焊接材料应存放在通风干燥、适温的仓库内,不同类别焊材应分别堆放。存放时间超过一年者,其工艺及机械性能原则上应进行复验。

（8）焊接材料使用前应仔细检查,凡发现有药皮脱落、污损、变质、吸湿、结块和生锈的焊条、焊丝、焊剂等焊接材料不得使用。

（9）焊条、焊剂使用前应按技术说明书规定的烘焙时间进行烘焙,然后转入保温。低氢型焊条经烘焙后使用时放入保温桶内随用随取。

（10）母材的清理。母材的焊接坡口及两侧 $30\sim50$mm 范围内,在焊前必须彻底清除气割氧化皮、熔渣、锈、油、涂料、灰尘、水分等影响焊接质量的杂质。

（11）焊前检查。施焊前,焊工应复查工件的坡口尺寸和接头的组装质量及焊接区域的清理情况,如不符合要求,应修整合格后方允许施焊。正式焊接开始前或正式焊接中,发现定位焊有裂纹,应彻底清除定位焊后,再进行正式焊接。

5）焊接施工

（1）引弧时由于电弧对母材的加热不足,应在操作上注意防止产生熔合不良、弧坑裂缝、气孔和夹渣等缺陷的发生,另外,不得在非焊接区域的母材上引弧和防止电弧击痕。

（2）当电弧因故中断或焊缝终端收弧时,应防止发生弧坑裂纹,特别是采用气体保护焊时,更应避免发生弧坑裂纹,一旦出现裂纹,必须彻底清除后方可继续焊接。无论采用何种焊接方法,焊缝终端的弧坑必须填满。

（3）对接接头一般是熔透接头,按规范要求进行;其余除贴角焊缝或无法放置的接头外均应装焊引弧板和熄弧板,其材料及接头原则上应与母材相同,其尺寸为:手工电弧焊、气保焊——$t\times30\times50$;埋弧自动焊——$t\times50\times100$;焊后用气割割除,磨平割口。

6）焊接环境

当焊接环境出现下列任一情况时,需采取有效防护措施,否则禁止施焊:

（1）环境温度低于 $-18℃$ 时。

（2）被焊接面处于潮湿状态,或暴露在雨、雪和高风速条件下。

（3）采用手工电弧焊作业（风速 >8m/s）和气体保护焊（风速 >2m/s）作业时,未设置防风棚或采取措施。

（4）焊接操作人员处于恶劣条件下。

（5）相对湿度 $>90\%$。

（6）雨雪环境。

7）焊缝清理及处理

（1）多层和多道焊时,在焊接过程中应清除焊道或焊层间的焊渣、夹渣、氧化物等,可采用砂轮、凿子及钢丝刷等工具进行清理。

（2）在焊接全熔透的对接焊缝时,反面开始焊接前,应采用碳刨清根至正面完整焊缝金属为止,清理部分的深度不得大于该部分宽度。

（3）每一焊道熔敷金属的深度或熔敷的最大宽度不应超过焊道表面宽度。

（4）同一焊缝应连续施焊,一次完成;不能一次完成的焊缝,应注意焊后的缓冷和重新焊接前的预热。

（5）加筋板、连接板的端部焊接应采用不间断包角焊，引弧和熄弧点位置应距端部＞100mm，弧坑应填满。

（6）焊接过程中，尽可能采用平焊位置或船形位置进行焊接。

8）工艺的选用

（1）不同板厚的接头焊接时，应按较厚板的要求选择焊接工艺。

（2）不同材质间的板接头焊接时，应按强度较高材料选用焊接工艺要求。

9）变形的控制

（1）下料、装配时，根据制造工艺要求，预留焊接收缩余量，预置焊接反变形。

（2）装配前，校正每一构件的变形，保证装配符合装配公差表的要求。

（3）使用必要的装配和焊接胎架、工装夹具、工艺隔板及撑杆。

（4）在同一构件上焊接时，应尽可能采用热量分散、对称分布及小线能量焊接的方式施焊。

10）焊后处理

（1）焊缝焊接完成后，清理焊缝表面的熔渣和金属飞溅物，焊工自行检查焊缝的外观质量；如不符合要求，应焊补或打磨，修补后的焊缝应光滑圆顺，不影响原焊缝的外观质量要求。

（2）对于重要构件或重要节点焊缝，焊工自行检查焊缝外观合格后，在焊缝附近打上焊工的钢印。

（3）焊缝同一部位的返修次数，不宜超过两次，超过两次时，必须经过焊接责任工程师及监理工程师核准后，方可按返修工艺进行。

11）焊缝形式

（1）所有钢板的纵向对接焊缝采用坡口全熔透焊缝。

（2）钢柱腹板与翼缘板之间的焊缝采用零间隙的角焊缝。

（3）全熔透焊缝如不设衬板，则必须反面清根。

（4）节点计算时全熔透焊缝自身的强度同材料本体，部分熔透焊缝按角焊缝计算。

12）焊缝质量等级分类

焊缝质量等级分类以设计总说明为依据。

13）超声波探伤范围比例（UT）

Ⅰ级焊缝100％；Ⅱ级焊缝20％；Ⅲ级焊缝外观检查。

14）探伤标准

（1）超声波探伤按《焊缝无损检测超声检测技术检测等级和评定》（GB 11345—2013）要求检验。

（2）低合金钢的无损探伤应在焊接完成24h后进行。

（3）局部探伤的焊缝，如发现存在不允许的缺陷时，应在缺陷的两端延伸探伤长度，增加的长度为该焊缝长度的10％，且不小于200mm，如仍发现有不允许的缺陷时，则应对该焊缝进行100％的探伤。

15）焊接缺陷的修复

（1）焊缝返修时应根据无损探伤确定的缺陷位置、深度，用砂轮打磨或碳弧气刨清除缺陷。缺陷为裂纹时，碳刨前应在裂纹两端钻止裂孔并清除裂纹及其两端各50mm长的焊缝或母材。

（2）焊缝尺寸不足、凹陷、咬边超标，应补焊。

（3）夹渣、气孔、未焊透，用碳刨刨除后补焊。

（4）焊缝过溢或焊瘤，用砂轮打磨或碳刨刨除。

（5）补焊应采用低氢焊条进行焊接，焊条直径≤4.0mm。

（6）因焊接而产生变形的构件，应采用机械方法或火焰加热法进行校正，低合金钢加热区的温度不应大于850℃，严禁用水进行急冷。

（7）清除缺陷时刨槽并修整表面、磨除气刨渗碳层，必要时用渗透探伤或磁粉探伤方法确定裂纹是否彻底清除。

（8）焊补时应在坡口内引弧，熄弧时应填满弧坑，多层焊的焊层之间接头应错开，焊缝长度应不小于100mm，当焊缝长度超过500mm时，应采用分段退焊法。

（9）返修部位应连续焊成。如中断焊接时，应采取后热、保温措施，防止产生裂纹。再次焊接前，应用磁粉或渗透探伤方法检查，确认无裂纹后方可继续补焊。

（10）对于返修焊缝，其预热温度应比相同条件下正常焊接的预热温度偏高50℃。

16）当采用碳弧气刨进行返修时的注意事项

（1）碳弧气刨必须经过培训合格后方可上岗操作。

（2）如发现"夹碳"，应在夹碳边缘5～10mm处重新气刨，深度要比夹碳处深2～3mm，"粘渣"时用砂轮打磨。

（3）露天操作时，应尽量沿顺风方向操作，必要时应采取有效的防风措施，在封闭环境操作时，应有通风措施。

17）焊接工艺评定

（1）焊接工作正式开始前，对工厂首次采用的钢材、焊接材料、焊接方法、焊接接头形式、焊后热处理等必须进行焊接工艺评定试验，对于原有的焊接工艺评定试验报告与新做的焊接工艺评定试验报告，其试验标准、内容及其结果均应在得到工程监理认可后才可进行正式焊接。

（2）提交认可的焊接工艺评定规程应包括：①焊接工艺方法；②钢材级别、钢厚及其应用范围；③坡口设计和加工要求；④焊道布置和焊接顺序；⑤焊接位置；⑥焊接材料的牌号，认可级别和规格；⑦焊接设备型号；⑧焊接参数（焊接电流、电弧电压和焊接速度等）；⑨预热、层间温度和焊后热处理及消除应力措施；⑩检验项目及试样尺寸和数量。

（3）力学性能测试合格后，编制试验报告，该报告除了在认可试验计划中已叙述的内容外，尚须作如下补充：①焊接试验及力学性能试验的日期和地点；②由监理工程师签过字的力学性能试验报告；③焊接接头的宏观或显微硬度测定；④试件全长的焊缝外形照片及超声波探伤报告；⑤母材及焊接材料的质量保证书；⑥力学性能测试后的试样外观照片；⑦焊接工艺评定试验的结果应作为焊接工艺编制的依据。

（4）焊接工艺评定应按国家规定的《钢结构焊接规范》（GB 50661—2011）及相关标准的规定进行。

18）焊工培训

按照《钢结构焊接规范》（GB 50661—2011）第9章"焊工考试"的规定，对焊工进行复训与考核。只有取得合格证的焊工才能安排进入现场施焊。如持证焊工连续中断焊接6个月以上者或持证已超过3年，而在有效期内，焊接质量未保持优良焊工，需重新考核上岗。焊工考试需严格按照规范进行。

针对本工程的H型钢焊接接头的特点，需对以下焊接接头及人员进行专门提高性培

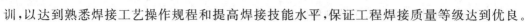
训,以达到熟悉焊接工艺操作规程和提高焊接技能水平,保证工程焊接质量等级达到优良。

培训内容如下:①Q345B钢板全焊透焊缝的对接、水平角焊。②Q345B钢板全熔透角接横焊、立焊。

12.通病预防控制措施

加工过程中,为防止出现一些质量通病,为进一步提高产品加工质量,特制定质量通病预防控制措施,如表5-7所示。

表5-7 质量通病预防控制措施

控制内容	现 象	产 生 原 因	预 防 措 施
制作	表面气孔	1. 焊条、焊剂受潮。 2. 焊丝生锈。 3. 焊接区域有油污	1. 严格执行焊条,焊剂烘干工艺,并派专人检查。 2. 严禁使用生锈的焊丝和无合格证的焊丝。 3. 焊接前清除焊接区域及其两侧50mm范围内铁锈、油污等杂物。 4. 清除熔渣时不得使用任何溶剂,难以清除时可用风铲
	夹渣	1. 多道焊时,前一道焊缝的熔渣清除不彻底。 2. 全熔透焊时,反面未清根或清根不彻底	1. 焊接过程中及时,彻底清除熔渣。 2. 清根时应至少铲除掉根部焊缝的1/2且应无可见缺陷
	飞溅	1. 焊条的固有性质。 2. 焊条、焊剂受潮	1. 按工艺要求严格执行焙烘制度。 2. 焊后自检,用磨光机进行彻底打磨
	咬边	1. 焊接电流偏大,小车行走速度偏快。 2. 手工电弧焊时施焊角度不合理	1. 严格按焊接参数卡执行如$K=6$时两遍成形,$K=8$时三遍成形。 2. 加强职工培训
	根部未熔合	1. 坡口角度偏小。 2. 焊接参数不当。 3. 焊丝、焊条位置不正确	1. 开切坡口时取公差的正偏差,且应进行检查。 2. 严格按焊接工艺执行。 3. 焊丝、焊条打底焊时应居中,使之位于坡口中心。 4. 尽量采用船形焊
	弧坑	1. 收弧速度偏快。 2. 更换焊丝、焊条后搭接不合理	1. 收弧时须运用合理的手法与停留时间。 2. 焊缝中重新起弧时,手工焊宜搭接10mm以上,埋弧焊宜搭接25mm以上
	端部缺陷	1. 引熄弧板设置不当。 2. 引熄弧焊缝过短	1. 手工焊引熄弧板长度>50mm,埋弧焊引熄弧板长度>150mm。 2. 手工焊引熄弧焊缝>30mm,埋弧引熄焊缝>80mm。 3. 切除引熄弧板后及时进行补焊打磨
	电弧擦伤	1. 在母材上引弧。 2. 手工焊暂停时焊把放置不当	1. 严禁在焊缝区以外的区域引弧。 2. 焊接完毕,暂停,焊把必须放置在规定位置

续表

控制内容	现 象	产 生 原 因	预 防 措 施
制作	孔边毛刺	清理不彻底	1. 加强职工责任心教育。 2. 上下工序进行交接,下道工序作业人员发现毛刺时不接收
	切割边豁口	1. 割枪喷嘴内有异物。 2. 气体纯度不足	1. 及时清理,更换割嘴。 2. 气体纯度、压力须符合要求
	构件碰伤	1. 构件吊放时重心倾斜。 2. 构件摆放不合理	1. 采用专用吊具,标明构件重心。 2. 按要求摆放,不得随意堆放
	焊疤	拆除夹具后清理不彻底	1. 拆除焊在构件上的夹具必须用气割。 2. 气割后用磨光机打磨平整

5.4 施工组织设计与安装

5.4.1 管理目标

（1）质量目标：工程确保一次验收合格。

（2）安全目标：消灭责任死亡事故；消灭责任火灾事故；消灭责任机械事故；消灭责任重伤以上事故；责任轻伤事故率控制在1‰以下。

（3）文明施工目标：严格按照沈阳市关于建筑工程施工管理的各项规定执行,加强施工组织和现场安全文明施工管理,达到市级文明工地标准。

（4）环境目标：施工噪声污染控制达标率100%；固体废弃物排放控制达标率100%。长明灯、长流水控制率100%,材料利用率控制在95%以上。

（5）职业健康安全目标：劳动保护用品按标准配置,按时发放率100%；炊事人员持身体健康证上岗率100%。

5.4.2 施工总体部署

1. 我公司拟组织4支施工队伍施工

为保证工期,我公司制定了针对项目现场的施工保证措施。周边小区设立工人宿舍,充分保障工人休息。由于工期较紧,联合体各公司自行组织施工队伍,统一协调施工,确保连续施工以保证工期。

2. 施工资源部署

本工程选用 8 个施工队伍。脚手架采用钢管脚手架。

3. 施工流水段的划分

主体结构施工划分为一个施工区，区内组织流水施工。

4. 项目部施工管理组织体系（图 5-29）

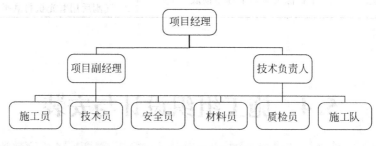

图 5-29　项目部组织结构

5. 项目主要部门及管理人员职责

（1）项目经理职责：项目经理受企业法人委托，对公司总部直接负责，代表企业全面负责履行施工承包合同，负责项目与总部及业主的关系协调，负责施工所需人、财、物的组织管理与控制。

（2）项目副经理职责：对项目经理负责，具体负责施工现场的施工组织和协调管理，对工期、质量、安全、文明施工及成本目标进行控制，主管工程部的日常工作。

（3）技术负责人职责：分管技术质量部，负责处理技术上与监理、设计院、业主的日常事务与技术联系，组织有关人员学习施工图纸，组织图纸会审，组织施工组织设计、施工方案和各项技术交底的编制，负责技术管理、质量管理和档案管理。

（4）工程部职责：进行工程的施工管理，负责工程的施工及各专业管理，负责现场文明施工、安全生产和施工现场的组织管理，负责总进度计划、季、月、周的编制和落实，负责编制材料和机具设备使用计划，落实安全措施，确保安全生产。

（5）安全环境管理部：执行公司及地方有关规章制度，结合工程特点制定安全活动计划，做好安全宣传工作。贯彻安全生产法规标准，组织实施检查，督促各分包的月、周、日安全活动，并落实记录与否，负责现场安全保护、文明施工的预控等安全环境管理工作。

（6）技术质量部职责：负责技术和质量管理工作，主要包括组织图纸学习和会审，施工方案编制，技术交底，新技术应用和培训、测量、计量和试验检验、微机管理、工程的技术复核、隐蔽验收、质量计划、质量预控、质量检验与评定、施工技术档案等。

（7）物资设备部职责：根据工程部门提出的要求，负责材料设备和工具的计划、采购、供应和管理工作。

5.4.3 工程进度计划与措施

根据本工程的实际情况,本工程开工日期计划为 2014 年 5 月 20 日,主体建筑竣工日期为 2014 年 9 月 20 日,附属配套工程在 240d 内完成。

从劳动力安排上、拆除施工上以及从各种保证体系上进行控制。我公司组成强有力的项目部班子,对各个施工队进行有效管理,分工明确。

1. 施工计划保证体系

建立完善的计划保证体系是掌握施工管理主动权、控制施工生产局面,保证工程进度的关键一环。本项目的计划体系将以日、周、月、计划构成工期计划为主线,并由此派生出设计进度计划、承包商、供货商招标计划和进场计划、技术保障计划、商务保障计划、物资供应计划、质量检验与控制计划、安全防护计划及后勤保障一系列计划,在各项工作中做到未雨绸缪,并根据实际情况,适时进行调整、纠偏,使进度计划管理形成层次分明、深入全面、动态跟踪、行之有效、贯彻始终制度。本工程采用以下计划体系(图 5-30)。

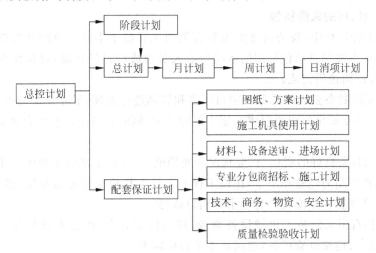

图 5-30 施工计划体系

为实现各个目标,采取四级计划进行工程进度的安排和控制,除每周与工程相关各方的工作例会外,下班后召开各分包的日计划检查和计划安排碰头会,以解决当日计划落实过程中存在的矛盾问题并且安排第二日的计划和所调整的计划,以保证周计划的完成,通过周计划的完成保证月计划的完成,通过月计划的控制保证整体进度计划的实现。

2. 施工配套保证计划

此计划是完成专业工程计划与总控计划的关键,牵涉到参与本工程的各个方面,我公司中标后将提供以下配套保证计划:

(1)图纸计划要求设计单位提供的分项工程施工所必需的图纸的最近期限,这些图纸主要包括：结构施工图、建筑施工图等。

（2）方案计划要求拟编制的施工组织设计或施工方案的最迟提供期限。"方案先行、样板引路"是保证工期和质量的法宝，通过方案和样板制订出合理的工序，有效的施工方法和质量控制标准。在进场后，我们将编制各专业的系列化方案计划，与工程施工进度配套。

（3）分供方和专业承包商计划要求的是在分项工程开工前所必须的供应商、专业分包商合约最近签订期限和进场时间。在此计划中充分体现对分供方和专业分包商的发标、资质审查、考察、报审和合同签订期限和进场时间要求。在进场后，我们将编制各分供方和专业承包商计划，与工程施工进度配套。

（4）设备、材料进场计划及大型施工机械进出场计划要求的是分项工程所必须使用的设备材料进场计划以及施工、机械设备的最近进出场期限。为保证对起重机以及部分临建设施等制定出最近退场或拆除期限。为保证此项计划，进场后应编制细致可行的退场拆除方案，为现场创造良好的场地条件。

（5）质量检验验收计划。分部分项工程验收是保证下一分部分项工程尽早插入的关键，本工程由于工期紧，分部分项验收必须及时，结构验收必须分段进行。此项验收计划需业主和业主代表、监理方、设计方和质量监督部门密切配合。我局会协调好检测中心、质检站等各政府部门，取保主体结构提前验收，为下一步装饰工程（抹灰）提前插入创造作业面。

3. 人、财、机、料的保障措施

（1）在本工程运作中，我公司将委派具有类似工程施工丰富经验的并有较强组织能力的项目经理和从事项目总承包管理的各类专业人员组成项目经理部，对操作层实行穿透性管理，保证工程按期按质完成。

（2）我公司除具备强大的总部对项目实施和管理进行支撑、服务和控制外，还具有门类齐全、实力强大的专业化公司所形成的施工保障能力，同时具备组装和组合社会优良资源的经验和能力。

（3）我公司具备良好的资信、资金状况和履约能力，具备丰富的工程项目策划、管理、组织、协调、实施和控制的经验和水平，在该工程上不折不扣地实行专款专用，多年来，我公司所形成的项目管理和运作模式广为业主和用户认可。

（4）我们拥有强大的施工机械设备资源，包括门类齐全、性能先进的各类施工机械设备、测量仪器设备、检验试验设备，能满足本工程的需要。

（5）我们拥有一大批长期合作的合格材料供应商，可以从中优选出满足该工程需要的材料供应商，按期提供可靠的工程材料。

4. 技术工艺措施

（1）编制有针对性的施工组织设计、施工方案和技术交底。"方案先行，样板引路"是我公司施工管理的特色，本工程将按照方案编制计划，制定详细的、有针对性和可操作性的施工方案，从而实现在管理层和操作层对施工工艺、质量标准的熟悉和掌握，使工程施工有条不紊地按期保质完成。施工方案覆盖面要全面，内容要详细，配以图表，图文并茂，做到生动、形象，调动操作层学习施工方案的积极性。

（2）提前进行起重机的准备，拆除施工时开始利用汽车式起重机，以提高功效。

（3）计算机项目管理信息系统实现资源共享。

我公司将全面采用《建筑工程施工项目管理信息系统》（简称 MIS 系统），以项目区域计算机网络为基础，建立项目管理信息网络，通过 MIS 系统，实现高效、迅速并且条理清晰的信息沟通和传递。MIS 信息系统不是众多信息堆积的载体，而是理顺信息流通的渠道，是提供项目决策依据的信息服务器，因此，MIS 系统可以为项目管理领导者提供丰富的决策依据，使项目管理领导者快速、准确、果断地进行决策。系统中的《过程管理》《技术资料管理》等一系列功能模块，可做到控制工序质量，实现过程质量的可追溯性，从而进一步理顺管理思路、协调专业职责关系。

5.4.4　总平面布置

本工程要按时保质完成施工任务，合理地进行平面布置和组织，严密科学的平面管理是一项十分重要的工作。

根据我公司实地踏勘和业主的要求，考虑现场进行如下平面布置，沿业主提供的红线设置一道临时围墙，沿南、东两侧围墙分别布置现场办公室、材料仓库、电工房、机修车间、食堂、宿舍和厕所。在基坑周边空地上布置钢筋车间及堆场、木制车间及堆场、搅拌机、砂石堆场（详情见总平面布置图 5-31）。

5.4.5　资源配备计划

1. 施工现场准备

（1）在现有施工条件下，场地做到"三通一平"，平整场地，使自然地坪接近建筑室外标高，并规划好施工通道，采用推土机将现场道路推平，素土夯实。采用钢围挡将施工现场围起。

（2）施工用水方案：施工用水从业主提供的水源处按施工现场用水量做好临时用水管线，临时用水管线应埋入地下。给水主管线选取直径为 100mm、支管线选取直径为 50mm 的镀锌管材。

（3）工地临时供电方案。①由业主提供电源，现场设置变电所或设置配电总箱，每施工段设置一个配电分箱。②用电负荷计算：根据现场施工机械估算全部动力设备总功率均为：$\sum P = 66.88\text{kW}$，选系数 $K = 0.7$，$\cos \phi = 0.75$，动力用电容量即为：$P_动 = K = 61.88\text{kW}$，再加 10% 的照明用电，算出施工用电总量为：$P = 1.10 \times P_动 = 68.08\text{kW}$ 施工动力用电需三相 380V 电源，照明需单相 220V 电源，业主提供 1 台 315 型三相降压变压器。③施工现场临时配电系统采用"TN-S"接零保护系统，在变压器输出端设总配电箱，在变电所输出端设配电箱，在施工机械附近设分配电箱和控制箱。在配电设备中都设有空气自动断路器和漏电保护器。工地配电干线和移动设备的电源支线均采用橡胶绝缘软电缆。照明支线采用 BVV 型护套线。施工用动力电为 380V，一般照明电源电压为 220V，潮湿场所照

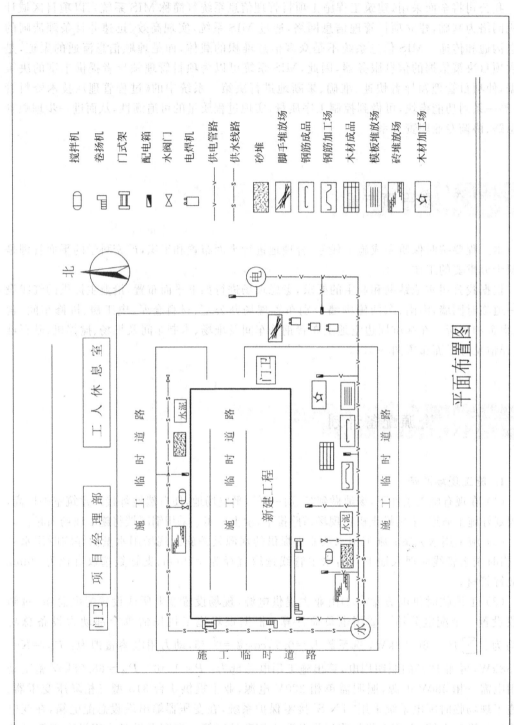

图 5-31 施工总平面布置图

明电源采用36V安全变压器供电。用电设备的金属外壳均采用PE线保护接零。在总配电箱处电源零线应做好重复接地,其接地电阻应小于4Ω。

(4) 施工设施:①本工程材料堆放区及作业区均设置在现场内,具体位置详见施工现场平面布置图。②生产设施:钢筋在场内加工,模板采用木模板周转使用。③生活区设计:门卫、施工现场办公室、监理室、会议室等生活区均设置在现场。

2. 技术准备

(1) 组织工程技术人员认真审图,熟悉图纸,会同有关人员进行图纸会审及设计交底,将需变更设计的资料落实解决,确保工程按期顺利完成。

(2) 对工程中复杂的特殊环节、特殊部位需要特殊处理,要由施工人员和技术人员共同商讨,单独编制切实可行的单项技术、质量、安全措施。

3. 材料设备准备

(1) 根据本工程《拟投入的主要施工机械设备表》及《施工进度计划》,提前做好各种设备的检修与维护工作,保证设备进场完好程度,按时进场。起重设备进场安装、调试完毕后,需经具有合法资质的起重设备检验监测机构,检测合格后,报市建委安全站核准,下发准用证后方准使用。其他设备安装调试完毕后,由设备部门和使用单位联合验收,交付使用。

(2) 工程所用的经纬仪、水准仪在调入现场前,必须经计量部门检验,并发放合格证后方可使用,在使用过程中定时检验调试,确保技术基础工作完善。

(3) 对自行供应的材料,提前组织进场,要有专门存放地点并标明型号。要有专人负责,严格进行进场检查。并按《辽宁省竣工技术档案编制办法》中的要求进行宏观检查,合格后在监理工程师的见证下取样,进行送法定实验室进行复试,复试合格后方准使用(详情见表5-8~表5-9)。

表5-8 拟投入的主要施工机械设备表

序号	机械或设备名称	型号规格	数量/台	国别产地	制造年份	额定功率/kW	生产能力
1	钢筋切断机	GJ-40	2	河南新乡	2010年	7.5	15t
2	钢筋煨弯机	GJT-40B	2	安徽合肥	2011年	3	10t
3	调直机	GT6/8	2	安徽合肥	2010年	4.5	2.5t
4	电焊机	BX3-300-2	4	中国上海	2012年	35.4	
5	电锯	MJ217ϕ500MN	2	中国沈阳	2012年	7	
6	振捣器(插入式)	HZ6X-50	4	中国沈阳	2012年	1.25	
7	振捣棒		10	中国沈阳	2012年		
8	无齿锯		2	中国沈阳	2012年		
9	混凝土搅拌机	JZC350	1	辽宁阜新	2012年	9.35	0.25m³/罐
10	水泵	ZBA-9	2	中国沈阳	2012年	2.2	
11	振动夯土机	HW-20	2	中国沈阳	2012年	1.1	
12	卷扬机		1	中国沈阳	2012年		
13	挖掘机		1	中国	2012年		1m³/铲
14	自卸汽车	太脱拉	12	中国长春	2012年		15m³/车
15	经纬仪	J6	2	中国西安	2012年		
16	水准仪	S3	3	中国无锡	2012年		

表 5-9　检查测量器具

序号	器 具 名 称	数量/只	备　注
1	水准仪	3	要求定期校定
2	经纬仪	2	要求定期校定
3	钢盘尺(50m)	2	要求校定
4	钢卷尺(5m)	3	要求校定
5	直尺(1m)	2	要求校定
6	直尺(2m)	2	要求校定
7	弯尺(800)	2	要求校定
8	铁水平尺(500mm)	4	要求定期校定
9	塔尺	1	要求校定
10	氧气表(0~2.5MPa)	2	要求定期校定
11	乙炔表(0~0.25MPa)	2	要求定期校定
12	电焊机电流表	5	要求定期校定
13	电焊机电压表	5	要求定期校定

4. 劳动力准备

项目经理根据施工进度和实际工程量确定工人的进场时间和数量,工人进场后,做好技术、质量、安全交底,对特殊工种和新技术工种要进行技术培训,经考试合格方准上岗操作。见表 5-10。

表 5-10　主要劳动力计划表　　　　　　　人

工种	基础工程	主体工程	屋面工程	装饰工程	进场时间
木工	40	50	0	0	
钢筋工	20	30	0	0	
水泥工	10	15	0	0	
架子工	10	20	15	30	
水暖工	5	10	0	10	
电工	10	10	15	10	
油工	0	0	0	10	
抹灰工	0	0	10	30	
防水工	0	0	15	10	
瓦工	10	30	0	10	
电焊工	5	10	0	10	
机械工	2	6	6	10	
力工	20	30	10	30	
合计	122	191	81	200	

5.4.6 钢构件运输

本工程难点在于钢柱、钢梁运输中的防变形及倾覆。长度约 12m 的钢构件立放于板车上,柱子下部用枕木垫好,在车尾设置一道马凳,保证柱身的稳定,防止变形。柱与柱之间用木垫块间隔,每隔约 6m 设置 1 件,以防钢柱运输过程中倾覆。最后用 φ12 钢丝绳缠绕钢柱与车板下卡点上,然后用手拉葫芦与车身锁具锁死。

进场的钢构件按照总包现场道路图进行行走,钢构件堆放采取按照轴线编号及构件编号对照,按照对应位置堆放在基础附近。

5.4.7 钢结构测量

(1)基础轴线测量,采用 50m 钢卷尺进行轴线测量,画出测量平面图与施工图进行比较,若轴线偏差在 5mm 内为合格,若轴线偏差超出 5mm 为不合格,需报监理单位进行审核并确定整改措施、备案与施工图具有同等效力指导施工。

(2)锚栓基础测量中轴线测量同上,锚栓测量在满足设计标高的同时需满足外露螺栓能安装在柱脚上部 2 个地脚螺母并且剩余丝扣 3~5 扣为宜。

5.4.8 钢结构现场安装

1. 吊装施工特点

施工阶段的吊装方案的确定和工程的具体实施都有相当的难度。因此,合理利用施工场地,选择好吊装方案和吊装顺序是本组织设计主要解决的问题之一。

2. 吊装方案的选择和起重设备的配置

(1)为保证吊装工作按期实施,采取构件制作、与现场准备同期实施、构件运输与结构吊装同步进行的施工方法。原则上,当天运输的构件当天吊装,减少构件现场堆放,使吊装机械充分利用作业平面,提高吊装作业速度。

(2)吊装方案的选择。根据本工程主体钢结构的构造特征、场地条件、安装的难易程度、工程总量和工程工期,安排 2 台 25t 起重机(图 5-32),2 台 8t 起重机,按 2 条流水线分别从中间轴向两边开始钢结构吊装,2 台起重机一起完成钢结构吊装任务后共同退场。吊装以每榀为单位进行吊装、紧固、焊接。

吊装前必须对所有构件外观几何尺寸及形位偏差进行复核,尤其是对高强螺栓连接的

图 5-32　25t 汽车式起重机

摩擦部位要注意细致检查，严禁油污泥土的污染，保持端面清洁干净，接头板附件准备齐全配套（按编号排序）检查是否有上曲变形，板孔边加工毛刺必须处理干净，摩擦板面之间须保证严密配合。

在紧固焊接前必须复核空间结构几何尺寸，安装的高强螺栓应在当日终拧完毕，并及时记录和反馈各结构部位偏差情况。根据偏差情况，采取相应调整措施，待每个空间单元（18m×18m）几何尺寸合格后，方能进行下一空间单元钢构件吊装，以避免因累积误差而超标的情况出现。

（3）起重设备的配置。依据厂房构件吊装高度和结构单件质量的要求，为确保本工程按期完成，并结合我公司吊装综合实力组成强有力的吊装机组。各机组协调配合，确保吊装作业按质按量顺利进行。选用 25t 汽车式起重机 2 台共同完成各作业区的吊装任务。

选用国产 8t 汽车式起重机 1 台，配以检测合格的安全吊篮作为施工人员作业平台，1 台 8t 汽车式起重机配合 1 台 25t 汽车式起重机进行吊装作业，共计 2 个机组。各机组协调配合，确保吊装作业按质按量顺利进行。

3. 吊装顺序

吊装顺序为先安装钢柱，接着安装与钢柱配套的支撑体系，然后安装屋面钢梁以及与钢梁配套的支撑体系，具体安装顺序详见图 5-33。

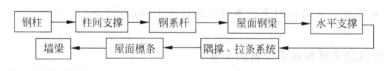

图 5-33　钢结构吊装顺序

4. 钢柱安装

（1）使用设备：25t 汽车式起重机 2 台。

（2）安装方法：①钢柱安装采用吊具结合，采用 ϕ16mm 钢丝绳绑扎。②起吊时，起重机的起重臂边起钩边回转，柱顶随着起重钩的运动而运动，柱脚的位置在钢柱的旋转过程中是不移动的；当钢柱由水平转为垂直后，起重机将钢柱吊离地面，旋转至其对应的基础表面,对准基础锚栓就位,调整平面位置及垂直度等控制参数。③钢柱的标高和轴线垂直度的校正:钢柱的标高在基础表面找平时应准确,依靠调整落幕进行调整。轴线位置的校正用锤击柱底及楔铁挤动的办法来完成;垂直度的校正,先用钢水平尺对柱进行初步调整,再在柱子基本固定后,用两台J2经纬仪从柱子的两个相邻侧面同时观测,依靠调整螺母及楔铁进行调整。柱调正后,将调整螺母及垫片与钢柱焊接。④柱子安装顺序从带有柱间支撑的轴线开始同时向两个方向推进。⑤钢柱安装校正后,应及时安装钢梁,当长时间无法安装钢梁时,应用4根 ϕ16mm 钢丝绳将柱向4个方向拉正绷紧,防止倾倒,如图5-34所示。⑥钢柱安装允许偏差:标高3~5mm;轴线垂直度 $H/1000$;同一层柱顶标高5.0mm。

5.钢梁安装

(1) 安装顺序:现场安装分两个单元进行,如图5-35所示。

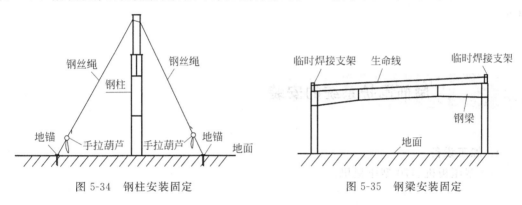

图 5-34 钢柱安装固定　　　　　　图 5-35 钢梁安装固定

(2) 钢梁安装设备为25t起重机2台,8t起重机2台,1000N·M扭矩扳手两把。

(3) 安装方法:①每根梁在地面拼接好,终拧完成。②分别用2台25t起重机平衡将钢梁吊至空中,与钢柱拼接。③起吊时,在钢梁两端各挂一只吊篮,安装工具及人员在吊篮内随钢梁一起升至空中。④当钢梁吊至空中与柱对接时,应先将一端落下,对准柱连接板与梁连接孔,用钢钎定位,穿好所有连接螺栓,但不能拧紧,然后再对准另一柱连接板,待螺栓穿入后,两端同时拧紧,当一端对接时,另一端亦应尽量靠近安装线。⑤钢梁起吊时,在钢梁每端系好两根控制绳,在起重机起吊时,每根绳同时拉紧钢梁,防止钢梁游动。⑥钢梁、钢柱连接螺栓必须安装就位后终拧。⑦主钢梁吊装前,所有钢系杆应安装完。⑧高强螺栓的终拧要在初拧完成48h内完成。钢梁安装的同时需要在其上设置生命线,用于高空作业时悬挂安全带。⑨扭矩值按下式计算:

$$T = KPd$$

式中,T——扭矩值,N·m;

　　K——扭矩系数(螺栓检测报告提供);

　　P——螺柱预拉力值,kN(螺栓检测报告提供);

　　d——螺栓直径,mm(见图纸)。

⑩ 钢梁安装后需检测如下项目:跨中垂直度,允许偏差为 $h/250$ 且≤15mm;侧弯曲矢高 1/1000 且≤10mm;主体结构的整体平面弯曲 $L/1500$ 且≤25mm;连接板间隙≤0.8mm用塞尺检测。

6. 附件安装

（1）附件安装主要包括：①水平支撑安装、柱间支撑安装；②钢系杆安装。

（2）水平支撑：安装主要以人工吊到钢梁腹板对应预制孔外，分三点吊起，即两端及中部，两端人员坐于主钢梁上，中间人员将跳板铺在檩条上固定，人员坐于其上进行吊装，水平支撑安装应在刚系杆安装完成后进行，否则无法拧紧，水平支撑采用花篮螺栓结构形式，双头螺栓两端采用半圆垫板、平垫圈及双螺母。

（3）钢系杆两端用 2 个 M16 螺栓拧紧，其安装分为 2 种：一种钢系杆与柱连接，在柱调正后进行；另一种钢系杆与梁连接，应在梁安装的同时进行安装，起到支撑作用，使每个架梁都成为一个稳定体系。

（4）柱间支撑安装采用 1 台 8t 汽车式起重机安装，主体在地面拼接完成，用起重机整体吊装。

5.4.9　屋面围护系统的安装

1. 加工设备

900 型压板机、470 型压板机。

2. 板材加工前的准备

（1）设备准备：调整压型机的辊间隙、水平度和中线位置；检查电源情况；擦净辊上的油污，以免过程中沾污装修漆面的外观。检查长度测量仪器或工具是否准确。在工地加工时应注意将设备放置在坚固平整场地上，并应有遮雨措施。调整好压型机后应经过试压，试压后测量产品是否达到《建筑用压型钢板》(GB/T 12755—2008)规定后才能成批生产。

（2）加工文件的准备：加工前应具备加工清单。加工清单中注明板型、厚度、板长、块数、色彩及色彩所在的正面与反面，需斜切时应注明斜切的角度或始末点的距离。当几块板连在一起压型时应说明连压的每块长度和总长度。

（3）堆放场地的准备：场地应选择平整、周围无污物、不妨碍交通、不积水的地方。现场加工时应选择运输吊装方便的地方，准备好垫放压型钢板的方木等。

（4）彩色钢板原材料的准备：按加工彩色压型钢板的总面积计算彩色钢板的总质量，并准备 5% 左右的余量以备不足。彩色钢卷应放在干燥地方并有遮雨措施。检查每个钢卷的内标签货号、色彩号、厚度等是否相同，当每个卷有长度标记时应抄录下，并计算总长度，以核算总用长度。

3. 加工注意事项

（1）压型设备的选择宜选先成型后剪切的设备，以减少压型钢板的首末端喇叭口现象。当使用压前剪时应使用剪板机剪切，剪板机的刀刃需与钢板中心线垂直，以保证安装时不出现压型钢板的板边锯齿口排列现象。

（2）将彩色钢板卷装入开卷架时要用专用工具，以保证不损失钢卷外圈和内圈的几圈压型钢板边沿不被破坏。开卷架应与压型机辊道的中心线垂直。

（3）打开钢卷后应测量钢卷的实际宽度，并将宽度的正负偏差合理分配给压型钢板的两个边部。同时调整压型钢板的靠尺宽度以适应板的宽度。

（4）压型钢板宜选用贴膜的彩色钢板以保证压型钢板表面在压型、堆放、运输和安装时不受损伤。

（5）彩色钢板压型过程中要随时检查加工产品的质量情况，当发现钢板有漏涂、粘连和污染等情况时，应及时处理，以免造成损失。当发现压型钢板出现油漆剥落、裂纹等现象时应即刻停止生产，对压型钢板的质量产生原因进行追查。首先检查压型设备是否有问题，当机器问题被排除后，应追查到供货商直至生产厂家。

（6）压型中应先加工长尺板后加工短尺板，同一长度应一次顺序压完。

（7）从落料辊架上抬下压型板时应从板的两侧抬起，长板可由4,6人等搬运。

加工完的压型钢板要放在垫木上，垫木上最好铺放胶皮一类的衬垫，以保护第一块板材不受损伤。

（8）同一编号的压型钢板应叠放，不可混置，叠放的数量应与运输的包装要求相同，当板型不能重合堆放时，应在钢板间加放垫块，以免造成板材局部变形。在每一叠上应贴上板的编号、长度、数量、加工日期等标签。

4. 压型钢板的检查

（1）外观质量：经加工成型后的板内外表面不得有划出镀层的划痕和板面脏污。

（2）压型钢板的宽度允许偏差如表 5-11 所示。

表 5-11 板宽允许偏差   mm

截面高度/mm	材质	容许偏差		
		覆盖宽度	波距	波高
≤70	压型钢板	+2 −2	±2	±1.5
>70	压型钢板	+5 −2		±2

5. 屋面彩色压型钢板施工

（1）压型钢板安装顺序：先安装屋面保温层，再施工 VR 贴面，最后进行屋面上层板的铺装。

（2）施工方案：在该工程中，我公司将采用防水性能最佳的 470 型屋面板，引进最先进的设备，在该屋面板的咬口完成后，能达到 360°防水，是目前最先进的防水压型屋面板，能彻底解决屋面漏雨问题。

（1）470 型屋面板压制：为了节省工期，我公司采用将 470 型压板机放置在脚手架平台上作业，直接将屋面板推送至屋面，既提高了效率，又减少了屋面板垂直运输折损。

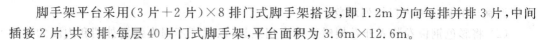

脚手架平台采用(3片+2片)×8排门式脚手架搭设,即1.2m方向每排并排3片,中间插接2片,共8排,每层40片门式脚手架,平台面积为3.6m×12.6m。

搭设要求:将脚手架下方地面平整、压实,并在调整地脚下方铺设跳板(混凝土地面可不用),用调整地脚将底层脚手架找平,在向上逐层搭设。相邻立杆用卡扣连接,在脚手架4面加设钢管剪刀撑,在每个长边方向架设4组钢管斜撑,并加设防侧滑扫地钢管。必要时,还需与墙面进行连接。平台上方跳板应满铺,标高应满足压板机出板口比檐口檩条上皮高400~700mm,屋面坡度大的,为防止折板,压板机也应适当找坡。

(2)支架安装:为使支架整齐上线,在屋面下层板安装完成后,在檩条上方开预制孔,且开孔时务必挂线。屋面板由于应力释放会产生胀尺,通常470型板按480mm开支架螺丝固定孔,支架通常采用M9.5×45螺钉(我们通常说的"胖钉")固定。

(3)玻璃丝棉毡铺设:①将钢结构用离心玻璃保温棉毡沿垂直于檩条方向展开,为提高保温性能,保证安装质量,建议本工程采用双层保温棉错缝铺设,50mm厚+50mm厚附铝箔贴面,将有贴面的一面朝向室内;②铺设玻璃棉卷毡时要保证对齐和张紧,将玻璃棉卷毡铺设于对过屋檐处并多留出20cm,用专用夹具或双面胶带将其固定在另外一坡屋脊檩条上;③下层两卷棉之间纵、横向连接时,通过在贴面飞边上用订书机装订的方法连接在一起;④安装顺序如图5-36所示。

图5-36 屋面玻璃丝棉施工

注意:①安装时保持玻璃棉卷毡的张紧、对齐、卷与卷之间的接缝紧密,纵向需要搭接时,搭接处应安排在檩条处;②玻璃丝棉毡贴面要朝下。天沟侧壁檩条、檐口檩条处要将棉塞满,否则易产生冷桥。③安装屋面上层板前要检查所有隅撑是否与檩条铰接固定,并确保屋面板波峰与每根檩条结合处都采用支架固定。④屋面板铺设要逆当地主导风向铺设。⑤屋脊处屋面板波谷处应用夹子扳起泛水边,防止风将水吹入屋脊。屋脊处屋面板的固定螺钉应打胶,檐口处建议用拉铆钉固定。女儿墙屋面泛水件、山墙屋面泛水件要从檐口向屋脊铺设,搭接量不宜小于100mm,且要在结合处压胶,与屋面板固定的拉铆钉要固定在屋面板波峰处。天沟上沿与屋面板结合处建议采用泡沫封堵压胶处理。⑥在屋面上方裁板时尽量用剪子,否则飞溅的铁屑易附着在屋面板表面而产生锈迹,很难清除。屋面上方的自攻螺钉、拉铆钉等金属件要及时清理,否则容易磨损屋面。

(4)屋面上层板安装危险预防:①预防屋面局部集中荷载。在向屋面上方运板时,要及时将板分散,同时尽量避免多人聚集在一处施工,防止集中荷载对屋面造成破坏;②防风。6级以上大风禁止压型钢板安装,堆放在屋面上方的棉、屋面板、压型件要做好防风措施,防止因风造成损坏;③防坠落。施工人员要穿软底胶鞋进行屋面施工,禁止施工人员踩踏屋面下层板。无下层板的,在檩条上开预制孔,安装支架时,应在檩条上方铺设跳板,且应设置生命线。咬口机在距离檐口 1m 时,要采用点触式向前咬口,以防止咬口机坠落。屋面预留洞口要用跳板或屋面板临时铺设;④防触电。屋面施工用电线要勤检查,防止电线外皮破损漏电。屋面上方有高压线通过的,要咨询专业人员,保证施工人员、构件与高压线的安全距离。

(5)采光板安装:我公司在本工程中拟采用 900 型和 940 型屋面采光板。①安装质量控制:整齐性。为使上下采光板对齐,在檩条上方开预制孔时宜从阳光板处向两边排尺。不同跨的施工队要做好沟通,确保同一空的采光板对齐;②屋面下层采光板通常随同屋面下层板一起铺设,从屋脊向檐口方向铺设。上层屋面板铺设完毕后,预留出采光板位置,上层采光板施工由檐口逐步向屋脊方向进行;③采光板与屋面板结合处波峰顶部应设置一道 $\phi20mm$ 泡沫棒,在采光板与屋面板结合处的峰谷中部压一道止水胶带。采光板在固定前,应先导孔,为防止热胀冷缩,孔径应比固定螺丝直径大 6~9mm。在固定采光板时,必须使用良好的泛水垫圈,使之介于固定螺丝与采光板之间,以便防水防尘,将泛水垫圈套入固定螺丝后,用手电钻锁入支架。采光板与屋面板固定时,建议采用防水拉铆钉,拉在波峰中部,间距不宜大于 500mm;④采光板之间,采光板与屋面板之间相互搭接时,搭接量不宜小于 200mm,并在搭接处压 2 道止水胶带。采光板施工时,严禁用脚直接踩在波峰上,以免造成采光板开裂。应在采光板横向位置铺设跳板,施工人员站在跳板上进行采光板导孔和固定螺丝工作。

5.4.10 墙面围护系统的安装

1. 墙面板安装
(1)外墙板应顺主风向方向搭接。
(2)保温玻璃棉随同外板同步铺设。

2. 泛水件、收边板的安装
泛水件和收边件的安装是整个围护系统安装的重要部分,直接影响到整个工程的质量和效果,所以应特别重视。

(1)纵向泛水件和盖板:①安装形式。盖板应在屋面板的底盘或波谷处有一向下弯的翻边,下弯深度同钢板外形相应。②固定方式。泛水板安装好以后,与屋面板的波峰用自攻螺钉固定。③搭接与密封。屋面纵向泛水板的搭接长度为 200mm,用拉铆钉固定搭接。

(2)横向泛水板和盖板:①安装方式。用于屋面的屋脊盖板,沿下边线有一加固的裂口,为保证防雨,可以切割裂口使其与波纹相配,同时在其下设置带双面胶带的塑料堵头,也可稍作修改,使其嵌入沟槽之中。②固定。横向泛水板一般用自攻螺钉固定在屋面板波峰上,可用自攻螺钉固定。③搭接与密封。横向泛水板和泛水板之间搭接长度为 200mm,并用拉铆钉将其固定。

思 考 题

1. H型钢的制作工艺流程主要有几步？
2. 描述工业建筑屋面保温系统和墙面保温系统的施工要领。

参 考 文 献

[1] 冶金工业部建筑研究总院.钢结构工程施工质量验收规范：GB 50205—2001[S].北京：中国计划出版社,2001.
[2] 中冶建筑研究总院有限公司.钢结构焊接规范：GB 50661—2011[S].北京：中国建筑工业出版社,2011.
[3] 中国建筑股份有限公司,中建钢构有限公司.钢结构工程施工规范：GB 50755—2012[S].北京：中国建筑工业出版社,2012.

第6章

装配式民用建筑设计与施工实例

本章导读：本章介绍了装配式钢结构民用建筑的特点、装配式钢结构民用建筑的构成及选型，随后通过具体的实例分别介绍了施工图设计、施工详图设计与制作、施工组织设计与安装。

本章重点：装配式钢结构民用建筑的施工安装工艺。

6.1 概 述

民用建筑包括居住建筑(住宅、宿舍、公寓)及公共建筑(办公楼、商场、展览馆、旅馆、教育建筑、体育建筑、影剧院、博物馆等)。装配式钢结构民用建筑将结构系统、外围护系统、设备与管线系统、内装系统集成，实现建筑功能完整、性能优良。装配式钢结构民用建筑遵循建筑全寿命期的可持续性原则，采取标准化设计、工厂化生产、装配化施工、一体化装修、信息化管理及智能化应用。

6.1.1 装配式钢结构民用建筑的特点

钢结构建筑具有安全、高效、绿色、节能减排、可循环利用的优势，具有便于实现标准化、部品化、工业化生产等特点。发展钢结构建筑是推进建筑业转型升级发展的有效路径。

钢结构与其他结构相比，在使用功能、设计、施工以及综合经济效益方面都具有优势，在民用建筑中应用钢结构的优势主要体现在以下几个方面：

（1）安全（提高建筑防灾减灾能力）。钢结构有较好的延性，在动力冲击荷载作用下能吸收较多的能量，可降低脆性破坏的危险程度，因此其抗震性能好，尤其在高烈度震区，使用钢结构更为有利。

（2）钢结构建筑产业化程度高，有利于推动我国建筑行业的现代化发展，促进生产力进步。产业生产关联度高，能够带动冶金、机械、建材以及其他相关行业的发展。

（3）建筑领域钢结构建筑是建设"资源节约型、环境友好型、循环经济、可持续发展社会"的有效载体，优良的钢结构建筑是"绿色建筑"的代表：

① 节能：钢结构部件及制品均轻质高强，建造过程大幅减少运输、吊装能源消耗。

② 节地：钢结构"轻质高强"的特点，易于实现高层建筑，可提高单位面积土地的使用效率。

③ 节水：钢结构建筑以现场装配化施工为主，建造过程中可大幅减少用水及污水排放，节水率80%以上。

④ 节材：钢结构高层建筑自重为 $900\sim1000kg/m^2$，传统混凝土为 $1500\sim1800kg/m^2$，其自重减轻约40%。可大幅减少水泥、沙石等资源消耗；降低地基及基础技术处理难度，同时减少地基处理及基础费用约30%。

⑤ 环保：装配化施工，降低施工现场噪声扰民、废水排放及粉尘污染，绿色建造，保护环境。

⑥ 主材回收与再循环利用：建筑拆除时，钢结构建筑主体结构材料回收率在90%以上，较传统建筑垃圾排放量减少约60%。并且钢材回收与再生利用可为国家作战略资源储备；同时减少建筑垃圾填埋对土地资源占用和垃圾中有害物质对地表及地下水源污染等（建筑垃圾约占全社会垃圾总量的40%）。

⑦ 低碳建造：实际统计，建造钢结构建筑 CO_2 排放量约为 $480kg/m^2$，较传统混凝土碳排放量 $740.6kg/m^2$ 降低35%以上。

装配式钢结构民用建筑具有强度高、质量轻、工期短、抗震性能好、工业化程度高等明显优势，是未来装配式建筑发展的理想载体。

6.1.2 装配式钢结构民用建筑的构成及选型

装配式钢结构民用建筑指由在工厂制造加工的钢构件作为基础结构构件，选用组合楼板或预制叠合楼板，并附加内、外墙板在现场完成组装的建筑结构，结构部分主要由主体结构体系、楼板结构体系、围护结构体系构成。

1. 主体结构体系

钢结构建筑主体结构体系选型，可根据实际情况选用。

（1）低、多层钢结构体系

① 3层以下：采用钢框架、轻钢龙骨（冷弯薄壁型钢）体系。

② 4～6层：采用钢框架结构体系。

③ 7～10层（28m以下）：采用钢框架或钢框架-支撑体系，优先采用交叉支撑。

（2）高层钢结构体系

① 钢框架-支撑结构体系。

② 筒体结构体系：框-筒、筒中筒、桁架筒体系、束筒体系等。鉴于国内建设量最多的为多、高层建筑，结构体系多采用框架体系、钢框架-支撑体系及框架-筒体结构体系。

（3）结构构件选型

结构构件（梁、柱、支撑）宜选用能高效利用截面刚度、代替焊接截面的各类高效率结构型钢（冷弯或热轧各类型钢），如热轧 H 型钢、冷弯矩型钢管等。

（4）梁柱连接节点形式

梁柱连接时推荐采用柱横隔板贯通式连接，相对于内隔板式连接节点，避免了柱壁内外两侧施焊引起柱壁板变脆的缺陷，柱壁不会发生层状撕裂，提高了节点的抗震性能（图 6-1）。同时解决柱壁板较薄时（<16mm），内隔板式连接节点的制作难题，同时利于梁柱节点实现工业化生产。

图 6-1　框架结构节点

2. 楼板结构体系

随着钢结构的应用发展，与主体结构相适用的楼板结构体系不断丰富，除压型钢板组合楼板外，近年来，钢筋桁架组合楼板应用越来越普遍。同时，根据各地实际情况，装配整体式钢筋混凝土叠合楼板也在钢结构上得到应用。

钢筋桁架组合楼板（图 6-2）主要特点：

① 不需模板，施工安装方便、快捷，节约工期 30％；

② 现场钢筋绑扎量减少 50％～70％；

③ 楼板双向刚度相近，提高整体抗震性能；

④ 实现多层楼板同时施工；

⑤ 钢筋排列均匀提高施工质量。

图 6-2　钢筋桁架组合楼板体系

3. 围护结构体系

围护结构体系包括内隔墙和外围护墙。

内隔墙应根据隔声、防火要求及综合造价等因素合理选用,常用种类包括蒸压加气混凝土条板、蒸压加气混凝土砌块(图6-3)、轻质混凝土条板、轻钢龙骨隔墙等。

相比内隔墙,外围护墙对外墙的耐久、隔声、防火、密闭性、保温等功能要求更高。严寒地区,由于单一墙体材料难以满足外墙的全部要求,如保温隔热、防水隔汽、隔声等性能要求,常常需要复合一些功能材料,以辅助提高外墙的整体性能。

图 6-3 蒸压加气混凝土砌块墙

6.2 施工图设计

6.2.1 施工图概述

结构工程师在进行结构设计时,首先要看懂建筑施工图,了解建筑师的设计意图以及建筑各部分的功能与做法,并且与建筑、水、暖、电、勘察等各专业密切配合。不管是混凝土结构,还是钢结构或其他结构工程,建筑的建造均要经过两个阶段:①设计阶段,②施工阶段,为施工服务的图样称为施工图。

由于专业的分工不同,一套完整的施工图一般分为建筑施工图(简称建施)、结构施工图(简称结施)、设备施工图(简称设施)、电气施工图(简称电施)、给水排水施工图(简称水施)、采暖通风施工图(简称暖施)。其中,各专业的图纸应按图纸内容的主次关系、逻辑关系,并且遵循"先整体、后局部"以及施工的先后顺序进行排列。图纸的编号通常称为图号,其编号方法一般是将专业施工图的简称和排列序号组合在一起,如建施-1、结施-2等。

图纸目录应包括建设单位名称、工程名称、图纸的类别及设计编号,各类图纸的图号、图名及图幅的大小等,其目的是便于查阅。

以下简要介绍钢结构工程结构施工图的内容及要求。

6.2.2 结构施工图的内容及要求

建筑结构设计内容包括计算书和结构施工图两大部分。计算书以文字及必要的图表详细记载结构计算的全部过程和计算结果,是绘制结构施工图的依据。结构施工图以图形和必要的文字、表格描述结构设计结果,是工厂深化设计及加工制作构件、施工单位现场结构安装的主要依据。结构施工图一般有基础图(含基础详图)、上部结构的布置图和结构详图等。具体地说包括结构设计总说明、基础平面图、基础详图、柱网布置图、各层(包括屋面)结构平面图、框架图、楼梯(雨篷)图、构件及节点详图等。

结构施工图主要表达结构设计的内容,它是表示建筑物各承重构件(如基础、承重墙、柱、梁、板、屋架等)布置、形状、大小、材料、构造及其相互关系的图样。它还要反映其他专业(如建筑、给水排水、暖通、电气等)对结构的要求。结构施工图主要用来作为施工放线、挖基槽、支模板、绑扎钢筋、设置预埋件和预留孔洞、浇捣混凝土,安装梁、板、柱等构件以及编制预算和施工组织设计等的依据。

钢结构的施工图数量与工程大小和结构复杂程度有关,一般十几张至几十张乃至几百张。施工图的图幅大小、比例、线型、图例、图框以及标注方法等要依据《房屋建筑制图统一标准》(GB/T 50001—2010)和《建筑结构制图标准》(GB/T 50105—2010)进行绘制,以保证制图质量,符合设计、施工和存档的要求。图面应清晰、简明、布局合理、看图方便。

1. 结构设计总说明

结构设计总说明是结构施工图的前言,一般包括结构设计概况、设计依据和遵循的规范,主要荷载取值(风、雪、活荷载以及抗震设防烈度等),材料(钢材、焊条、螺栓等)的牌号或级别,加工制作、运输、安装的方法、注意事项、操作和质量要求,防火与防腐,图例以及其他不易用图形表达或为简化图面而改用文字说明的内容(如未注明的焊缝尺寸、螺栓规格、孔径等)。

结构设计总说明要简要、准确、明了,要用专业技术术语和规定的技术标准,避免漏说、含糊及措辞不当。否则,会影响钢构件的加工、制作与安装质量,影响编制预决算进行招标投标和投资控制以及安排施工进度计划。

2. 基础平面图

基础平面图是表示建筑物室内地面以下基础部分的平面布置和详细构造的图样,它是施工时放线、开挖基坑和施工基础的依据。基础平面图通常包括基础平面图和基础详图。

1) 基础平面图

基础平面图是表示基础在基槽未回填时平面布置的图样,主要用于基础的平面定位、名称、编号以及各基础详图索引号等。基础平面图中必须标明基础的大小尺寸和定位尺寸。基础代号注写在基础剖切线的一侧,以便在相应的基础断面图中查到基础底面宽度。基础的定位尺寸也就是基础墙、柱的轴线尺寸。基础平面图的主要内容如下:

(1) 图名、比例。

(2) 纵横定位轴线及其编号。

(3) 基础的平面布置,即基础墙、构造柱、承重墙以及基础底面的形状、大小及其与轴线的关系。

(4) 基础梁的位置和代号。

(5) 断面图的剖切线及其编号。

(6) 轴线尺寸、基础大小尺寸和定位尺寸。

（7）施工说明。

（8）当基础底面标高有变化时，应在基础平面图对应部位的附件画出一段基础垫层的垂直剖面图，来表示基底标高的变化，并标注相应的基底标高。

2）基础详图

基础详图一般采用垂直断面图来表示，主要绘制各基础的立面图、剖（断）面图，内容包括基础组成、做法、标高、尺寸、配筋、预埋件、零部件（钢板、型钢、螺栓等）编号，基础详图的主要内容如下：

（1）图名、比例。

（2）基础断面图中轴线及其编号。

（3）基础断面形状、大小、材料、配筋。

（4）基础梁和基础拉梁的截面尺寸及配筋。

（5）基础拉梁与构造柱的连接做法。

（6）基础断面详细尺寸，锚栓的平面位置及其尺寸和室内外地面、基础垫层底面的标高。

（7）防潮层的位置和做法。

（8）施工说明。

3. 结构平面图

结构布置图是表示房屋上部结构布置的图样。在结构布置图中，采用最多的是结构平面图的形式。它是表示建筑物室外地面以上各层平面承重构件布置的图样，是施工时布置或安放各层承重构件的依据。

从 2 层到屋面，各层均需绘制结构平面图。当有标准层时，相同的楼层可绘制一个标准结构平面图，但需注明从哪一层至哪一层及相应标高。楼层结构平面图的内容包括梁柱的位置、名称、编号、连接节点的详图索引号，混凝土楼板的配筋图或预制楼板的排板图，有时也包括支撑的布置。

4. 屋顶结构平面图

屋顶结构平面图是表示屋面承重构件平面布置的图样，其内容和图示要求与楼面结构平面图基本相同。由于屋面排水的需要，屋面承重构件可根据需要按一定的坡度布置，并设置天沟板。此外，屋顶结构平面图中常附有屋顶水箱等结构以及上人孔等。

5. 钢结构其他详图

构件图和节点详图应详细注明各构件的编号、规格、尺寸，包括加工尺寸、拼装定位尺寸、孔洞位置等。

楼梯图和雨篷图分别用来绘制楼梯和雨篷的结构平、立（剖）面详图，包括标高、尺寸、构件编号（配筋）、节点详图等。

材料表用于配合详图进一步明确各构件的规格、尺寸，按构件（并列出构件数量）分别汇列其编号、规格、长度、数量、质量和特殊加工要求，为下一步深化设计提供依据，为材料准备、零部件加工、保管以及技术指标统计提供资料和方便。

6.2.3 某小学新建教学楼工程钢结构施工图设计实例

1. 结构选型与结构布置

教学楼共 5 层,高 20.1m。结构采用钢结构框架体系,这主要考虑到框架结构在建筑平面设计中具有较大的灵活性,由于可以采用较大的柱距从而获得较大的使用空间。结构刚度比较均匀,构造简单,便于施工。此教学楼高度为 20.1m,框架结构已经能够很好地保证结构安全可靠,并且很大程度上简化了设计工作、方便施工,此外,框架结构具有较好的延展性,自振周期长,对地震作用不敏感,是较好的抗震结构形式。

2. 预估截面并建立结构模型

结构布置完成后,需要进行梁柱截面尺寸的估算,主要是对梁、柱和支撑等构件的截面形状与尺寸进行预估初选。根据荷载与支座情况,本工程抗震设防烈度 7 度,根据轴心受压、双向受弯或单向受弯的不同,可选择钢管或 H 型钢截面等,本工程由于楼层较少,故箱形截面选择不变,为□350×350×10。

下面将以 STS 为例,详细介绍其建模步骤。其软件进入窗口如图 6-4 所示。

图 6-4 PKPM 钢结构框架设计进入界面

STS 建模的主要过程如下。

第 1 步:轴线输入。直接在 STS 输入,如图 6-5 所示。

第 2 步:楼层定义。楼层定义包括构件定义、布置及标准层定义。选择一个标准层进行梁、柱截面定义及构件布置,布置时需注意,柱只能布置在节点上,主梁只能布置在轴线上。

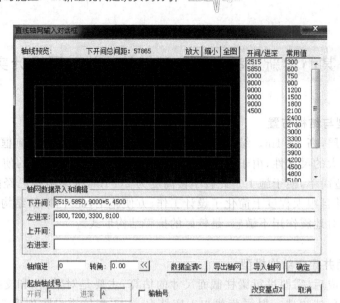

图 6-5 轴线定义窗口

STS 有 4 种布置方式：光标方式、轴线方式、窗口方式和围栏方式，建模时可以根据需要选择合适的方式。柱布置采用窗口方式，在所有节点位置布置柱子，布置柱子时可以根据建筑需要输入柱偏心及轴转角等。主梁布置方式与柱类似。

布置完梁柱后，可以进行截面显示，查看本标准层梁、柱构件的布置及截面尺寸、偏心是否正确；然后进行本层修改，删除不需要的梁、柱等，进行梁柱查改等；如果需要，可以修改偏心，考虑建筑外轮廓平齐、梁柱偏心等；还可以进行层编辑，几个标准层同时进行修改，可以插入标准层、删除标准层、层间复制等。相应菜单如图 6-6 所示。

图 6-6 标准层定义菜单

布置完主梁后,需要布置次梁,在设计时,次梁作为"主梁"输入,次梁输入时同样需要轴线,可以采用平行直线等方式添加轴线。

当梁、柱都输入完后,最后补充本层信息,楼层定义中选"本层信息",给出标准层板厚、材料等级、层高等,如图 6-7 所示。"楼层组装"时还需要重新输入层高信息,此处可不修改。

布置完一个标准层后,需要进行下一标准层的构件布置,需要添加一个新的标准层,如图 6-8 所示。如果两个标准层大部分相似,可以选择全部复制,如果只是轴线相似,可以选择只复制网格,以保证上下层节点对齐。

图 6-7 本层信息设置窗口

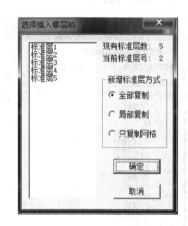

图 6-8 新标准层添加

第 3 步:荷载输入。构件布置完成后,下一步需要输入墙以及设备基础荷载等,这些荷载一般作为恒荷载输入。对于不在梁上的线荷载有两种输入方式:①加虚梁;②将该线荷载变成板上的均布荷载,一般采用后一种方式输入。

在菜单"楼面荷载"中,依据各房间的不同荷载情况输入楼面恒载和楼面活载,荷载设置完毕后界面会有显示,如图 6-9 所示。

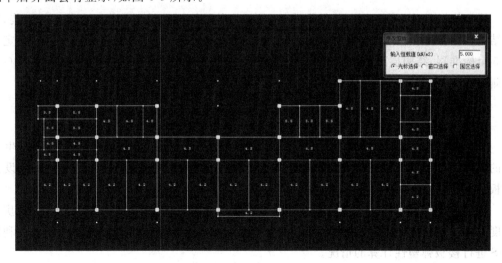

图 6-9 荷载布置

输入一个标准层楼面荷载后，如果下一个标准层荷载与其他标准层线荷载相差不大，或者仅有局部不同，可以选择荷载输入的"层间复制"进行荷载层间复制然后再进行局部修改，如图 6-10 所示。

当每个标准层的荷载输入完后，我们需要定义荷载标准层，用以定义各层楼、屋面恒、活荷载，此项必须输入；此处定义的荷载是指楼、屋面统一的恒、活荷载，个别房间荷载不同，在 STS 主菜单 2 进行修改。

图 6-11 给出了荷载标准层定义，共定义了 1 个荷载标准层，在模型建立时根据结构的实际受载情况进行设定。

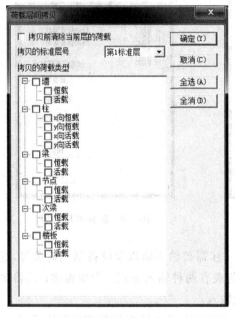

图 6-10　荷载层间复制

图 6-11　荷载定义

第 4 步：楼层组装。下一步根据建筑方案，将各结构标准层和荷载标准层进行组装，形成结构整体模型。楼层的组装遵循自下而上的原则。本工程楼层组装如图 6-12 所示，定义了 5 个标准层，结构层高为 3900mm。如果某一标准层和荷载标准层有多层，可以在图 6-12 左侧的"复制层数"选择相应的层数。

楼层组装完成后可以判断结构总高等信息，判断是否符合建筑模型。

模型建立之后还要根据实际情况进行微调，如楼板开洞、荷载修改等，主要如下：

楼板生成主要功能有：①进行全房间开洞，"楼板开洞"；②对个别房间板厚发生变化的，按照设计实际做局部修改，"修改板厚"；③对有悬挑板的梁上布置悬挑板，"设悬挑板"。

每层现浇楼板厚度已在建模中设置，这个数据是本层所有房间都采用的厚度，当某房间厚度并非此值时，点此菜单将这间房厚度修正。该命令主要用于结构为弹性楼板以及利用 STS 进行楼板弹塑性计算的情况。

对于楼梯间，用两种方法处理：①在其位置开一较大洞口，计算荷载时其洞口范围的荷

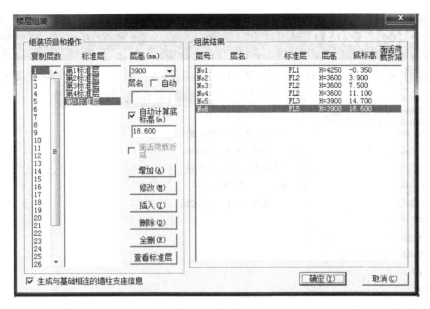

图 6-12　楼层组装

载将被扣除,需要在最初建模中输入楼梯传到周围梁墙的荷载;②将楼梯所在房间的楼板厚度输入为 0,导算荷载时该房间上的荷载(楼板上的恒载、活载)仍能导致周围的梁和墙上,如图 6-13 所示。需要注意的是,板厚为 0 照样可以导算荷载,"全房间开洞"则不能导算荷载。

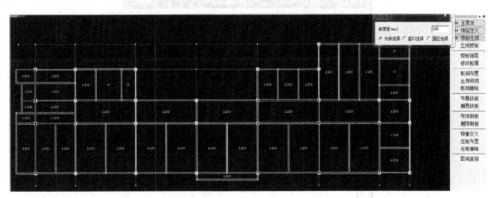

图 6-13　板厚修改

第 5 步:SATWE-8 计算。待计算模型完全调试结束后,生成 SATWE 数据,准备计算。启动 PKPM 软件 SATWE-8 模块,进入用户界面,如图 6-14 所示;生成 SATWE 数据,如图 6-15 所示;分析与设计参数补充定义,如图 6-16 所示。

特殊构件补充定义:

单击"特殊构件补充定义",进入图 6-17 所示的特殊构件补充定义界面。此界面包括特殊梁、特殊柱、特殊支撑、材料强度等需要专项定义的内容,根据实际工程需要完成设置。选择"生成 SATWE 数据文件及数据检查",进入 SATWE 分析计算。

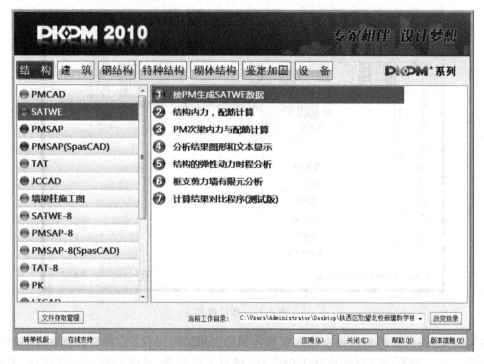

图 6-14　SATWE-8 进入界面

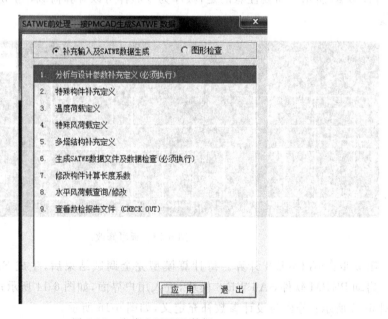

图 6-15　生成 SATWE 数据

3. 结构分析

　　SATWE 后处理文件如图 6-18 所示。主要计算结果数据包括：振型分析、有效质量系数、水平位移反应、基底地震剪力等。

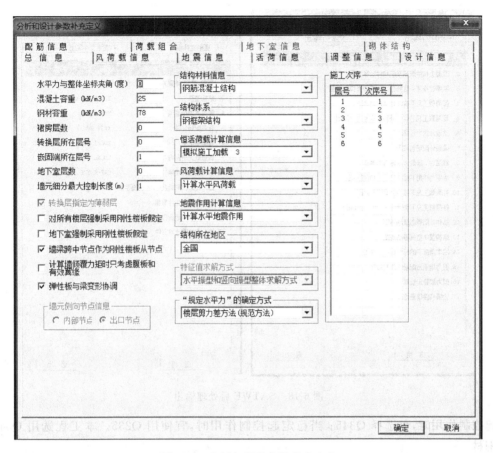

图 6-16 分析与设计参数补充定义

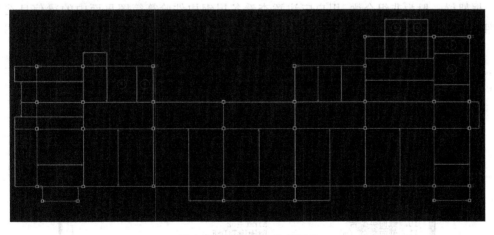

图 6-17 特殊构件补充定义

4. 构件和节点设计

构件的设计首先是材料的选择。钢框架设计比较常用的钢材是 Q235 和 Q345。当强

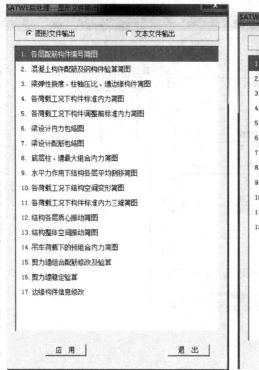

图 6-18　SATWE 后处理输出

度起控制作用时,可选择 Q345;当稳定起控制作用时,宜使用 Q235。本工程选用 Q345B 级钢材。

1) 框架梁设计

框架梁一般为非组合梁,用户应注意查看各层钢构件验算简图界面中的梁信息选项。如图 6-19 所示。

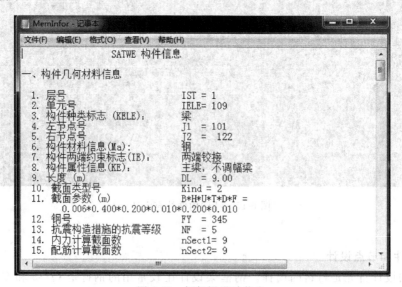

图 6-19　框架梁设计信息

2）框架梁"工具箱"复核

利用 PKPM 提供的工具箱计算：用 PKPM 钢结构的"工具箱"菜单，采用非组合梁验算最大内力下的截面强度，再按组合梁配置连接件。如本工程的框架梁，选"基本构件计算"，如图 6-20 所示。进入梁构件计算截面，完成梁截面定义，计算后生成结果文本。

图 6-20　基本构件计算进入截面

梁上荷载作用形式：根据实际情况选择，一般框架梁既有次梁传来的集中荷载，又有楼面板传来的均布荷载，常选"多种类型"。

梁设计内力值：在图 6-19 中可得梁设计内力值。

腹板屈服后强度利用：当梁不考虑与混凝土楼板的组合作用时，焊接 H 型钢梁通常考虑腹板屈服后强度利用，但应满足《钢结构设计规范》(GB 50017—2003)中的要求。当采用轧制 H 型钢时，不能考虑腹板屈服后强度利用。

平面外计算长度：取梁间距。

3）组合楼板设计

采用钢筋桁架组合楼板满足《组合楼板设计与施工规范》(CECS 273：2010)的要求，设计过程不再详述。

4）梁柱刚接节点设计

梁与柱的刚性连接通常多采用柱为贯通型的连接形式，节点设计时可参照国标图集 01(04)SG519 中相关连接。本工程梁翼缘与柱的连接采用焊缝连接，梁腹板与柱的连接采用摩擦型高强度螺栓连接。

5）梁铰接节点设计

梁与梁的铰接连接通常指次梁与主梁的简支连接，节点设计时可参照国标图集 01(04)SG519 中相关连接。本工程梁的铰接连接采用单板连接和连接板连接。

以上节点的设计计算过程略。

5. 施工图绘制

多层钢结构设计施工图主要包括结构设计总说明、柱平面布置图、结构平面布置图、支撑布置图、柱梁截面选用表和节点详图等。

6.3 施工详图设计与制作

6.3.1 施工详图设计

在建筑结构工程中，钢结构工程具有一定的特殊性。其特殊性首先表现在钢结构工程的构件有很大的比例是在工厂生产，现场进行拼装连接工作，构件加工精度要求高，需要大量的工厂制作图纸。其次是钢结构构件的连接形式复杂多样，节点设计是整体设计不可分割的重要组成部分，节点的设计施工难度大。此外，钢结构材料强度高，抗震性能优越，新材料研发和施工技术发展迅速，在大跨度空间和超高层建筑方面牢固地占据非常重要的地位。因此，钢结构工程的设计施工与其他类型的建筑有所区别，即除了体现构件截面和节点连接的施工图之外，在施工图与实际施工之间，还需要进行大量的图纸转化深化工作，以满足加工制作和现场安装的需要。

施工详图设计是钢结构工程施工的第一道工序，也是至关重要的一步，详图设计的质量直接影响整个工程的施工质量。其工作是将原钢结构设计图翻样成可指导施工的详图。

1. 施工详图设计基本原则

（1）钢结构施工详图的编制必须符合《建筑结构可靠度设计统一标准》（GB 50068—2001）、《钢结构设计规范》（GB 50017—2003）、《钢结构工程施工质量验收规范》（GB 50205—2001）、《钢结构焊接规范》（GB 50661—2011）及其他现行规范、标准的规定。

（2）施工详图设计必须符合原设计图纸，根据设计单位提出的有关设计要求，对原设计不合理内容提出合理化建议，所做修改意见经原设计单位书面认可后方可实施。

（3）钢结构施工详图设计单位出施工详图必须以便于制作、运输、安装和降低工程成本为原则。

（4）原设计单位要求详图设计单位补充设计的部分，如节点设计等，详图设计单位需出具该部分内容设计计算书或说明书，并通过原设计单位签字认可。

（5）钢结构施工详图为直接指导施工的技术文件，其内容必须简单易懂，尺寸标注清晰,且具有施工可操作性。

2. 施工详图设计的内容

1) 节点设计

详图设计时参照相应典型节点进行设计;若结构设计无明确要求时,同种形式的连接可以参照相应典型节点;若无典型节点,应提出由原设计确定计算原则后由施工详图设计单位补充完成。

2) 施工详图设计

详图基本由图纸目录、相关说明、平面定位图、构件布置图、节点图、预埋件图、构件详图、零件图等几部分组成,其中还应包括材料统计表和汇总表(包括高强度螺栓、栓钉统计表)、标准做法图、索引图和图表编号等。

(1) 施工详图上的尺寸应以 mm 为单位,标高单位为 m,标高为相对标高。

(2) 在设计图没有特别指明的情况下,高强度螺栓孔径按《钢结构高强度螺栓连接技术规程及验收规程》(JGJ 82—2001)选用。

3) 构件布置图

构件布置图主要提供构件数量位置及指导安装使用。施工详图中的构件布置图方位一定要与结构设计图中的平面图一致。构件布置图主要由总平面图、纵向剖面图、横向剖面图组成。

4) 构件详图

至少应包含以下内容:

(1) 构件细部、质量表、材质、构件编号、焊接标记、连接细部和锁口等;

(2) 螺栓统计表、螺栓标记、直径、长度、强度等级;栓钉统计表;

(3) 轴线号及相应的轴线位置;

(4) 布置索引图;

(5) 方向;构件的对称和相同标记(构件编号对称,此构件也应视为对称);

(6) 图纸标题、编号、改版号、出图日期;

(7) 加工厂、安装单位所需要的信息。

5) 根据施工要求,对于下述部位应选取节点绘制

(1) 较复杂结构的安装节点;

(2) 安装时有附加要求处;

(3) 有代表性的不同材料的构件连接处,当连接方法不相同或不类似时,需一一表示;

(4) 主要的安装拼接接头,特别是有现场焊接的部位。

6) 整个结构和每根构件的紧固螺栓清单

应包括:①螺栓(直径、长度、数量、强度等级),螺栓长度的确定方法必须严格遵循《钢结构高强度螺栓连接的设计、施工及验收规程》(JGJ 82—2001);②构件编号、详图号。

7) 图纸清单

(1) 应注明构件号、详图号、数量、质量、构件类别、改版号、提交日期。

(2) 图纸上书写的文字、数字和符号等均应清晰、端正、排列整齐,标点符号应清楚正确,所有文字、资料、清单、图纸均使用简体中文。

8）构件清单

应注明构件编号、数量、净重和类别。

3．图纸提交与验收

（1）施工详图设计单位提供给钢结构安装单位的施工详图必须经过自己单位内部自审、互审和专业审核，再由技术负责人批准后才能提交给钢结构安装单位，经过钢结构安装单位审查后，整理并报审设计院及业主。送审图纸一般提供电子档和 A3 白图 1 套。

（2）钢结构安装单位根据钢结构设计图、相关标准对详图设计单位的施工详图进行审核；审核时如发现问题，应通知详图设计单位及时予以修改。

（3）钢结构施工详图设计工期：施工详图的提交必须满足工程实施的现场施工进度和加工厂制作、连续供货要求。

（4）钢结构施工详图的提交：详图设计单位按照施工单位、设计院及业主意见对详图进行修改，并经设计单位签字确认后，向钢结构施工单位提供正式版蓝图以及相关技术文件资料。钢结构施工单位确认无误后签收。

4．设计修改

施工详图的设计必须完全依据原钢结构设计图，不得随意更改。如原结构设计中发生了修改或者详图在设计中出现错误、缺陷和不完善等问题，其详图必须进行相应修改，修改以设计修改（变更）通知单或升版图的形式发放。

（1）无论何种原因需对原详图进行修改，均按以下方式进行：①所绘图纸必须填写版本号，初版为 0 版本，对于图纸的每一次升版，都应加上云线与版次，目录和构件清单也作相应的升版，在同一张图中进行第二次升版时，应删除前一版的云线。②在修改记录栏内写明修改原因、修改时间，并应有修改和校审人员签名。③更改版本号。

（2）图纸目录必须与同时发放的图纸一致，若图纸升版，目录也必须相应升版。

（3）所有图纸均按最新版本进行施工。

（4）图纸换版后，旧版图纸自动作废。

5．常用软件

钢结构详图设计软件发展迅速且不断改进，目前常用软件有 AutoCAD，Xsteel（Tekla Structures）等。

1）AutoCAD 软件

AutoCAD 是现在较为流行、使用很广的计算机辅助设计和图形处理软件。首先，按建筑轴线及结构标高进行杆件中心线空间建模；其次，杆件断面进行实体空间建模，并按杆件受力性能划分主次，使次要杆件被主要杆件裁切，从而自动生成杆件端口的空间相交曲线；最后形成施工详图。

2）Xsteel 软件

Xsteel（Tekla Structures）是一套多功能的详图设计软件，具有三维实体结构模型与结构分析完全整合、三维钢结构细部设计、三维钢筋混凝土设计、项目管理、自动生产加工详图、材料表自动产生系统的功能。三维模型包含了设计、制作、安装的全部资讯需求，所有的图面与报告完全整合在模型中产生一致的输出文件,可以获得更高效率与更好结果,让设计者可以在更短时间内作出更正确的设计。

强化了细部设计相关功能的标准配置,用户可以创建任意完整的三维模型,可以精确地设计和创建出任意尺寸的、复杂的钢结构三维模型,三维模型中包含加工制作及现场安装所需的一切信息,并可以生成相应的制作和安装信息,供所有项目参与者共享。

钢结构施工详图设计由 Xsteel 软件建立钢结构的三维实体模型后,生成 CAD 的构件和零件图,用 CAD 正式出图。

6. 施工详图设计管理流程

施工详图设计一般由总工程师负责具体安排施工详图设计工作,由总工办进行综合协调和控制,以确保设计的完整、优质、对接良好等。施工详图设计单位应在整个施工详图设计开始之前充分理解原设计意图和具体要求,并与设计单位、业主、监理等充分沟通和协商,达成一致后才进行正式的施工详图设计。

7. 施工详图设计审查

钢结构施工详图设计要严格执行"二校三审"制度,各级审查人员承担相应的责任。

6.3.2 某小学新建教学楼工程钢结构施工详图设计实例

施工详图设计负责人在接到设计任务书后,应首先明确设计任务书上的相关要求,如出图时间、工艺要求、材料要求等,其次编制施工详图设计计划,报审获批后,按计划展开实施。

1. 熟悉图纸

熟悉图纸是钢结构施工施工详图设计的第一步,也是至关重要的步骤。设计者需要通读图纸,将整个工程的建筑、结构样式了然于心,且能够在大脑中生成虚拟模型。

1) 建施图纸

首先由建筑设计说明开始,其次是平面图、立面图、节点详图,按顺序依次读图,了解其中内容。

(1) 建筑设计说明:了解工程概况,屋面、楼面、地面要求,外墙、内墙要求以及防水要求,外墙防潮要求以及门窗要求等。

例如某小学新建教学楼工程结构形式为框架结构,主体 5 层,主体高度 20.10m。建筑面积 4599m²,层高分别为 3.9、3.6m,外墙为 100mm 蒸压轻质砂加气混凝土(AAC)条板,中间填充 80mm 挤塑板,内砌 150mm 蒸压轻质砂加气混凝土(AAC)砌块,内墙为 200mm 蒸压轻质砂加气混凝土(AAC)砌块。墙体防潮设置在 1 层地面下 60mm 处等。

(2) 平面图:了解建筑的平面布置,包括门窗大小及平面位置、卫生间位置、楼梯位置、各房间位置及使用功能,以便与结构图进行比较,比如有楼梯的位置结构应留设洞口,有卫生间的位置应考虑结构层降低标高等。

（3）立面图：了解建筑立面高度、门窗位置、特殊造型、外墙构造，门窗洞口的位置也要与结构图进行复核，保证结构留设洞口位置能与建筑施工图对应。

（4）节点详图：了解建筑细部的具体做法，包括防水层等建筑构造的具体做法。

2）结施图纸

（1）结构设计说明：了解主要结构材料要求，包括钢板、型钢、焊接材料、外墙及内墙的要求，了解钢结构制作、安装的要求，包括焊缝、螺栓、涂装要求。

（2）结构平面图：①基础图中主要了解基础的位置、基础顶标高、留设抗剪槽的情况，以确定钢柱底标高；②地脚锚栓布置图中了解锚栓的大小、材质、详细定位尺寸、螺纹长度、垫片厚度等，并与基础图进行对照；③钢柱布置图中了解钢柱的规格材质、标高，柱内是否浇筑混凝土、灌混凝土的型号，钢柱的定位以及柱脚的节点；④钢梁平面布置图，了解钢梁的规格材质，焊缝以及平面布置的位置及部分节点，一般钢梁布置是分层给出布置图，如果是标准层则会在一页图纸上给出不同的标高；⑤钢梁钢柱节点图，了解构件如何连接，刚接还是铰接，螺栓是高强螺栓还是普通螺栓，如何布置，加劲板或连接板与主构件的焊缝大小等；⑥楼层板的配筋图，主要了解楼层板的布置方向、型号以及标高等。

2. 图纸会审

图纸会审前，在熟读图纸后要进行结构图与建筑图的比较，保证结构和建筑能够对应，对于图纸中的问题都要提前整理完毕，便于在图纸会审时与设计人员充分沟通。

图纸会审时，就图纸中的问题、疑惑与设计人员进行沟通、确认，将修改过的部分在图纸中标注，做好记录，由设计人员确定后，形成图纸会审记录。

3. 建模

采用 Xsteel 软件建立三维实体模型后，生成 CAD 的构件和零件图，用 CAD 正式出图。

1）轴线布置

按照结构图中轴线位置先完成轴线布置。

2）钢柱建模

某小学新建教学楼工程采用贯通隔板节点，在钢柱建模时首段钢柱只建到 1 层梁顶即可，对照钢柱布置图将钢柱定位准确，并将地脚锚栓、地脚垫片、地脚模板等都建在模型中，钢柱构件编号为 SKZ，钢柱管零件编号为 ZG，钢柱上零件编号为 ZP，并且将管与零件的颜色进行区分，这样做的目的是因为钢柱管不用出零件图，在出零件图时便于筛选出图，选用不同的颜色便于确定零件的编号是否正确。根据工艺要求，钢管柱在建模时一定要放上50mm×8mm 的环衬，环衬不需要出零件图，用 ZG 建模即可，钢柱与柱脚板或设贯通隔板间都要放环衬，留 6mm 间隙，钢柱开设 45°、2mm 顿边的坡口，以保证熔透焊接的质量。一般钢柱地脚板的孔要比地脚锚栓大 5mm，地脚模板的孔比地脚锚栓大 2mm，地脚模板主要用于埋设地脚锚栓时进行定位，一般采用 6mm 厚钢板，钢板大小为锚栓向外侧 50mm，为节省材料，模板要求重复利用，每种柱脚只做一件模板，也可根据施工要求增加用量。地脚锚栓、地脚垫片、地脚模板都要单独编号，需要单独出图的，一般编号为 MS，建模过程中将钢管柱作为主构件进行焊接，一段钢柱建完后将与其同规格的钢柱进行复制。钢柱建模示例，如图 6-21 所示。

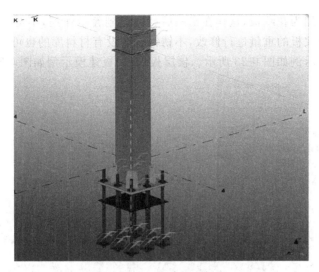

图 6-21　钢柱建模示例图

3）钢梁建模

某小学新建教学楼工程钢梁分为主梁和次梁，主梁构件编号为 SKL ＊-，次梁构件编号为 SCL ＊-，将不同规格的梁用数字及颜色区分，以便出图时进行筛选克隆图纸。主梁为刚接，高强螺栓连接后需要对翼缘进行焊接，翼缘板在 14mm 以下的，翼缘板与隔板之间留设6mm 间隙，2mm 顿边 45°坡口，板厚＞14mm 时留设 9mm 间隙，2mm 顿边 45°坡口，现场安装完成后进行熔透焊接，而且翼缘板两侧要加设补强板，要求熔透焊接，保证质量，下翼缘为变截面梁时，可以不放补强板。主梁都是焊接 H 型钢梁，所以采用钢板建模，翼腹板零件编号 LH，梁上零件编号 LP，颜色加以区分，梁上零件与柱上零件尽量避免选用同一颜色。次梁零件编号同主梁，次梁一般要求安装的螺栓孔在主梁翼缘外，与主梁留设 15mm 间隙，方便安装。钢梁建模时，将一件钢梁焊接好后同样规格的钢梁进行复制，有区别的复制后进行修改，复制不仅可以节省建模时间，复制后出图的钢梁，相同规格的钢梁也会是同一编号，避免出图时混乱。梁柱节点、钢梁建模，如图 6-22 所示。

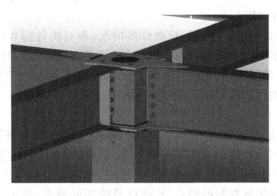

图 6-22　钢梁建模、梁柱节点示例图

4）楼层板、外墙板等建模

所有构件按照 1∶1 进行建模，尺寸、材质等都按照设计图纸进行，编号都要进行区分，以便出图时筛选，花纹钢板在 Xsteel 软件中没有此材料库，在建模时就选用钢板进行建模，但应在零件编号上编为花纹板,这样在出图后就会起到警示作用,不至于用错钢板,在出图后要将单重按照花纹板的重量进行修改,不锈钢管等没有材料库的也可用此方法进行建模。主体框架结构建模示例如图 6-23 所示。楼层板、外墙板建模示例如图 6-24 所示。

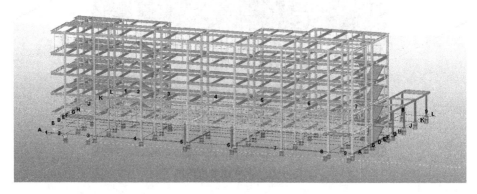

图 6-23 主体框架结构建模后示例图

图 6-24 楼层板、外墙板建模后示例图

5）运行编号、准备出图

对图纸中的全部构件进行建模后,检查焊接情况,所有构件都焊接好后,再检查干涉情况,确定是否有干涉,主要注意是否存在精确匹配,如果有,则需要删除重复的零件,都检查完成无误后,可以运行编号。一般在出图时,分批运行编号,例如先将钢柱筛选处理、焊接等检查完成无误后进行钢柱的编号运行,然后出图。

6）出图

编号运行完成后,进行构件出图,选择钢柱的构件,创建钢柱构件图,构件图要求正面视图构件出图的方向与正面视图的轴线方向对应,便于审核人员、现场安装人员能清楚地分辨构件的安装方向,在主视图上进行剖视得到剖视图,保证工厂加工人员可以清晰地读懂详图。图纸上一定要标注清楚焊缝的形式、长度以及喷漆的要求,及不需要喷漆的部位,比如高强螺栓的连接孔周围 100mm 范围内等。一张钢柱图出图完成后,其他相同截面的钢柱都可以用此钢柱进行复制,以减少出图的工作量。构件图全部出图完成后,还需要出零件图,即零件编号为 ZP 的零件都需要零件图。

钢梁及其他构件的出图同钢柱,钢梁在出图时注意标准层的出图,不同层钢梁要分别编号,即使是相同构件也要分开编号,比如说 2 层主梁构件编号为 2SKL∗-,3 层就为 3SKL∗-,某小学新建教学楼工程 2～4 层大部分钢梁都相同,只有少数钢梁不同,在 2 层梁建模后不改编号直接复制到 3,4 层,与 2 层有区别的钢梁分别以相应层号进行编号,在出图时 2 层的钢梁就会显示 3 件,将数量在 CAD 里修改为 1 件,在 3 层梁出图时将 2 层梁在 CAD 中复制,构件编号由 2 改为 3 即可,这样可以大大减少出图工作量。

6.3.3　某小学新建教学楼工程钢结构制作工艺

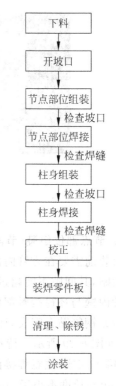

图 6-25　方钢管柱加工制作工艺流程

某小学新建教学楼工程为 5 层全钢框架、无支撑结构,钢柱采用轧制方钢管,钢梁采用焊接 H 型钢。本节将简要介绍方钢管柱的制作工艺流程。

方钢管柱与箱形柱相比,可以减少翼缘板与腹板埋弧焊及内隔板电渣焊两道组装、焊接工序。

本工程方钢管柱的规格为 □350×350×10,隔板形式为贯通隔板,即将方钢管截成分段后,再利用贯通隔板与各段方钢管焊接连接,贯通隔板也是各层钢梁的上下翼缘连接补强位置。

在深化设计时,考虑现场安装方便,减少安装作业量,综合考虑吊装能力,将钢柱设计成整体工厂制作,即 5 层钢柱制作成单节,整体出厂,单节钢柱长度 22m,重 3t。

方钢管柱加工制作工艺流程,如图 6-25 所示。

1. 下料

在方钢管进场经验收合格后,按照加工图纸进行下料,下料使用带锯床进行下料,保证加工精度,同时每个方钢管节段要加 1mm 焊接收缩余量,因材料本身存在允许偏差,所以应保证最终成品的每个节段应取自同一原料方钢管上,以保证柱中心重合,钢柱垂直。方钢管下料示例图如图 6-26 所示。

(a)　　　　　　　　　　(b)

图 6-26　方钢管下料示例图

2. 开坡口

因方钢管与贯通隔板之间的焊缝为熔透焊缝,所以方钢管需要先开角度为 35°间隙 6mm 坡口。方钢管坡口采用半自动火焰切割机进行切割,火焰切割后的氧化皮需要用角磨机清理干净,并打磨露出金属光泽;火焰加工坡口完成后若发生变形,必须进行校正,校正完毕后用角尺检查,方钢管与贯通隔板的坡口示意如图 6-27所示。方钢管坡口加工如图 6-28 所示。

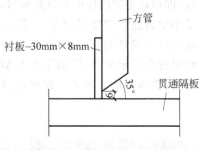

图 6-27　方钢管与贯通隔板的坡口示意图

(a)　　　　　　　　　　(b)

图 6-28　方钢管坡口加工

3. 节点部位组装(节段组装)

组装前需要在方管内部放置环形衬板(简称环衬),环衬材质为 Q345B,环衬要求与方钢管紧贴,其间隙不能超过 1.5mm,要求方钢管四个拐角与环衬贴合密实,上环衬前要求把方钢管内壁与环衬接触部位打磨干净,尤其是方钢管本身的埋弧焊焊道需要磨平。为保证环衬与方钢管贴合密实,环衬在拐角处做铣槽处理。本工程所用环衬铣槽尺寸及加工安装效果,如图 6-29 所示。待环衬与方钢管紧贴定位后,进行方钢管节段与贯通隔板的固定点焊,由铆工完成,注意焊接前焊条要烘干,焊条牌号为 J506,烘干温度为 100～200℃,焊缝厚度为 4mm,长度不小于 40mm,间距控制在 150mm,要求定位焊点对称布置,电流 160A,电压 18V;因温度较低,严禁使用酸性焊条,如 J422。

4. 节点部位焊接(节段焊接)

方钢管节段与贯通隔板的焊接采用气体保护焊,宜采用多层多道焊,电流 260～300A,电压 28～34V,待方钢管节段与贯通隔板焊接完毕后,需要经过焊缝超声检测,同时检查隔板之间的相对距离以及方钢管端部是否有变形,待焊缝检测合格及方钢管校正完毕后转入下道工序。焊缝超声检测示例,如图 6-30 所示。

5. 柱身组装、焊接、校正

柱身组装是将组焊合格的方钢管节段,上胎架进行组装、焊接,使各节段连接成整体。为保证各节段方钢管中心线保持同轴,柱身组装在特制总装胎架上进行,总装胎架

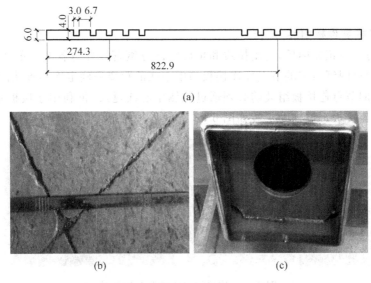

(a)

(b)   (c)

图 6-29 环衬铣槽尺寸及加工安装效果

(a)   (b)

图 6-30 方钢管节段焊接及超声检测示例

如图 6-31 所示。焊接时为减少焊接变形,宜采用焊接工艺评定内要求的焊接参数,所有的正式施焊焊接前必须用火焰将待焊区加热,加热温度控制在 200℃,此时火焰呈明显的黄褐色,加热持续时间不小于 10min,待钢板表面没有水汽方可施焊。对于焊后局部变形的部位,采用火焰校正的方法进行校正。

图 6-31 方钢管柱总装胎架示例

6. 方钢管柱零件板组装、焊接

待柱身焊接、校正完毕后,使用拉线和角尺定出方钢管柱柱身各个面的中心线,中心线位置确定后,通过图纸给定的节点处连接板与中心线的距离米确定连接板孔的位置,同时柱身每一侧所有的节点连接板组装前必须通过该侧中心线返尺,再利用连接板定位辅助工装组焊连接板。连接板定位辅助工装如图 6-32 所示。

图 6-32　连接板定位辅助工装示例

7. 清理、除锈、涂装

待方钢管柱总装、焊接、校正完成后,对其进行清理、打磨,可采用人工和机械清理,将构件表面的氧化皮、焊接飞溅等清理干净。然后进行整体抛丸除锈,除锈等级 Sa2.5 级。抛丸 3h 内,进行第一遍油漆的涂装,每遍漆的涂装时间间隔不小于 6h,总漆膜厚度 125μm。

以上简要介绍了某小学新建教学楼工程的方钢管柱制作工艺流程,结合工程特点及安装方案,对钢柱进行了图纸深化设计,即采用整体出厂,减少了钢柱在现场的拼焊工序,同时在制作时也减少了端头边缘加工的工序。如是楼层较高或是吨位较重,吊装能力不满足情况下,钢柱宜考虑分段设计,这样钢柱在柱身组焊完成后,需要进行端头边缘加工。

6.4　施工组织设计与安装

6.4.1　施工组织设计概述

施工组织设计是以施工项目为对象编制的,用以指导施工技术、经济和管理的综合性文件。

施个组织设计是我国在工程建设领域长期沿用下来的名称,西方国家一般称为施工计划或工程项目管理计划。在《建设项目工程总承包管理规范》(GB/T 50358—2005)中,把施工单位这部分工作分成了两个阶段,即项目管理计划和项目实施计划。施工组织设计既不是这两个阶段的某一阶段内容。也不是两个阶段内容的简单合成。它是综合了施工组织设计在我国长期使用的惯例和各地方的实际使用效果而逐步积累的内容精华。

施工组织设计在投标阶段通常被称为技术标,但它不是仅包含技术方面的内容,同时也涵盖了施工管理和造价控制方面的内容,是一个综合性的文件。

6.4.2　施工组织设计的内容及要求

施工组织设计应包括编制依据、工程概况、施工部署、施工进度计划、施工准备与资源配置计划、主要施工方案、施工现场平面布置及主要施工管理计划等基本内容。

1. 编制依据

(1) 与工程建设有关的法律、法规和文件;

(2) 国家现行有关标准和技术经济指标;

(3) 工程所在地区行政主管部门的批准文件,建设单位对施工的要求;

(4) 工程施工合同或招投标文件;

(5) 工程设计文件;

(6) 工程施工范围内的现场条件,工程地质及水文地质、气象等自然条件;

(7) 与工程有关的资源供应情况;

(8) 施工企业的生产能力、机具设备状况、技术水平等。

2. 工程概况

(1) 工程主要情况应包括下列内容:①工程名称、性质和地理位置;②工程的建设、勘察、设计、监理和总承包等相关单位的情况;③工程承包范围和分包工程范围;④施工合同、招标文件或总承包单位对工程施工的重点要求;⑤其他应说明的情况。

(2) 各专业设计简介应包括下列内容:①建筑设计简介应依据建设单位提供的建筑设计文件进行描述,包括建筑规模、建筑功能、建筑特点、建筑耐火、防水及节能要求等,并应简单描述工程的主要装修做法;②结构设计简介应依据建设单位提供的结构设计文件进行描述,包括结构形式、地基基础形式、结构安全等级、抗震设防类别、主要结构构件类型及要求等;③机电及设备安装专业设计简介应依据建设单位提供的各相关专业设计文件进行描述,包括给水、排水及采暖系统、通风与空调系统、电气系统、智能化系统、电梯等各个专业系统的做法要求。

(3) 工程施工条件应包括下列内容:①项目建设地点气象状况;②项目施工区域地形和工程水文地质状况;③项目施工区域地上、地下管线及相邻的地上、地下建(构)筑物情况;④与项目施工有关的道路、河流等状况;⑤当地建筑材料、设备供应和交通运输等服务能力状况;⑥当地供电、供水、供热和通信能力状况;⑦其他与施工有关的主要因素。

3. 施工部署

(1) 工程施工目标应根据施工合同、招标文件以及本单位对工程管理目标的要求确定,包括进度、质量、安全、环境和成本等目标。各项目标应满足施工组织总设计中确定的总体目标。

(2) 施工部署中的进度安排和空间组织应符合下列规定:①工程主要施工内容及其进度安排应明确说明,施工顺序应符合工序逻辑关系。②施工流水段应结合工程具体情况分阶段进行划分;单位工程施工阶段的划分一般包括地基基础、主体结构、装修装饰和机电设备安装 3 个阶段。③对于工程施工的重点和难点应进行分析,包括组织管理和施工技术两个方面。④工程管理的组织机构形式应采用框图表示,并确定项目经理部的工作岗位设置及其职责划分。⑤对于工程施工中开发和使用的新技术、新工艺应做出部署,对新材料和新设备的使用应提出技术及管理要求。⑥对主要分包工程施工单位的选择要求及管理方式应进行简要说明。

4. 施工进度计划

(1) 单位工程施工进度计划应按照施工部署的安排进行编制;

(2) 施工进度计划可采用网络图或横道图表示,并附必要说明;对于工程规模较大或较复杂的工程,宜采用网络图表示。

5. 施工准备与资源配置计划

(1) 施工准备应包括技术准备、现场准备和资金准备等。①主要分部(分项)工程和专项工程在施工前应单独编制施工方案,施工方案可根据工程进展情况,分阶段编制完成;对需要编制的主要施工方案应制定编制计划;②试验检验及设备调试工作计划应根据现行规范、标准中的有关要求及工程规模、进度等实际情况制定;③样板制作计划应根据施工合同或招标文件的要求并结合工程特点制定。

(2) 应根据现场施工条件和实际需要,准备现场生产、生活等临时设施。

(3) 应根据施工进度计划编制资金使用计划。

6. 主要施工方案

单位工程应按照《建筑工程施工质量验收统一标准》(GB 50300—2013)中分部、分项工程的划分原则,对主要分部、分项工程制定施工方案。

对脚手架工程、起重吊装工程、临时用水用电工程、季节性施工等专项工程所采用的施工方案应进行必要的验算和说明。

7. 施工现场平面布置

施工现场平面布置图应包括下列内容:①工程施工场地状况;②拟建建(构)筑物的位置、轮廓尺寸、层数等;③工程施工现场的加工设施、存储设施、办公和生活用房等的位置和面积;④布置在工程施工现场的垂直运输设施、供电设施、供水供热设施、排水排污设施和临时施工道路等;⑤施工现场必备的安全、消防、保卫和环境保护等设施;⑥相邻的地上、地下既有建(构)筑物及相关环境。

6.4.3　某小学新建教学楼工程钢结构安装工艺

本工程的施工组织设计部分重点介绍主要施工方法、安装工艺,上述施工组织设计所包含的其他内容不进行介绍。

本工程为5层钢框架结构,抗震设防7度,主体高度20.10m,建筑物占地面积3383.45m²,建筑面积4500m²。其中1层层高3.90m,2~4层层高3.60m,5层层高3.90m。

本工程为钢框架结构,采用高强螺栓和焊接连接方式。钢柱为箱形柱,选用Q345B热轧方钢管,钢梁为H型钢,选用Q345B热轧钢板,构件在工厂内制作。主结构钢柱总计32件,用钢量80t,钢梁总计419件,用钢量163t,钢筋桁架楼承板总计4300m²,用钢量22t。钢柱布置如图6-33所示。

通过施工前期的钢结构图纸深化设计,将1~5层钢柱制作成单节整体钢柱,省去现场每层单节钢柱的吊装和焊接工作,提高安装速度,同时保证安装精度。采取对称安装、对称固定的工艺,降低安装累积误差和节点焊接变形。钢结构安装分为两个作业面同时安装,即②~⑤轴交Ⓐ~Ⓕ轴和⑥~⑨轴交Ⓐ~Ⓖ轴,由中间⑤~⑥轴开始向四周扩展安装。

1. 全钢框架结构安装

1) 钢构件安装前准备

钢构件进场前,地脚螺栓安装完成,标高、轴线复测完成,构件堆放场地平整完成,道路平整完成。钢构件按照材料计划进场,由材料员和质检员按发货清单及图纸验收钢构件,检查钢构件的数量、编号、尺寸是否相符,做好记录,并反馈给工厂。钢构件用汽车式起重机卸车,按照轴线位置及布置图放在就近位置,便于吊装,减少二次倒运。钢构件安装前应保持清洁状态,不得有泥土、油污等,将钢构件平放在专用枕木上。

2) 钢柱吊装

(1) 钢柱吊装前,先将安装用爬梯焊接在钢柱上,爬梯用φ10圆钢在工厂内制作。安装爬梯如图6-34所示。

(2) 钢柱吊装前,在钢柱地脚螺栓的每一个螺栓上安装一个调整螺母和一个10mm的调整垫片,用于调节钢柱的安装标高。

(3) 钢柱吊装采用一点正吊,吊点设置在柱顶处,用25t汽车吊进行吊装,采用两条φ22mm长为2m的钢丝绳通过4只5t吊装卡环安装在柱上端连接板上的吊装孔上。起吊时钢柱的根部要垫实,保证在根部不离地的情况下,通过吊钩的起升与变幅及吊臂的回转,逐步将钢柱扶直,待钢柱停止晃动后再继续提升。为使吊装平稳,应在钢柱上端拴两条φ8mm长30m(长度至少为钢柱高度的1.5倍)的镀锌钢丝绳牵引。

起吊时钢柱必须垂直,尽量做到回转扶直,根部不拖。起吊回转过程中应注意避免同其他已吊好的构件碰撞,吊索应有一定的有效高度。

钢柱安装到位后,在穿过钢柱地脚板的地脚螺栓上安装20mm方垫片一个,紧固螺母和止退螺母各1个,在对准轴线、标高,校正垂直度后,必须等地脚螺栓与底部钢筋焊接固定、缆绳与地锚固定、刚架管与地面可靠固定后才能松开吊索。

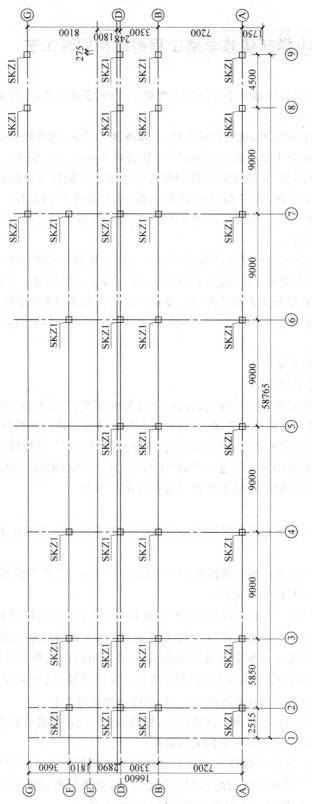

图 6-33　钢柱布置图

(a)　　　　　　　　　　　　(b)

图 6-34　安装爬梯安装示例图

3）钢柱校正固定

（1）钢柱就位后，通过调节柱地脚板下的调整螺母，将钢柱的标高误差控制在 2mm 以内。钢柱标高控制如图 6-35 所示。

（2）对准钢柱中心线与基础中心线，确定钢柱的平面位置。在起重机不松钩的情况下，将柱底板上的 4 个点与钢柱的控制轴线对齐慢慢降落至设计标高位置。如果这 4 个点与钢柱的控制轴线有微小偏差，可借线调整。由于地脚螺栓孔与地脚螺栓之间有 3mm 的调整余量，因此，可以将钢柱中心线与基础中心线的误差控制在 3mm 以内。然后，将地脚螺栓的螺母微微拧紧。

（3）采用缆风绳校正钢柱垂直度。用 2 台 90°的经纬仪找垂直。在校正过程中，不断微调柱底板处的调整螺母，直至校正完毕，缆风绳拉紧，柱身呈自由状态，再用经纬仪复核，如有微小偏差，再重复上述过程，直至无误。调节调整螺母会稍微影响钢柱的标高，但误差会控制在 2mm 以内，如图 6-36 所示。

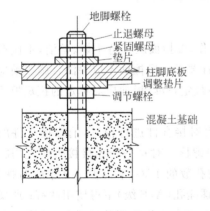

图 6-35　钢柱标高控制示例图

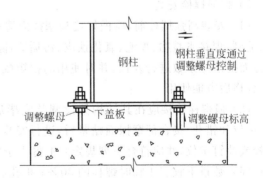

图 6-36　钢柱垂直度通过调整螺母控制示例图

（4）待钢柱的平面位置、标高和垂直度调整完毕，拧紧柱脚底板上下的地脚螺栓和调节螺栓，用 C40 细石混凝土将柱底板与基础间的缝隙填实。

4）钢梁吊装

（1）钢梁吊装采用二点吊，吊点位置距离梁端为梁长的 1/4，吊点的构造形式采用在梁上直接绑扎 2 圈钢丝绳，绳头用吊环捆扎锁死，再连接到吊钩上。

（2）必须保证钢梁在起吊后为水平状态。

（3）原则上竖向构件由下向上逐件安装，但由于上部和周边都处于自由状态，易于安装且保证质量。所以本工程钢梁安装顺序为先主梁后次梁，由上向下、从中间跨开始对称向两端扩展安装。

（4）在安装柱与柱之间的主梁时，会把柱与柱之间的开档撑开或缩小。测量必须跟踪校正，预留偏差值，留出节点焊接收缩量。将标准或中间的框架体（核心筒）的梁安装后，安装过程会对柱垂直度有影响，安装钢梁后，重新测量钢柱的垂直度，如果有偏差，可采用钢丝绳缆索、10t 千斤顶、钢楔和 3t 手拉葫芦进行校正，其他框架柱梁依标准框架体向四周发展，其做法与上相同。如图 6-37 所示。

(a)　　　　　　　　　　　(b)

图 6-37　钢柱钢梁由中间向四周扩展示例图

5）高强螺栓安装

（1）安装高强螺栓前，应做好接头摩擦面清理工作，摩擦面应保持干燥、整洁，不应有飞边、毛刺、焊接飞溅物、焊疤、氧化铁皮、污垢等，除设计要求外摩擦面不应涂漆。施工前应对摩擦面抗滑移系数进行复核，并对使用的扭矩扳手按规定校准，扳前应对标定的扭矩扳手校核，合格后方能使用。

（2）强螺栓连接应在其结构架设调整完毕后，再对接合件进行校正，消除接合件的变形、错位和错孔，接合部摩擦面贴紧后，进行安装高强螺栓。对每一个连接接头应先用临时螺栓或冲钉定位，并应符合下列规定：不得少于安装孔数的 1/3；不得少于 2 个临时螺栓；冲钉穿入数量不宜多于临时螺栓的 30%；扩孔后的螺栓孔（A，B 级）不得使用冲钉；严禁把高强螺栓作为临时螺栓使用。高强螺栓的穿入应在结构中心位置调整后进行，其穿入方向应以施工方便为准，每个节点整齐一致；螺母、垫圈均有方向要求，要注意正反面。高强螺栓的安装应能自由穿入孔，严禁强行穿入。高强螺栓连接的钢板孔径略大于螺栓直径，并必须采取钻孔成型。如不能自由穿入时，该孔应用绞刀进行休整，休整后的最大孔径应小于

1.2倍螺栓直径,修孔时,为防止铁屑落入板缝,铰孔前应将四周的螺栓全部拧紧,待连接板密贴后再进行,严禁用气割扩孔。

（3）高强螺栓的紧固采用专用扭矩扳手拧紧螺母,通过初拧、复拧和终拧达到紧固。一个接头上的高强螺栓,初拧、复拧、终拧都应从螺栓群中部开始向四周扩展逐个拧紧,每拧一遍均应用不同颜色的油漆做上标记,防止漏拧。同一接头中高强螺栓的初拧、复拧、终拧应在24h内完成。当接头既有高强螺栓连接又有焊接连接时,如设计无特殊要求时,宜按先紧固高强螺栓后焊接（先栓后焊）的施工工艺顺序进行。

6）钢结构柱梁焊接

本工程在施工现场焊接的焊缝主要是钢柱与钢梁翼缘板的焊缝,如图6-38所示,为坡口熔透焊,二级焊缝,焊后需要进行超声波无损检测。

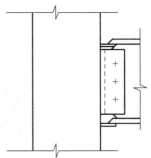

（1）焊前准备。焊接采用CO_2气体保护焊,因是冬期施工,焊前需针对本工程进行焊接工艺评定试验,形成焊接工艺评定报告和焊接工艺指导书。并做好焊前预热和焊后保温、防风措施。焊前,对钢梁翼缘板坡口和钢衬垫进行打磨处理,清除表面油污,直至漏出金属光泽。并对焊工进行培训交底,焊工须持证上岗。

（2）焊接环境。雨雪天禁止焊接作业,采用气体保护焊,当风速超过2m/s时,应设置防风措施。风速超过10m/s时,停止焊接作业。当温度低于0℃时,采取焊前预热和焊后保温措施,否则禁止焊接作业。

图6-38　钢结构柱梁焊缝连接节点图

（3）焊接工艺。柱梁连接焊缝,先安装垫板及引弧板,同一节点应先焊下翼缘后焊上翼缘,先焊梁的一端再焊梁的另一端,严禁两端同时焊接,避免焊后热膨胀,冷却后收缩扭曲变形,同时减小应力集中。在钢柱的连接侧焊接钢梁翼缘板的垫板,两端加焊接引弧板,其材质与被焊接构件相同,板长60mm,板宽50mm,焊缝引出长度不小于25mm。焊接完成后,应用火焰切割去除引弧板和引出板,并修磨平整。不得用锤击落引弧板和引出板。

焊接电压控制在24~26V,焊接电流控制在260~280A,可根据焊工操作技能而异,但应保证焊缝合格。当温度低于0℃时,焊前在焊接区（坡口两侧各80~100mm范围）预热到30℃,用温度计测量,焊后加防火石棉布包好焊缝,让焊缝温度缓降。

（4）焊接检验。焊接检验工作在焊接24h后进行,首先进行焊缝外观检查,焊缝应均匀,不得有裂纹、未融合、夹渣、焊瘤、咬边、弧坑和气孔等缺陷,焊接区无飞溅残留物。

然后,利用超声波检测仪对焊缝进行无损检测。对不合格的焊缝,根据其超标缺陷的位置,采用碳弧气刨清根、切除,清根长度应比缺陷部位两端长50mm,并按照焊接工艺重新施焊,同一部位的返修次数不能超过2次。

7）补刷防锈漆

柱梁栓接和焊接后,对连接部位进行打磨清理,补刷防锈漆。

2. 钢筋桁架组合楼板安装

本工程钢筋桁架组合楼板型号为TD3-90型,其材料表如表6-2所示,其大样图如图6-39所示。

表 6-2　TD3-90 型钢筋桁架组合楼板材料表

上弦钢筋	下弦钢筋	腹杆钢筋	高度 h_t	底模钢板	施工阶段最大无支撑跨度	
					简支板	连续板
10mm	8mm	4.5mm	90	0.5mm 厚镀锌板	2.8m	2.8m

注：上、下弦钢筋采用热轧钢筋 HRB400 级,腹杆钢筋采用冷轧光圆钢筋。

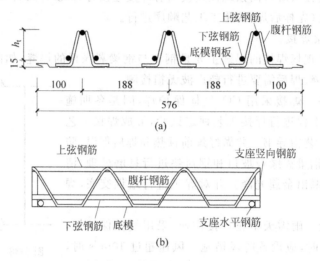

图 6-39　楼承板大样图

1) 钢筋桁架组合楼板铺设

（1）钢筋桁架楼承板采用不拆包,整件吊装至相应钢梁翼缘板上。按照图纸安装方向放置。

（2）每层钢筋桁架楼承板的铺设宜从起始位置向一个方向铺设,随主体结构安装施工顺序铺设相应各层的钢筋桁架楼承板。楼板铺设前,应按图纸所示的起始位置放设铺设时的基准线。对准基准线,安装第一块板,将其支座竖筋与钢梁点焊固定。再依次安装其他板,在铺设过程中每铺设一跨板应按图标注尺寸进行校对,若有偏差要随即调整。

（3）钢筋桁架楼承板连接采用扣合方式,板与板之间的拉钩连接应紧密,保证浇筑混凝土时不漏浆,同时注意排板方向要一致,桁架节点间距为 200mm,注意不同钢筋桁架楼承板的横向节点要对齐。

（4）钢筋桁架楼承板在与钢柱相交处被切断,柱边板底应设支承件,板内应布置附加钢筋。

（5）待铺设一定面积后,必须按设计要求设置楼板支座连接筋、加强筋及负筋等。连接筋等应与钢筋桁架绑扎连接。并及时绑扎分布钢筋,以防止钢筋桁架侧向失稳。支座竖筋与钢梁连接示例,如图 6-40 所示。

（6）楼承板边模安装时应拉线校直,调节适当后利用钢筋一端与栓钉点焊,一端与边模点焊,将边模固定,边模底部与钢梁的上翼缘点焊间距 300mm。

（7）钢筋桁架楼承板安装好后,禁止切断钢筋桁架上的任何钢筋,若确需将钢筋桁架裁断,应采用相同型号的钢筋将钢筋桁架重新绑扎连接,并满足设计要求的搭接长度。

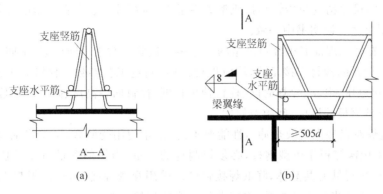

图 6-40　支座竖筋与钢梁连接示例图

（8）钢筋桁架模板铺设好后，应做好成品保护，避免人为损坏，禁止堆放杂物。钢筋桁架楼承板铺设后实景如图 6-41 所示。

图 6-41　钢筋桁架楼承板铺设后实景图

2）钢筋桁架组合楼板栓钉焊接

待钢筋桁架楼承板铺设完成后，需要在钢梁上焊接栓钉，采取穿透焊形式，采用电弧螺柱焊和专用穿透型焊接瓷环。

（1）焊接前应检查栓钉质量。栓钉应无皱纹、毛刺、开裂、扭歪、弯曲等缺陷，栓钉应防止锈蚀和油污。

（2）瓷环的尺寸精度与栓钉焊接成型关系很大，对焊接工艺有直接影响，因此采购瓷环时一定要控制尺寸与说明书中一致。

（3）栓钉在施工焊前必须经过严格的工艺参数试验。对于不同厂家、不同批号、不同材质及不同焊接设备的栓钉焊接工艺，均应进行试验，确定工艺参数。栓钉焊工艺参数包括：焊接形式、焊接电压、电流、栓焊时间、栓钉伸出长度、栓钉回弹高度、阻尼调整位置。在穿透焊中还包括压型钢板的厚度、间隙及层次。

（4）穿透焊对瓷环强度及热冲击性能要求高，禁止使用受潮瓷环，受潮后要在 250℃ 下烘烤 1h。如采用镀锌板作压型钢板，必须控制锌的含量，当锌的含量超标时必须先除锌后再焊接，否则会出现铁锌共晶体，降低焊接强度。采用穿透焊接时，薄钢板与工件间一定要紧密压实，并选用适当的工艺参数，方能获得合格的焊接接头。

（5）施焊前应放线，标出栓钉焊接位置。焊接位置的母材要进行清理，必要时应火烤、打磨。

（6）焊后外观检查。焊接良好的栓钉应满足以下要求。成型焊周围 360° 根部高度应大于 1mm，宽应大于 0.5mm，表面光洁，栓钉高度差小于 2mm，没有可见咬肉和裂纹等缺陷。

（7）焊后锤击检查。用铁锤敲击栓钉使其弯曲，偏离底板垂直方向 15°，然后进行外观检查，不能在任何部位出现裂缝等缺陷。弯曲方向一般与缺陷位置相反，抽检数 1‰～5‰，不合格栓钉全部打掉重焊。打弯的栓钉必须扶正。栓钉焊接实景如图 6-42 所示。

(a)   (b)   (c)

图 6-42　钢筋桁架楼承板栓钉焊接实景图

3. 蒸压轻质砂加气混凝土（AAC）外墙板安装

本工程外墙采用"三明治"外墙体系，即外侧采用 100mm 蒸压轻质砂加气混凝土条板（AAC 板），中间填充 80mm 挤塑板，内侧砌筑 150mm 蒸压轻质砂加气混凝土砌块，如图 6-43 所示。

蒸压轻质砂加气混凝土外墙板（简称 AAC 板）选用 TU 板形，采用竖向排列，自然靠拢、螺栓紧固的安装方式。AAC 板通过专用连接螺栓或钩头螺栓固定在钢结构外圈框架梁柱上。利用对施工前期的钢结构图纸深化设计，将钢梁翼缘板上的用于连接固定 AAC 板的卡件在工厂内焊接在钢梁上，减少施工现场的焊接作业量，通过控制钢结构的制作和安装质量，保证 AAC 板的安装质量要求，并提高 AAC 板的安装速度。外墙连接节点如图 6-44 所示。

AAC 板施工工艺流程如下：AAC 板进场、存放、运输→放样、弹线→门窗洞口角钢安装焊接→焊缝检查、防锈处理→AAC 板切割、钻孔→ AAC 板吊装→ AAC 板就位、校正→专用螺栓紧固、焊接→焊缝检查、防锈处理→板缝处理→墙面装饰。

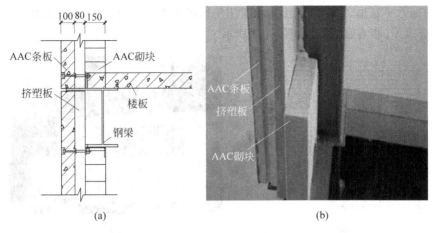

图 6-43　外墙构造示意图

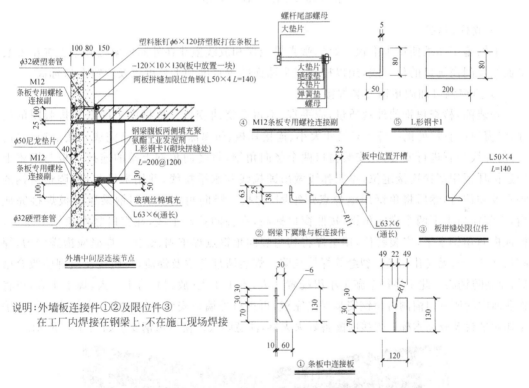

图 6-44　外墙连接节点

1) AAC 板进场、存放、运输

AAC 板进场时,应提供出厂合格证和性能检测报告,并由专职质检员进行外观质量检查,经检查合格后,办理入库手续。

AAC 板现场存放应按规格分区存放,如场地允许可按照排版图的尺寸将 AAC 板分区存放到各个外墙作业面下,减少二次搬运。存放场地应平整,无积水,底部设置垫木,存放时每层高≤1m,每垛高≤2m,采用塑料布或防雨布,防止雨雪淋湿和污染。AAC 板卸车、垂直运输采用汽车吊,用宽度 100mm 专用尼龙吊带兜底起吊,禁止用钢丝绳直接兜底吊运。

AAC 板地面水平运输,可用人工抬运或使用平板推车推运。为减少损耗,AAC 板在场内尽量少搬运。AAC 板存放、吊运如图 6-45 所示。

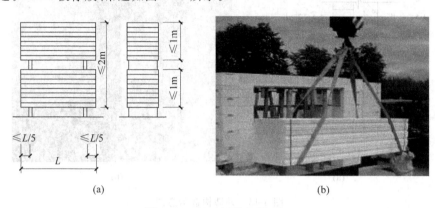

(a)　　　　　　　　　　　(b)

图 6-45　AAC 板的存放、吊运

2）放样、弹线

根据施工图纸使用水准仪、米尺、激光投线仪和放线墨斗在外圈框架柱和梁上弹出安装平面线及门窗洞口的位置线,用以控制整个墙面的垂直度和平整度以及门窗洞口标高。

3）门窗洞口加固角钢安装焊接

安装前,检查角钢的外观质量,应平直,不得有挠曲变形。根据施工图纸和排版图的尺寸,将窗口(门口)处的 L 75×6(尺寸大小、连接耳板、防腐涂刷在工厂已完成),按照窗口(门口)的弹线位置进行安装,先安装窗口两个竖向角钢,将竖向角钢上端的连接耳板与钢梁上的连接耳板用螺栓连接定位,参照弹线做吊锤拉线和水平拉线,并用米尺测量,调整角钢的垂直度和位置,然后将角钢用电焊点焊牢固、焊接。竖向角钢上下与钢梁翼缘板焊接完成后,安装窗口上下两个横向角钢,按照窗口标高,在柱间拉水平线,在窗口竖向角钢上量尺,保证横向角钢水平,安装就位,用电焊将其与竖向角钢点焊牢固、焊接。焊缝应饱满均匀,焊脚尺寸 6mm,无气孔、夹渣、裂缝等焊接缺陷。焊后清理药皮及焊渣,经质检及监理验收合格后,涂刷防锈漆。此工序每个施工小组配置 3 人,木工 1 人(放线)、力工 1 人、焊工 1 人,可将作业面内的所有门窗洞口角钢安装焊接完成,再进行外墙板安装。每个施工小组应配置脚手架作业平台及登高木梯。焊接时配备好灭火器,注意防火。窗口角钢安装如图 6-46 所示。

(a)　　　　　　　　　　　(b)

图 6-46　窗口角钢安装

4）AAC 板切割、钻孔

根据施工现场安装完成的窗口（门口）实际尺寸，并结合排版图的套料要求来切割板材。在平整的地面上垫木方，把每层的墙板平铺后根据实际尺寸弹线、号孔、切割、钻孔。因 AAC 板是 TU 形，板缝自然靠拢，故弹线时应注意 AAC 板的企口方向，以免造成 AAC 板加工方向相反。切割工具为手提式切割机（云石锯），切割人员应佩戴口罩及护目镜。在气割窗口（门口）处用 AAC 板时，为保证窗口（门口）尺寸，应对窗口（门口）角钢四周与角钢阴角面接触的 AAC 板进行卧槽，槽深等于角钢厚度，槽宽或槽长与角钢阴角接触面的宽度或长度相同。钻孔采用手电钻，带扩孔钻头，在 AAC 板的上下两端各钻一个 $\phi14\text{mm}$ 的安装孔，扩孔深度为 30mm，直径 40mm，以便于垫片和螺母的安放，扩孔距墙 AAC 板边缘不应小于 100mm，相邻两孔间间距不应小于 100mm，钻孔时要尽量避开钢筋。在对窗口（门口）上边横框 AAC 板钻孔时，需在 AAC 板厚度方向顶部居中钻一个孔径 14mm、孔深 50mm 的安装孔，用于安装 90°连接弯钩。AAC 板切割如图 6-47 所示，AAC 板钻孔如图 6-48 所示，窗口角钢处 AAC 板卧槽如图 6-49 所示，扩孔钻头及扩孔后如图 6-50 所示。

图 6-47　AAC 板切割

图 6-48　AAC 板钻孔

图 6-49　窗口角钢 AAC 板卧槽

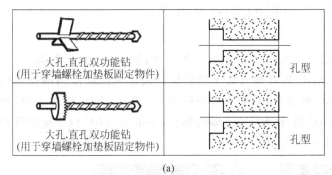
图 6-50　扩孔钻头及扩孔后的 AAC 板

5）AAC 板吊装

AAC 板吊装可用汽车吊吊装和卷扬机吊装，施工现场可根据实际情况选择适合的吊装方法。

（1）AAC 板利用汽车吊吊装，吊装时用宽度 50mm 的专用尼龙吊带固定在 AAC 板的上端距宽度方向边缘 400mm 处，注意避开安装孔，地面辅助起吊的人数为 2 人，每次固定尼龙吊带前，应检查尼龙吊带的磨损情况，如出现破损，应更换新的尼龙吊带，当尼龙吊带固定完成后,吊钩缓缓升起至 AAC 板直立离开地面,地面辅助起吊人员人工辅助 AAC 板由地面平铺至直立稳定状态后,离开起重机作业范围。汽车吊将 AAC 板吊至需要安装的作业面。

(2) AAC 板利用卷扬机吊装,吊装前需要固定卷扬机和专用特制吊装工具的位置,可先用两支 L 75×6 固定于卷扬机底座上,每根角钢两端打上 2 颗 φ16mm 洞眼,然后用 M12 的膨胀螺栓固定于地面上,然后在角钢两端上面负重物 3t。专用特制吊装工具制成三角桁架形状,顶端挂吊环、滑轮,用来穿钢丝绳。专用特制吊装工具可安装在楼顶,也可安装在各楼层,吊装时用宽度 50mm 的专用尼龙吊带固定在外墙板的上端距宽度方向边缘 400mm 处,注意避开安装孔,并在中部固定一条尼龙长绳,流出两个等长的绳头,用于地面辅助吊装,防止 AAC 板与建筑物边缘碰撞,起吊时,一人负责卷扬机的起吊、停止,两人负责辅助起吊、吊装(拉绳)。利用卷扬机吊装,虽然可以减少起重机费用,但是需要多次移动、固定卷扬机和专用特制吊装工具,而且投入人工较多。安装一面的板需要移动 4 次卷扬机,并且只能安装 2~3 层的相应位置板,专用特制吊装工具每安装 2 块板就要挪至相应位置。所以卷扬机吊装费工费时,为保证吊装安全,钢丝绳、尼龙吊带需定期更换。吊装示意如图 6-51 所示。

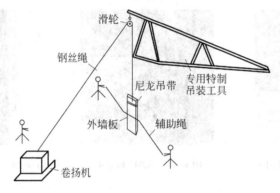

图 6-51　AAC 板卷扬机吊装示意图

6) AAC 板安装就位

(1) AAC 板安装就位每组配置 3 人,3 人分别对应外墙板的上、中、下 3 个部位。1 人在安装楼层的上一楼层,负责从 AAC 板外侧安装上端的螺栓及梁截面高度内的挤塑板复合,另 2 人在安装楼层,负责 AAC 板就位,其中 1 人利用脚手架作业平台,负责 AAC 板上端的螺栓紧固,另 1 人负责从 AAC 板外侧安装下端的螺栓,并负责 AAC 板下端的螺栓紧固和挤塑板复合。安装分工如图 6-52 所示。

(a)　　　　　　　　　　(b)

图 6-52　AAC 板安装分工

（2）按图纸要求和顺序安装螺栓、垫片、配件，详见图6-53。先固定AAC板的下端，后固定上端，当上下两端都临时固定好后，放下尼龙吊带。螺栓节点安装过程中PE套管前端与AAC板接触部位必须布置硬质垫片（尼龙垫片）1个，套管后方应布置一个或多个大垫片或硬质垫片（尼龙垫片），必须保证螺栓紧固后PE管顶紧受力。AAC板在固定前，需将AAC板调整好，AAC板每块板间距一致，从上到下在一条线上，AAC板进出位一致，通过钢柱及钢梁上的弹线在水平和垂直方向上各拉一条通线，以确保AAC板的平整度和垂直度。用2m的靠尺校正墙面平整度和垂直度，如误差超标，可通过专用撬棍和橡皮锤，并增加大垫片的方法进行调整。合格后用扳手紧固螺母。

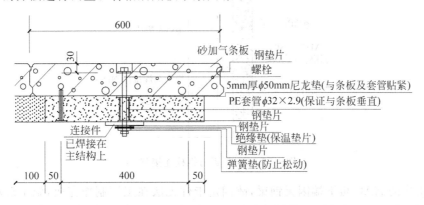

图6-53　AAC板连接螺栓副配件详图

（3）窗口（门口）处的AAC板与加固角钢连接位置采用M12×100的钩头螺栓连接，钩头螺栓每600m设置1个，节点如图6-54所示，与AAC板连接采用钩头螺栓连接，用套筒扳手紧固。与角钢连接采用焊接方式固定，另在窗口上框的AAC板顶部需加连接弯钩，弯钩一端插进AAC板孔内、另一端与钢梁上翼缘搭接焊接，焊缝长度不应小于40mm。焊缝应饱满均匀，焊脚尺寸6mm，无气孔、夹渣、裂缝等焊接缺陷。焊后清理药皮及焊渣，经质检及监理验收合格后，涂刷防锈漆。

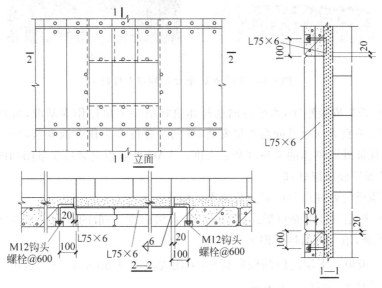

图6-54　外墙窗口连接节点

（4）AAC 板对应钢柱位置无法与钢梁上卡件连接，此位置连接采用 M12×180 的专用螺栓，螺栓头焊接在钢柱上，其他要求与外墙通用连接节点一致，如图 6-55 所示。

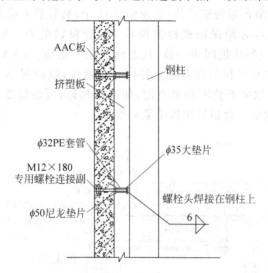

图 6-55　AAC 板与钢柱连接节点

（5）1 层的 AAC 板下端因无钢梁，故固定卡件无法在工厂制作完成，施工现场在浇筑一层圈梁混凝土时，在圈梁上预埋钢板带，之后通过现场放线测尺，在钢板带相应位置上焊接固定卡件及限位角钢，如图 6-56 所示。

图 6-56　1 层 AAC 板下端固定卡件做法

（6）AAC 板的安装顺序，水平方向选择建筑物的一个角柱作为基准，可向相邻的两个平面依次安装，垂直方向由低向高逐层安装，可同时进行多个作业面安装，但施工前必须复核放线尺寸，保证外墙整体的平整度和垂直度。AAC 外墙板安装后实景图如图 6-57 所示。

7）AAC 板墙面板缝处理

AAC 外墙板缝处理由专业墙面装饰人员操作。

（1）AAC 板是 TU 形企口形式、竖向安装、自然靠拢，一般的纵向拼接板缝采用外墙板专用黏结剂填充，填充饱满抹平即可。

（2）AAC 板板上下层之间的横向板缝，采用先填塞 φ25mm PE 棒，后用 PU 发泡剂填塞，填塞饱满后找平，如图 6-58 所示。

图 6-57 AAC 外墙板安装后实景图

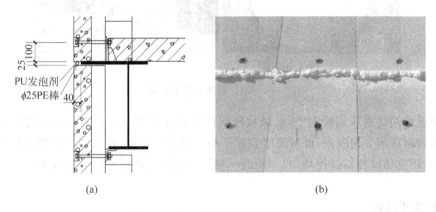

(a)   (b)

图 6-58 AAC 板层间横缝填缝处理

（3）因 AAC 板有破口或拼接不到位造成的缝隙较大的位置，及墙体转角处的胀缩缝位置，采用先岩棉，后 PE 棒的方式填塞，填塞密实后再用专用密封胶封口。

8）AAC 板墙面装饰

AAC 外墙墙面处理由专业墙面装饰人员操作。

（1）对 AAC 板平面的局部凸凹不平之处，用铲刀或角磨机进行修理打磨。

（2）对 AAC 板连接螺栓的外漏沉头部位，先用空气风将残渣、浮灰吹静，再对外漏螺栓头点刷防锈漆。

（3）对 AAC 板破损部位、经过防锈处理的螺栓沉头孔部位和 AAC 板外侧板缝填充发泡剂的部位，使用专用修补材料或聚合物抗裂抹面砂浆（以下简称胶泥）进行修补、抹平，如图 6-59 所示。

（4）待整个外墙修补完成后，对外墙整体滚涂专用界面剂一遍，如图 6-60 所示。

（5）整体墙面采用"两胶一网"的方式进行抗裂找平处理，即先刮涂一遍胶泥，同时用抹

(a)   (b)

图 6-59   AAC 板外墙墙面修补处理

(a)   (b)

图 6-60   AAC 板外墙界面剂施工

子将耐碱玻纤网格布压到胶泥中,耐碱玻纤网格布搭接宽度不小于 100mm;待第 1 遍胶泥干燥后接着刮涂第 2 遍胶泥,此时要求刮涂平整。胶泥使用前,按照产品说明书配合比要求加水,用专用电动搅拌器搅拌均匀。"两胶一网"施工前,外墙窗框应安装完成。

4. 挤塑板安装

(1)在待安装挤塑板的 AAC 板内墙面上,选择钢柱轴线位置作为安装基准,校准第一块挤塑板的垂直度,并以此为基准,保证连续安装挤塑板的精度。

(2)挤塑板的拼接纵缝与 AAC 板缝错开,挤塑板的拼接横缝相互错开,如图 6-61所示。

(3)为防止开裂,窗口转角处的挤塑板不能拼接,要使用整块或大块挤塑板进行切割,留刀疤口,如图 6-62 所示。

(4)挤塑板安装,每 2 人一组,1 人负责切割、安装;另 1 人负责钻孔、打钉。挤塑板固定采用 ϕ6mm,长度 120mm 的塑料胀钉,通过塑料胀钉将挤塑板钉在 AAC 板上。先用人工将挤塑板与 AAC 板贴紧,手扶固定,用手电钻在已经靠紧的挤塑板和 AAC 板上钻 ϕ6mm孔,再将塑料胀钉放入孔中,用铁锤敲击钉帽,直至钉帽与挤塑板表面平齐。禁止不经钻孔直接用锤敲击塑料胀钉,造成塑料胀钉不能充分胀开,连接不实。每平方米挤塑板上的塑料胀钉不少于 6 个,单张挤塑板的规格是 500mm×1000mm,在单张挤塑板上的塑料胀钉间距400~450mm,距离四周板边 50mm。挤塑板安装后实景如图 6-63 所示。

图 6-61 AAC 与挤塑板板缝相互错开图

图 6-62 窗口转角挤塑板刀疤口

图 6-63 挤塑板安装后实景图

5. 蒸压轻质砂加气混凝土(AAC)砌块墙施工

因本工程的主体结构为钢框架结构,故所涉及的外墙内嵌砌块墙和内隔墙均属于框架填充墙,是非承重墙。砌块墙与框架连接,根据设计要求采用脱开方法,其顶部与框架柱、梁之间的缝隙采用柔性连接,并在其两端与柱侧、梁底增设卡口铁件。

砌块施工采用干法施工,即施工时采用砌筑专用黏结剂,且不用水润湿砌块的方法。外墙内嵌砌块墙与框架连接节点如图 6-64 所示,内隔墙与框架连接节点如图 6-65 所示。

AAC 砌块施工工艺流程:AAC 砌块进场、存放、运输→基层清理、放线、弹线→配置、搅拌砂浆→设皮数线→装焊钢柱 U 形固定卡件→浇筑坎台、排块撂底→砌筑墙体→设置拉

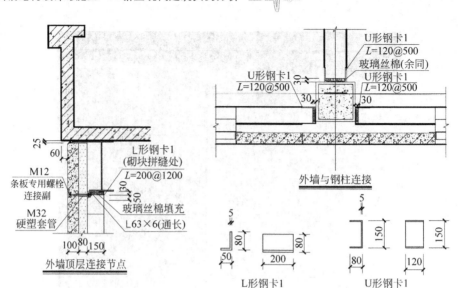

图 6-64 外墙内嵌砌块墙与框架连接节点

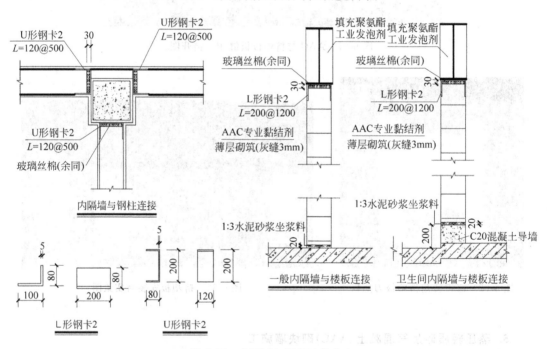

图 6-65 内隔墙与框架连接节点

结筋、构造柱钢筋、窗台板带钢筋→浇筑窗台板带→砌筑墙体→设置门窗过梁→砌筑墙体→浇筑构造柱→装焊钢梁 L 形固定卡件→墙体连接缝塞缝处理→暗敷管线安装→墙面检查、修整→墙面装饰。

1) AAC 砌块进场、存放、运输

(1) 砌块与其配套的专用砌筑材料和修补材料应同时进场,进场时应提供出厂合格证、性能复试报告。规格、品种、强度等级必须符合设计要求,规格一致。材料运至现场,分类型、分规格分等级堆放,并在堆垛上设立标志,标明品种、规格、强度等级和进场时间。

(2)现场存放场地应夯实、平整、不积水,码放应整齐,必须有防雨水的遮盖。为方便倒运,一般堆放高度不超过 1.4m(1 托,砌块用专用托盘包装),堆垛间留设通道。

(3)砌块运至工地卸货时应采用大于 3t 的叉车卸货(供货厂家负责提供),减少破损率。砌块现场二次倒运采用自制专用手推车和升降机配合使用运至各楼层,装运过程轻拿轻放,避免损坏。包装用的木制托盘应集中放置、保管,便于厂家回收。

2)基层清理、放线、弹线

砌筑前,将楼地面基层水泥浮浆残渣及施工垃圾清理干净,砌筑前应提前 2d 浇水湿润地面。依据砌筑图,利用水准仪和激光投线仪在钢柱上弹好+500mm 标高水平线、放出第一皮砌块的轴线,砌块墙立边线、门口窗口位置线。AAC 砌块墙砌筑前放线、弹线示例如图 6-66 所示。

(a)　　　　　　　　　　(b)

(c)　　　　　　　　　　(d)

图 6-66　AAC 砌块墙砌筑前放线弹线示例图

3)配置、搅拌砂浆

砌块第一皮采用 20mm 高 1∶3 水泥砂浆坐浆,砌块采用专用黏结剂砌筑,按照产品说明书进行操作,在搅拌前根据水灰比在桶内先放水然后均匀地洒入黏结剂干粉,用电动搅拌器充分搅拌均匀,搅拌时间≥5min,黏结剂搅拌完成后必须在 4h 内使用完毕。超过 30min 必须重新搅拌一次,当班黏结剂做到当班用完,过夜黏结剂不能再用。

4)设皮数线

为保证砌筑精度,根据标高控制线及窗台、窗顶标高,按照排块图和砌块每皮高度预排出砌块的皮数线,皮数线可划在砌块填充墙体两侧的钢框架柱上,并标明拉结筋、窗台板带、过梁的尺寸和标高。

5)墙体两侧与钢柱连接 U 形固定卡件安装焊接

砌块墙两端与钢柱距离 30mm,做柔性连接。砌块墙两端与钢柱连接处设置 U 形固定卡件,U形固定卡件每间隔500mm在两皮砌块的接缝处设置一个。固定卡件在工厂制作完成,并做镀锌防腐处理,卡件与钢柱接触面采用焊接连接,在墙体砌筑前安装、焊接完成,焊后、墙面装饰前在焊缝部位做补刷银粉处理。砌块墙体与卡件接触部位做割槽处理,使墙体与卡件连接牢固,并保证墙面平整度。U形固定卡件示例如图6-67所示。

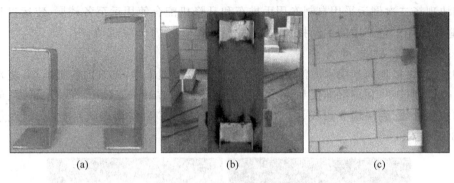

(a)   (b)   (c)

图6-67　U形固定卡件示例图

6)砌筑施工

(1)砌块采用干法施工,即施工时采用砌筑专用黏结剂,且不用水润湿砌块的方法。使用专用黏结剂砌筑时,其垂直灰缝和水平灰缝均应≤3mm,灰缝应横平竖直、砂浆饱满。

(2)砌筑前先拉水平线,在放墨线的位置上,按排块图从墙体转角处或定位砌块处开始砌筑,砌块墙两端与钢柱距离30mm,留缝隙,做柔性连接。砌筑时应先将砌块立放,用刷子清刷黏结面上的浮灰。砌筑第一皮砌块时,先浇水湿润基层平面再铺设1:3水泥砂浆,基层水泥砂浆垫层厚为20mm,通过其厚度来控制砌块墙的水平度和垂直度,将砌块底面水平灰缝和侧面垂直度灰缝满涂黏结剂方可砌筑。以水平尺和橡皮锤校正砌块的水平度和垂直度,进行调节,确保第一皮砌块水平。在卫生间等潮湿环境下,砌块墙体应砌筑在高度≥200mm的混凝土导墙(坎台)上。所以混凝土导墙应提前支模浇筑完成。第一皮砌块砌筑示例如图6-68所示,卫生间坎台示例如图6-69所示。

(a)   (b)

图6-68　第一皮砌块砌筑示例图

(3)砌筑水平灰缝应用专用刮勺均匀地将黏结剂铺设在下皮砌块表面,这样可以满足砌筑的灰缝满浆度的同时降低黏结剂施工损耗以及提高砌筑速度。一次铺设黏结剂的长度不超过800mm,铺设黏结剂后立即放置砌块。垂直灰缝可先将黏结剂铺粘在砌块端面,上

图 6-69　卫生间坎台施工及砌块砌筑示例图

墙后用橡皮锤轻击砌块,先从砌块顶部向下敲击,再水平方向压实,使黏结剂浆液能从灰缝中挤出,灰缝不得有空隙,水平灰缝饱满度≥90%,垂直灰缝饱满度≥80%,并及时将挤出的黏结剂浆液清除干净,做到随砌随清,砌筑时需用吊线锤或托线板控制其垂直度,用水平尺或拉线的方法控制其水平度,校正时可用人力轻微推动或用橡皮锤轻击砌块。

(4) 砌筑时,严格按照排块图排列摆块,不够整块时可以切割成需要的尺寸,但不得小于砌块长度的 1/3(600×1/3mm)。砌块切割前用直尺在砌块上先划标线,然后使用台式切割机进行切割,切割量较少时可采用手锯,不得用刀斧劈砍。对与墙体钢框架柱、梁的固定卡件连接的砌块,应先用手锯在砌块上割槽,槽的位置、尺寸与固定卡件相符,以保证砌筑墙体平面水平。

(5) 第二皮砌块的砌筑,应待第一皮砌块灰缝砂浆和黏结剂初凝后方可进行。每皮砌块砌筑前需用毛刷清理砌块表面浮尘,清理干净后再铺水平、垂直灰缝处的黏结剂,防止黏结剂黏结不牢,造成灰缝裂缝。每皮砌块砌筑前,先用水平尺和靠尺检查下皮砌块表面(铺设黏结剂面)的平整度,不平整处用磨砂板磨平。

(6) 砌筑时,满铺满挤,上下丁字错缝,搭接长度不宜小于砌块长度的 1/3,转角处及T 字交接处应将砌块分皮咬槎,交错搭砌,转角处应使纵横墙隔皮砌块露端面;T 字交接处应使横墙砌块隔皮露端面,并坐中于纵墙砌块。纵横墙交接处未咬槎搭砌时,应设拉结措施(2φ6 拉结筋,长度不小于 700mm)。砌块墙的转角交接部分应同时砌筑,如不能同时砌筑的要留成斜槎,斜槎水平投影长度不应小于高度的 2/3,接槎时,应先清理接槎处,再铺黏结剂接砌。墙体砌至门窗洞口边非整块时,应用同品种的砌块加工切割成,不得用其他砌块或砖镶砌。AAC 砌块墙转角处及 T 字交接处砌法示例如图 6-70 所示。

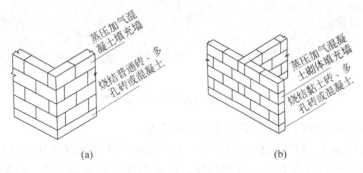

图 6-70　AAC 砌块墙转角处及 T 字交接处砌法示例图

7）构造柱施工

构造柱钢筋工程在砌块墙施工前进行，根据设计图纸要求，砌块填充墙与框架柱、梁连接构造采用脱开方法，砌块填充墙内的构造柱施工时，不需预留马牙槎。沿墙高每隔 500mm，设 $2\phi6$ 拉结钢筋，伸入墙内不小于 700mm。在设置水平拉结筋时，应预先在砌块的水平灰缝面开设凹槽，槽宽、槽深比钢筋大 $15\sim20$mm，置入钢筋后，用黏结剂将槽填实至砌块上表面平齐。

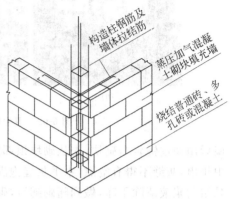

图 6-71 AAC 砌块填充墙转角处构造柱做法示例图

砌块填充墙转角处构造柱施工时，预留马牙槎，马牙槎自底向上，先退后进，进退尺寸控制在 50mm，高度≤300mm。做法如图 6-71 所示。

构造柱主筋上端与钢梁底采用焊接连接，焊缝经验收合格后，对焊接部位清理，刷防锈漆；构造柱主筋下端与混凝土楼板连接采用化学浆锚（植筋）。植筋深度不小于钢筋直径的 10 倍。

墙体构造柱待墙体砌筑完成后，集中浇筑。浇筑构造柱混凝土前，应先通过与构造柱相连砌体的垂直度、平整度的验收，验收合格后，方可进行浇筑。采用对拉螺栓固定模板，便于浇筑后拆卸和提高利用率，对拉螺栓外套塑料套管，对拉螺栓应从构造柱内部穿过，不得在砌块上凿空，不得采用穿铁丝的方式固定模板。支模前，应将模板、砌体与混凝土交界面上的灰屑用毛刷清理干净后再支模，浇捣前，要检查是否已清理干净，并适当浇水湿润。

8）窗台板带施工

窗台板带施工在砌块墙砌筑过程中进行，根据设计施工图纸，在外墙窗口标高以下 100mm 范围沿墙通长设置 C20 混凝土窗台板带，板带钢筋采用三级带肋钢筋（HRB400），内置 $2\phi10$ 纵筋和 $\phi8@200$ 分布筋，纵筋搭接长度≥200mm，如图 6-72 所示。

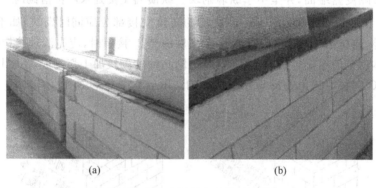

(a)　　　　　　　　　　　　　(b)

图 6-72 窗台混凝土板带示例图

9）门窗洞口过梁和门框窗框混凝土预制块安装

（1）尺寸较大的门口（防火门、大厅门），在门口两侧设置混凝土柱，门口上方设置混凝土过梁，均采用 C20 混凝土现浇。其他门窗洞口采用混凝土预制过梁。预制过梁长度比窗口宽 600mm，即两端各长出窗口 300mm。

（2）内墙厚度 200mm，在门窗洞口两侧上、中、下位置安装 C15 混凝土预制块来固定门窗框，预制块宽度比墙体宽度窄 20mm，每边留出 10mm 余量做粉刷，以便与周围墙体平面抹平。

（3）外墙的窗口处，因有角钢窗框，不必安装混凝土预制块。

混凝土预制过梁及预制块如图 6-73 所示。

图 6-73　门口处预制过梁及混凝土预制块示例图

10）墙体顶部与钢梁连接 L 形固定卡件安装焊接

砌块填充墙砌至钢梁底部时，预留 30mm 缝隙，做柔性连接。砌块填充墙顶部与钢梁连接处设置 L 形固定卡件，L 形固定卡件每间隔 1200mm 在两皮砌块的纵向接缝处设置一组，成对布置，组成槽形，即为方便安装，将柱用 U 形卡件改成梁底用的 L 形卡件。固定卡件在工厂制作完成，并做镀锌防腐处理，卡件与钢梁接触面采用焊接连接，在墙体砌筑完成后安装、焊接，焊接完成后、墙面装饰前在焊缝部位做补刷银粉处理。砌块墙体与卡件接触部位做割槽处理，使墙体与卡件连接牢固，并保证墙面平整度。

11）砌块墙体校正

砌好上墙的砌块不应任意移动，黏结剂未凝固的砌块不得受撞击，不得采用敲击的方法来校正墙面，如有不平整，应用钢齿磨板磨平，若需校正或调向必须刮去原有黏结剂重新铺设，完成每皮砌筑要用水平靠尺及时校正，核对皮数线，使偏差值控制在允许范围内。对于超出规范要求偏差值的墙体，应拆除砌块，重新铺设黏结剂后再砌筑。

12）砌块墙体与钢框架柱梁连接缝隙处理

砌块墙体与钢框架柱梁连接缝隙填缝在砌块墙体砌筑 7d 后进行，采用先填塞玻璃丝棉后聚氨酯发泡剂封堵的处理方式，如图 6-74 所示。

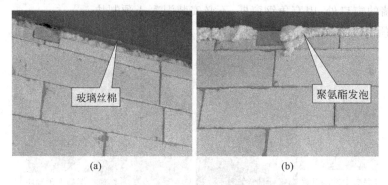

(a)　　　　　　　　　　　(b)

图 6-74　AAC 砌块墙体与钢框架缝隙处理

13）砌块墙体暗敷管线施工

水电管线的暗敷工作，应待墙体砌筑完成 24h 后进行。开槽时，使用专用切割机切槽。再用搂槽器搂槽，不得用锤斧剔凿。横向开槽深度不得大于墙厚的 1/4，竖向开槽深度不得大于墙厚的 1/3，且应避免在同一位置及槽距 500mm 范围内的墙体正、反面开槽。开槽工具如图 6-75 所示。

(a)　　　　　　　　　　　(b)

图 6-75　AAC 砌块墙体开槽专用工具

预埋在现浇楼板中的管线弯进墙体时，应贴近墙体表面敷设，且垂直段高度宜低于一皮砌块的高度。

在墙体上预埋铁件时，应用电钻在砌块上钻取所需孔洞，铁件在孔洞内用结构胶粘接，穿过墙体的铁件应作镀锌防腐处理。

敷设管线后的槽应用专用修补材料填实，比墙面微凹 2mm，再用专用黏结剂补平，管线开槽部位和不同材质交接部位应粘贴 200mm 宽耐碱玻纤网格布。

14）砌块墙修整、验收

砌块墙体修补及孔洞堵塞与管线槽修补同时进行，使用专用修补材料进行修补。对于较大的孔洞，可用同材质砌块材料切割成规则砌块填堵，对于较小的孔洞和缺陷，可用砌块的粉末碎屑掺入专用黏结剂，搅拌均匀后修补。

经自检合格的砌块墙向监理申请报验。验收标准如表 6-3 所示。

表 6-3　AAC 砌块墙施工允许偏差及检验方法

项次	项　　目	允许偏差/mm	检 验 方 法
1	轴线位移	5	尺量
2	每层墙面垂直度	3	2m 托线板、吊垂线
3	全高垂直度≤10m	10	经纬仪、吊垂线
	全高垂直度>10m	20	经纬仪、吊垂线
4	表面平整度	3	2m 靠尺和塞尺
5	洞口位移	5	尺量

15) 墙面装饰(内墙抹灰)

AAC 砌块墙装饰施工工序如图 6-78 所示。

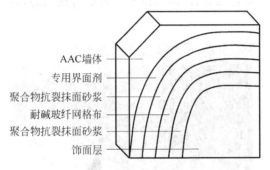

AAC 墙体
专用界面剂
聚合物抗裂抹面砂浆
耐碱玻纤网格布
聚合物抗裂抹面砂浆
饰面层

图 6-76　AAC 砌块墙装饰施工工序

(1) 作业条件:墙面抹灰应在墙顶空隙嵌填作业完成 7d 后进行,施工环境温度 5～35℃,并经主体验收合格。

(2) 基层清理:作业前,复查墙体表面平整度和垂直度,超出允许偏差部位应修补、磨平,并用钢丝刷将砌体墙面满刷一遍,清除砌体表面浮灰、污物和松散物。

(3) 满刷界面剂处理:待墙体基层清理干净后,喷涂抹刷专用界面剂一遍,如图 6-77 所示。

(a)　　　　　　　　　　　　(b)

图 6-77　AAC 砌块墙专用界面剂施工

(4) 加强网加固:专用界面剂施工完毕后,对不同材料交接处(包括埋设管线的槽)或薄弱处用耐碱玻纤网格布做加强处理。如门窗框、窗台板、开关控制箱、消火栓等交接处均应粘贴每边≥200mm 宽的耐碱玻纤网格布。

（5）抹面砂浆配制：选用专用聚合物抗裂抹面砂浆（抹面胶泥）抹灰。抹面砂浆按干粉：水（重量比）＝5：1 配制，用专用电动搅拌器搅拌均匀后方可使用，一次拌料不宜过多，应随拌随用，宜在 2h 内完成。

（6）抹底层抹面砂浆：采用干法抹面法施工，无须在 AAC 砌块墙体上洒水，可直接用搅拌好的专用抹面砂浆抹面施工，一次抹面厚度不得少于 3mm，但不得大于 5mm。

（7）贴压网格布：将网格布绷紧后贴压在底层抹面砂浆上，用抹子由中间向四周把网格布压入砂浆表层，要平整压实，严禁网格布褶皱。网格布不得压入过深，表面应暴露在底层砂浆外。单张网格布长度不宜大于 6m，铺贴遇有搭接时，必须满足纵横双向 100mm 宽的搭接要求。

（8）抹面层抹面砂浆：在底层抹面砂浆初凝后再抹一遍抹面砂浆罩面，厚度 2～3mm，以覆盖网格布、微见网格布轮廓为宜，即网格布呈若隐若现状态，以达到最佳防裂效果。施工实景如图 6-78 所示。

图 6-78 AAC 砌块墙抹面砂浆施工

砌块内墙窗口、门口、现浇混凝土门口处阳角采用 1：2 水泥砂浆做暗护角，其高度不应低于 2m，每侧宽度不应小于 50mm。

窗口抹灰时，采用小型云石锯对需要安装窗台板的窗台两侧墙体下部做割槽处理，用于固定窗台板两端。割槽伸入墙体宽度为 80mm，高度为 40mm，长度与窗台宽度相同。内墙窗口做法如图 6-79 所示。墙体抹面砂浆后实景图如图 6-80 所示。

图 6-79 AAC 砌块墙内墙窗口做法

图 6-80　AAC 砌块墙抹面砂浆后实景图

思　考　题

1. 本章中介绍的装配式现代民用建筑体系是由哪几个体系构成的？
2. 本章中介绍的外墙是如何构成的？
3. 本章中未介绍蒸压轻质砂加气混凝土的材料性能,请查阅相关资料进行了解。

参 考 文 献

[1]　张相勇.建筑钢结构设计方法与实例解析[M].北京：中国建筑工业出版社,2013.
[2]　建筑施工手册[M].5 版.北京：中国建筑工业出版社,2011.
[3]　中国建筑技术集团有限公司.建筑施工组织设计规范：GB/T 50502—2009[S].北京：中国建筑工业出版社,2009.
[4]　上海现代建筑设计(集团)有限公司技术中心.组合楼板设计与施工规范：CECS 273：2010[S].北京：中国计划出版社,2010.
[5]　中国建筑标准设计研究院.蒸压轻质砂加气混凝土(AAC)砌块和板材结构构造[R].北京：中国计划出版社,2007.

第 7 章

装配式大型钢结构桥梁设计与施工

本章导读：本章概述介绍了桥梁的基本组成和分类，桥梁的基本设计原则，桥梁的设计与建设程序，桥梁设计方案的比选，桥梁上的作用，使大家对桥梁的基本知识有了初步的了解，随后 3 节通过具体的实例分别介绍了施工图设计、施工详图设计与制作、施工组织设计与安装。

本章重点：桥梁的基本组成和分类，桥梁设计方案的比选，桥梁上的作用，钢箱梁制作工艺流程，施工策划。

7.1 概　　述

桥梁工程在科学上属于土木工程的分支，在功能上是交通工程的咽喉。

随着我国国民经济的发展和经济的全球化，大力发展交通运输事业，建立四通八达的现代交通网络，这不仅有利于经济的进一步发展，同时对促进文化交流、加强民族团结、缩小地区差别、巩固国防等方面，也都有非常重要的意义。

自改革开放以来，我国的路（特别是高等级公路和城市道路）、桥建设得到了飞速的发展，对改善人民的生活环境、改善投资环境、促进经济的腾飞，起到了关键的作用。

桥梁工程在工程规模上占道路总造价的 $10\% \sim 20\%$，它同时也是保证全线通车的咽喉，特别在战时，即便是高技术战争，桥梁工程仍具有非常重要的地位。

桥梁是一种功能性的结构物，但从古至今，人类从未停止过对桥梁美学的追求，很多桥梁成为令人赏心悦目的艺术品，具有鲜明的时代特征，至今仍然为人们所赞叹。

随着科学技术的进步和经济、社会、文化水平的提高，人们对桥梁建筑提出了更高要求。

经过几十年的努力,我国的桥梁工程无论在建设规模上,还是在科技水平上,均已跻身世界先进行列。各种功能齐全、造型美观的立交桥、高架桥,横跨长江、黄河等大江大河的特大跨度桥梁,如雨后春笋频频建成。

回顾过去,展望未来,可以预见,在今后相当长的一个时期内,我们广大的桥梁建设者将不断面临着建设新颖和复杂桥梁结构的挑战,肩负着光荣而艰巨的任务。

7.1.1 桥梁的基本组成和分类

1. 桥梁的基本组成

概括地说,桥梁由 4 个基本部分组成,即上部结构(superstructure)、下部结构(substructure)、支座(bearing)和附属设施(accessory)。

图 7-1 为公路桥梁基本尺寸术语示意图。

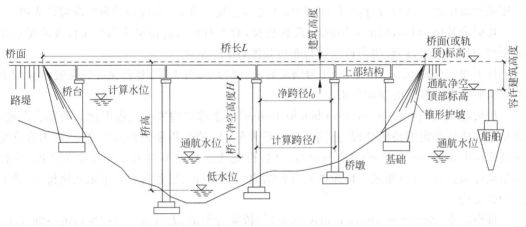

图 7-1 公路桥梁基本尺寸术语示意图

一般桥梁工程的主要名词解释如下:

上部结构是在线路中断时跨越障碍的主要承重结构,是桥梁支座以上(无铰拱起供线或刚架主梁底线以上)跨越桥孔的总称,当跨越幅度越大时,上部结构的构造也就越复杂,施工难度也相应增加。

下部结构包括桥墩(pier)、桥台(abutment)和基础(foundation)。桥墩和桥台是支承上部结构并将其传来的恒载和车辆等活载再传至基础的结构物。通常设置在桥两端的称为桥台,设置在桥中间部分的称为桥墩。桥台除上述作用外,海域路堤相衔接,并抵御路堤土压力,防止路堤填土的坍落。单孔桥只有两端的桥台而没有中间桥墩。桥墩和桥台底部的奠基部分称为基础,基础承担了从桥墩和桥台传来的全部荷载,这些荷载包括竖向荷载以及地震力、船舶撞击墩身等引起的水平荷载。

支座是设在墩(台)顶,用于支撑上部结构的传力装置,它不仅要传递很大荷载,并且要保证上部结构按设计要求能产生一定的变位。

桥梁的基本附属设施包括桥面系(bridge decking)、伸缩缝(expansion joint)、桥梁与路堤衔接处的桥头搭板(transition slab at bridge head)和锥形护坡(conical slope)等。

河流中的水位是变动的,枯水季节的最低水位称为低水位(low water level)。桥梁设计中按规定的设计洪水频率计算所得的高水位(很多情况下是推算水位),称为设计水位(designed water level)。在各级航道中,能保持船舶正常航行时的水位,称为通航水位(navigable water level)。

下面介绍一些与桥梁布置有关的主要尺寸和名词术语。

总跨径(total span)是多孔桥梁中各孔净跨径的总和$\left(\sum l_0 \right)$,它反映了桥下宣泄洪水的能力。

计算跨径(computed span)对于设支座的桥梁,为相邻支座中心的水平距离,对于不设支座的桥梁(如拱桥、钢构桥等),为上、下部结构的相交面中心间的水平距离,用 l 表示。桥梁结构力学的计算是以计算跨经为准的。

标准跨径(standard span)用 l_k 表示,对于梁式桥、板式桥,以两桥墩中线之间桥中心线长度或桥墩中线与桥台台背前缘线之间桥中心线长度为准,拱式桥和涵洞以净跨径为准。

桥梁全长(total length of bridge)简称桥长,对于有桥台的桥梁为两岸桥台翼墙尾端间的距离,对于无桥台的桥梁为桥面系行车道长度,用 L 表示。

桥下净空(clearance of span)是为满足通航(或行车、行人)需要和保证桥梁安全而对上部结构底缘以下规定的空间界限。

桥梁建筑的高度(construction height bridge)是上部结构底缘至桥面顶面的垂直距离,线路定线中所确定的桥面高程与通航(或桥下通车、人)净空界限顶部高程之差,称为容许建筑高度(allowable construction height),显然,桥梁建筑高度不得大于容许建筑高度,为控制桥梁建筑高度,可以通过在桥面以上布置结构(如斜拉桥、悬索桥、中、下承式拱桥等)的方式加以解决。

桥面净空(clearance above bridge floor)是桥梁行车道、人行道上方应保持的空间界限,公路、铁路和城市桥梁对桥面净空都有相应的规定。

2. 桥涵分类

我国《公路桥涵设计通用规范》(JTG D60—2015)规定了特大、大、中、小桥及涵洞按单孔跨径或多孔跨径总长分类,如表 7-1 所示。

表 7-1　桥梁涵洞分类　　　　　　　　　　　　　　　m

桥涵分类	多孔跨径桥梁总长 L	单孔跨径 l_k
特大桥	$L>1000$	$l_k>150$
大桥	$100 \leqslant L \leqslant 1000$	$40 \leqslant l_k \leqslant 150$
中桥	$30<L<100$	$20 \leqslant l_k<40$
小桥	$8 \leqslant L \leqslant 30$	$5 \leqslant l_k<20$
涵洞	—	$l_k<5$

上述分类在一定程度上反映了桥梁的建设规模,但不反映桥梁的复杂性。国际上一般认为单孔径小于150m的属于中小桥,大于150m即为大桥,而特大桥的起点跨径与桥型有关,悬索桥为1000m,斜拉桥和钢拱桥为500m,其他桥型为300m。

7.1.2　桥梁设计的基本原则

桥梁是公路、铁路和城市道路的重要组成部分,特别是大、中桥梁的建设对当地政治、经济、国防等都有重要意义。因此,桥梁工程的设计应符合技术先进、安全可靠、适用耐久、经济合理的要求,同时应满足美观、环境保护和可持续发展的要求。桥梁建设应遵循的各项原则分述如下。

1. 技术先进

在因地制宜的前提下,尽可能采用成熟的新结构、新设备、新材料和新工艺,必须认真学习国内外的先进技术,充分利用最新科学技术成就,把学习和创新结合起来,淘汰和摒弃原来落后和不合理的东西。只有这样才能提高我国的桥梁建设水平,赶超世界先进水平。

2. 安全可靠

(1) 所设计的桥梁结构在强度和稳定方面应有足够的安全储备。

(2) 防撞栏杆应具有足够的高度和强度,人与车流之间应做好防护栏,防止车辆撞入人行道或撞坏栏杆而落到桥下。

(3) 对于交通繁忙的桥梁,应设置好照明设施,并有明确的交通标志,两端引桥坡度不宜太陡,以避免发生车辆碰撞引起的车祸。

(4) 对于修建在地震区的桥梁,应按抗震要求采取防震措施;对于河床易变迁的河道,应设置好导流设施,防止桥梁的基础底部被过度冲刷;对于通行大吨位船舶的河道,除按规定加大桥孔跨径外,必要时设置防撞构筑物等。

3. 适用耐久

(1) 应保证桥梁在100年的设计基准期内正常适用。

(2) 桥面宽度能满足当前以及今后规划年限内的交通流量(包括行人通行)。

(3) 桥梁结构在通过设计荷载时不出现过大的变形和过宽的裂缝。

(4) 应考虑不同的环境类别对桥梁耐久性的影响,在选择材料、保护层厚度、阻锈等方面满足耐久性的要求。

(5) 桥梁结构的下面有利于泄洪、通航(跨河桥)或车辆和行人的通行(旱桥)。

(6) 桥梁的两端方便车辆的进入和疏散,不致产生交通堵塞现象等。

（7）考虑综合利用，方便各种管线（水、电气、通信等）的搭载。

4. 经济

（1）桥梁设计应遵循因地制宜，就地取材和方便施工的原则。

（2）经济的桥型应该是造价和适用年限内养护费用综合最省的桥型，设计中应充分考虑维修的方便和维修费用少，维修时尽可能不中断交通，或中断交通的时间最短。

（3）所选择的桥位应是地质、水文条件好，桥梁长度也较短。

（4）桥位应考虑建在能缩短河道两岸的运距，促进该地区的经济发展，产生最大的效益，对于过桥收费的桥梁应能吸引更多的车辆通过，达到尽可能快回收投资的目的。

5. 美观

一座桥梁应具有优美的外形，而且这种外形从任何角度看都应该是优美的，结构布置必须精炼，并在空间有和谐的比例。桥型应与周围环境相协调，城市桥梁和游览地区的桥梁，可较多地考虑建筑艺术上的要求。合理结构布局和轮廓是美观的主要因素，结构细部的美学处理十分重要，另外，施工质量对桥梁美观也有重大影响。

6. 环境保护和可持续发展

桥梁设计必须考虑环境保护和可持续发展的要求，包括生态、水、空气、噪声等几方面；应从桥位选择、桥跨布置、基础方案、墩身外形、上部结构施工方法、施工组织设计等多方面综合考虑环境要求，采取必要的工程控制措施，并建立环境监测保护体系，将不利影响减至最小。桥梁施工完成后，将两头植被恢复或进一步美化桥梁周边的景观，亦属环境保护的内容。

7.1.3 桥梁设计与建设程序

一座桥梁的规划设计所涉及的因素很多，特别是对于工程比较复杂的大、中桥梁，是一个综合性的系统工程。设计合理与否将直接影响到区域的政治、经济、文化以及人民的生活，因此必须建立一套严格的管理体制和有序的工作程序。在我国，基本建设程序分为前期工作和正式设计两大步骤。

1. 前期工作

1）"预可"阶段

"预可"阶段着重研究建桥的必要性以及宏观经济上的合理性。在"预可"研究形成的"预工程可行性研究报告"（简称"预可报告"）中，应从经济、政治、国防等方面，详细阐明建桥理由和工程建设的必要性和重要性，同时初步探讨技术上的可行性。对于区域性线路上的桥梁,应以建桥地方(渡口等)的车流量调查(计及国民经济逐年增长)为理论依据。

"预可"阶段的主要工作目标是解决建设项目的上报立项问题,因而,在"预可报告"中,应编制几个可能的桥型方案,并对工程造价、资金来源、投资回报等问题有初步估算和设想。设计方将"预可报告"交业主后,由业主据此编制"项目建议书"报主管上级审批。

2) "工可"阶段

在"项目建议书"被审批确认后,着手"工可"阶段的工作,在这一阶段,着重研究和制定桥梁的技术标准,包括:设计荷载标准、桥面宽度、通航标准、设计车速、桥面纵坡、桥面平、纵曲线半径等,在这一阶段,应与河道、航运、规划等部门共同研究,以共同协商确定相关的技术标准。

在"工可"阶段,应提出多个桥型方案,并按交通运输部《公路工程基本建设项目投资估算编制方法》(JTG—2011)估算造价,对资金来源和投资回报等问题应基本落实。

2. 正式设计

根据《公路工程特殊结构桥梁项目设计文件编制办法》(市公路发[2015]69号)2.0.1,公路工程特殊结构桥梁项目宜采用两阶段设计,即初步设计和施工图设计。对技术难度大、建设条件复杂的公路工程特殊结构桥梁项目,必要时采用三阶段设计,即初步设计、技术设计和施工图设计。

1) 初步设计

初步设计应根据批复的可行性研究报告、测设合同和初测、初勘或定测、详勘资料编制。初步设计的目的是确定设计方案,应通过多个桥型方案的比选,推荐最优方案,报上级审批。在编制各个桥型方案时,应提供平、纵、横布置图,标明主要尺寸,并估算工程数量和主要材料数量,提出施工方案意见,编制设计概算,提供文字说明和图表资料,初步设计经批复后,则成为施工准备、编制施工图设计文件和控制建设项目投资等的依据。

2) 技术设计

对于技术上复杂的特大桥、互通式立交或新型桥梁结构,需进行技术设计。应根据初步设计批复意见、测设合同的要求,对重大、复杂的技术问题通过科学试验、专题研究、加深勘探调查及分析比较,进一步完善批复的桥型方案的总体和西部各种技术问题以及施工方案,并修正工程概算。

3) 施工图设计

两阶段(或三阶段)施工图设计应根据初步设计(或技术设计)批复意见、测设合同,进一步对所审定的修建原则、设计方案、技术决定加以具体和深化,在此阶段中,必须对桥梁各种构件进行详细的构件计算,并且确保强度、稳定性、刚度、裂缝、构造等各种技术指标满足规范要求,绘制出详图,提出文字说明及施工组织计划,并编制施工图预算。

国内一般的(常规的)桥梁采用两阶段设计,即初步设计和施工图设计,对于技术简单、方案明确的小桥,也可采用一阶段设计,即施工图设计。

7.1.4　桥梁设计方案的比选

为获得经济、适用和美观的桥梁设计方案,设计者必须根据各种自然、技术上的条件,因地制宜,在综合应用专业知识、了解掌握国内外新技术、新材料、新工艺的基础上,进行深入细致的研究分析对比工作,才能科学地得到完美的设计方案。

桥梁设计方案的比选和确定可按下列步骤进行:

1) 明确各种高层的要求

在桥位纵断面图上,先行按比例绘出水位、通航水位、堤顶高层、桥面高层、通航净空、堤顶行车净空位置图。

2) 桥梁分孔和初拟桥型方案草图

在上述确定了各种高层的纵断面图上,根据泄洪纵跨径的要求,作桥梁分孔和桥型方案草图。作草图时思路要宽广,只要基本可行,尽可能多绘一些草图,以免遗漏可能的桥型方案。

3) 方案初选

对草图方案作技术和经济上的初步分析和判断,筛去弱势方案,从中选出 2~4 个构思好、各具特点的方案,做进一步详细研究和比较。

4) 详绘桥型方案

根据不同的桥型、不同跨度、宽度和施工方法,拟定主要尺寸,并尽可能细致地绘制各个桥型方案的尺寸详图。对于新结构,应作初步的力学分析,以准确拟定各个方案的主要尺寸。

5) 编制估算或概算

依据编制方案的详图,可以算出上、下部结构的主要工程数量,然后依据各省、市或行业的"估算定额"或"概算定额",编制出各方案的主要材料(钢、木、混凝土等)用量、劳动力数量、全桥总造价。

6) 方案选定和文件汇总

全面考虑建设造价、养护费用、建设工期、营运适用性、美观等因素,综合分析,阐述每一个方案的优缺点,最后选定一个最佳的推荐方案。在深入比较过程中,应当及时发现并调整方案中的不尽合理之处,确保最后选定的方案是强中选强的方案。

上述工作全部完成之后,着手编写方案说明。说明书中应阐明方案编制的依据和标准、各方案的主要特色、施工方法、设计概算以及方案比较的综合性评述。对于推荐方案应作较详细的说明。各种测量资料、地质勘查和地震烈度复核资料、水文调查与计算资料等应按附件载入。

7.1.5　桥梁上的作用

"作用"是引起桥涵结构反应的各种原因的统称,它可以归纳为性质不同的两大类。一类是直接施加于结构上的外力,例如车辆、结构自重等;另一类是以间接的形式作用于结构上,例如地震、墩台变位、混凝土收缩徐变等,它们产生的效应与结构本身的特征有关。作用种类、形式和大小的选择是否恰当不但关系到桥梁结构在使用年限内是否安全可靠,而且还关系到桥梁建设费用是否经济合理。

1. 作用分类

根据《公路桥涵设计通用规范》(JTG D60—2015)的规定,公路桥涵设计采用的作用分为永久作用、可变作用、偶然作用和地震作用4类,规定列于表7-2中。

表 7-2　作用分类

序　号	分　类	名　称
1	永久作用	结构重力(包括结构附加重力)
2		预加力
3		土的重力
4		土侧压力
5		混凝土收缩、徐变作用
6		水浮力
7		基础变位作用
8	可变作用	汽车荷载
9		汽车冲击力
10		汽车离心力
11		汽车引起的土侧压力
12		汽车制动力
13		人群荷载
14		疲劳荷载
15		风荷载
16		流水压力
17		冰压力
18		波浪压力
19		温度(均匀温度和梯度温度)作用
20		支座摩阻力
21	偶然作用	船舶的撞击作用
22		漂流物的撞击作用
23		汽车撞击作用
24	地震作用	地震作用

2. 作用代表值

公路桥涵结构采用以可靠度理论为基础的极限状态设计法设计,公路桥涵结构应按承载能力极限状态和正常使用极限状态进行设计。所谓极限状态是指整体结构或构件的某一特定状态,超过这一状态界限结构或构件就不能再满足设计规定的某一功能要求。承载能力极限状态设计着重体现结构的安全性,正常使用极限状态设计则体现适用性和耐久性,它们共同反映出设计的基本原则。另外公路桥涵结构应根据不同种类的作用及其对桥涵的影响、桥涵所处的环境条件,考虑以下 4 种设计状况,进行极限状态设计:持久状况应进行承载能力极限状态和正常使用极限状态设计;短暂状况应作承载能力极限状态设计,可根据需要进行正常使用极限状态设计;偶然状况应作承载能力极限状态设计;地震状况应作承载能力极限状态设计。

公路桥涵设计时,对不同的作用应按下列规定采用不同的代表值:

(1) 永久作用的代表值为其标准值。永久作用标准值可根据统计、计算,并结合工程经验综合分析确定。

(2) 可变作用的代表值包括标准值、组合值、频遇值和准永久值。组合值、频遇值和准永久值可通过可变作用的标准值分别乘以组合值系数 ψ_c、频遇值系数 ψ_f 和准永久值系数 ψ_q 来确定。

(3) 偶然作用取其设计作为代表值,可根据历史记载、现场观测和试验,并结合工程经验综合分析确定,也可根据有关标准的部门规定确定。

(4) 地震作用的代表值为其标准值。地震作用的标准值应根据现行《公路工程抗震规范》(JTG B02—2013)的规定确定。

作用的设计值应为作用的标准值或组合值乘以相应的作用分项系数。

3. 作用组合

公路桥涵结构设计应考虑结构上可能同时出现的作用,按承载能力极限状态、正常使用极限状态进行组合,均应按下列原则取其最不利组合效应进行设计。

(1) 只有在结构上可能同时出现的作用才进行组合。当结构或结构构件需做不同受力方向的验算时,则应以不同方式的最不利作用组合效应进行计算。

(2) 当可变作用的出现对结构或结构构件产生有利影响时,该作用不应参与组合。实际不可能同时出现的作用或同时参与组合概率很小的作用,按表 7-3 规定不考虑其参与组合。

表 7-3　可变作用不同时组合表

作 用 名 称	不与该作用同时参与组合的作用
汽车制动力	流水压力、冰压力、波浪力、支座摩擦阻力
流水压力	汽车制动力、冰压力、波浪力
波浪力	汽车制动力、流水压力、冰压力
冰压力	汽车制动力、流水压力、波浪力
支座摩擦阻力	汽车制动力

（3）施工阶段的作用组合应按计算需要及结构所处条件而定，结构上的施工人员和施工机具设备均应作为可变作用加以考虑。组合式桥梁，当把底梁作为施工支撑时，作用组合效应宜分两个阶段计算，底梁受荷为第一个阶段，组合梁受荷为第二个阶段。

（4）多个偶然作用不同时参与组合。

（5）地震作用不与偶然作用同时参与组合。

公路桥涵结构按承载能力极限状态设计时，对持久设计状况和短暂设计状况应采用作用的基本组合，对偶然设计状况应采用作用的偶然组合，对地震设计状况应采用作用的地震组合，并符合下列规定。

1）基本组合

永久作用设计值与可变作用设计值组合。

（1）作用基本组合的效应设计值可按下式计算：

$$s_{ud} = \gamma_0 S\left(\sum_{i=1}^{m} \gamma_{G_i} G_{ik}, \gamma_{Q_1} \gamma_L Q_{1k}, \psi_C \sum_{j=2}^{n} \gamma_{L_j} \gamma_{Q_j} Q_{jk} \right) \tag{7-1}$$

或

$$s_{ud} = \gamma_0 S\left(\sum_{i=1}^{m} G_{id}, Q_{1d}, \sum_{j=2}^{n} Q_{jd} \right) \tag{7-2}$$

式中，s_{ud}——承载能力极限状态下作用基本组合的效应设计值。

$S(\cdot)$——作用组合的效应函数。

γ_0——结构重要性系数，按表7-4规定的结构设计安全等级采用，按持久状况和短暂状况承载力极限状态设计时，公路桥涵结构设计安全等级应不低于表7-4的规定，对应于设计安全等级一级、二级和三级分别取1.1，1.0，0.9。

γ_{G_i}——第i个永久作用的分项系数，应按表7-5的规定采用。

G_{ik}, G_{id}——第i个永久作用的标准值和设计值。

γ_{Q_1}——汽车荷载（含汽车冲击力、离心力）的分项系数。采用车道荷载计算时取$\gamma_{Q_1}=1.4$，采用车辆荷载计算时，其分项系数取$\gamma_{Q_1}=1.8$。当某个可变作用在组合中其效应值超过汽车荷载效应时，则该作用取代汽车荷载，其分项系数取$\gamma_{Q_1}=1.4$；对专为承受某作用而设置的结构或装置，设计时该作用的分项系数取$\gamma_{Q_1}=1.4$；计算人行道板和人行道栏杆的局部荷载，其分项系数也取$\gamma_{Q_1}=1.4$。

Q_{1k}, Q_{1d}——汽车荷载（含汽车冲击力、离心力）的标准值和设计值。

γ_{Q_j}——在作用组合中除汽车荷载（含汽车冲击力、离心力）、风荷载外的其他第j个可变作用的分项系数，取$\gamma_{Q_j}=1.4$，但风荷载的分项系数取$\gamma_{Q_j}=1.1$。

Q_{jk}, Q_{jd}——在作用组合中除汽车荷载（含汽车冲击力、离心力）外的其他第j个可变作用的标准值和设计值。

ψ_C——在作用组合中除汽车荷载（含汽车冲击力、离心力）外的其他可变作用的组合值系数，取$\psi_C=0.75$。

$\psi_C Q_{jk}$——在作用组合中除汽车荷载（含汽车冲击力、离心力）外的其他第j个可变作用的组合值。

γ_{L_j}——第 j 个可变作用的结构设计使用年限荷载调整系数。公路桥涵结构的设计使用年限按现行《公路工程技术标准》(JTG B01—2014)取值时,可变作用的设计使用年限荷载调整系数取 $\gamma_{L_j}=1.0$;否则,γ_{L_j} 取值应按专题研究确定。

表 7-4　公路桥涵结构设计安全等级

设计安全等级	破坏后果	适 用 对 象
一级	很严重	1. 各等级公路上的特大桥、大桥、中桥; 2. 高速公路、一级公路、二级公路、国防公路及城市附近交通繁忙公路上的小桥
二级	严重	1. 三、四级公路上的小桥; 2. 高速公路、一级公路、二级公路、国防公路及城市附近交通繁忙公路上的涵洞
三级	不严重	三、四级公路上的涵洞

注:本表所列特大、大、中、桥等系按表 7-1 中的单孔跨径确定,对多跨不等跨桥梁,以其中最大跨径为准。

表 7-5　永久作用的分项系数

序号	作用类别	永久作用分项系数	
		对结构的承载能力不利时	对结构的承载能力有利时
1	混凝土和圬工结构重力(包括结构附加重力)	1.2	1.0
	钢结构重力(包括结构附加重力)	1.1 或 1.2	
2	预加力	1.2	1.0
3	土的重力	1.2	1.0
4	混凝土的收缩及徐变作用	1.0	1.0
5	土侧压力	1.4	1.0
6	水的浮力	1.0	1.0
7	基础变位作用	混凝土和圬工结构	0.5
		钢结构	1.0

注:表中序号 1 中,当钢桥采用钢桥面板时,永久作用分项系数取 1.1;采用混凝土桥面板时,取 1.2。

(2)当作用与作用效应可按线性关系考虑时,作用基本组合的效应设计值 S_{ud} 可通过作用效应代数相加计算。

(3)设计弯桥时,当离心力与制动力同时参与组合时,制动力标准值或设计值按 70% 取用。

2)偶然组合

永久作用标准值与可变作用某种代表值、一种偶然作用设计值相组合;与偶然作用同时出现的可变作用,可根据观测资料和工程经验取用频遇值或准永久值。

(1)作用偶然组合的效应设计值可按下式计算:

$$s_{ad} = S\left(\sum_{i=1}^{m} G_{ik}, A_d, (\psi_{f1} \text{ 或 } \psi_{q1})Q_{1k}, \sum_{j=2}^{n} \psi_{qj}Q_{jk} \right) \tag{7-3}$$

式中,s_{ad}——承载能力极限状态下作用偶然组合的效应设计值;

$A_{\mathrm d}$——偶然作用的设计值；

ψ_{f1}——汽车荷载（含汽车冲击力、离心力）的频遇值系数，取 $\psi_{\mathrm{f1}}=0.7$；当某个可变作用在组合中其效应值超过汽车荷载效应时，则该作用取代汽车荷载，人群荷载 $\psi_{\mathrm f}=1.0$，风荷载 $\psi_{\mathrm f}=0.75$，温度梯度作用 $\psi_{\mathrm f}=0.8$，其他作用 $\psi_{\mathrm f}=1.0$；

$\psi_{\mathrm{f1}}Q_{1\mathrm k}$——汽车荷载的频遇值；

$\psi_{\mathrm{q1}},\psi_{\mathrm{qj}}$——第1个和第 j 个可变作用的准永久值系数，汽车荷载（含汽车冲击力、离心力）$\psi_{\mathrm q}=0.4$，人群荷载 $\psi_{\mathrm q}=0.4$，风荷载 $\psi_{\mathrm q}=0.75$，温度梯度作用 $\psi_{\mathrm q}=0.8$，其他作用 $\psi_{\mathrm q}=1.0$；

$\psi_{\mathrm{q1}}Q_{1\mathrm k},\psi_{\mathrm{qj}}Q_{j\mathrm k}$——第1个和第 j 个可变作用的准永久值。

（2）当作用与作用效应可按线性关系考虑时，作用偶然组合的效应设计值 S_{ad} 可通过作用效应代数相加计算。

（3）作用地震组合的效应设计值应按现行《公路工程抗震规范》（JTG B02—2013）的有关规定计算。

公路桥涵结构按正常使用极限状态下设计时，应根据不同的设计要求，采用作用的频遇组合或准永久组合，并应符合下列规定：

1）频遇组合

永久作用标准值与汽车荷载频遇值、其他可变作用准永久值相结合。

（1）作用频遇组合的效应设计值可按下式计算：

$$s_{\mathrm{fd}} = S\Big(\sum_{i=1}^{m}G_{i\mathrm k},\psi_{\mathrm{f1}}Q_{1\mathrm k},\sum_{j=2}^{n}\psi_{\mathrm{qj}}Q_{j\mathrm k}\Big) \tag{7-4}$$

式中，s_{fd}——作用频遇组合的效应设计值；

ψ_{f1}——汽车荷载（不计汽车冲击力）频遇值系数，取 0.7。

（2）当作用与作用效应可按线性关系考虑时，作用频遇组合的效应设计值 s_{fd} 可通过作用效应代数相加计算。

2）准永久组合

永久作用标准值与可变作用准永久值相组合。

（1）作用准永久组合的效应设计值可按下式计算：

$$s_{\mathrm{qd}} = S\Big(\sum_{i=1}^{m}G_{i\mathrm k},\sum_{j=1}^{n}\psi_{\mathrm{qj}}Q_{j\mathrm k}\Big) \tag{7-5}$$

式中，s_{qd}——作用准永久组合的效应设计值；

ψ_{qj}——汽车荷载（不计汽车冲击力）准永久值系数，取 0.4。

（2）当作用与作用效应可按线性关系考虑时，作用准永久组合的效应设计值 s_{qd} 可通过作用效应代数相加计算。

当公路桥梁钢结构部分根据需要进行抗疲劳设计时，除特别指明外，各作用应采用标准值，作用分项系数应取为 1.0。结构构件当需进行弹性阶段截面应力计算时，除特别指明外，各作用采用标准值，作用分项系数应取为 1.0，各项应力限值应按各设计规范规定采用。验算结构抗倾覆、滑动稳定时，稳定系数、各作用的分项系数应根据不同结构按各有关桥涵设计规范的规定确定。构件在吊装、运输时,构件重力应乘以动力系数 1.2(对结构不利时)或 0.85(对结构有利时),并可视构件具体情况作适当增减。

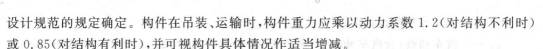

7.2　施工图设计

公路工程设计文件的编制是建设项目设计审批、控制投资、编制招标文件、组织施工、竣工验收和运营期检测、养护的重要依据;应依据项目批准文件、公路规划、公路工程建设强制性标准编制,贯彻国家有关方针政策,符合基本建设程序、管理办法、有关标准、规范、规程的要求,精心设计,做到客观、公正、准确;应列出执行的强制性标准和主要的推荐性标准。原交通部于 2007 年 7 月 3 日发布了交公路发[2007]358 号文件,公布了《公路工程基本建设项目设计文件编制办法》。

特殊结构桥梁设计除应满足使用功能外,还应考虑桥梁全寿命周期内施工监控、运营期安全监测、运营期管理养护、运营期桥梁可更换构件更换等方面的需求,另外,特殊结构桥梁除应满足强度、刚度、稳定性、钢结构疲劳等方面的要求外,还应根据规定的设计使用年限满足耐久性的要求,提出了具体内容和深度要求;为方便养护部门的管理,提出了编制的内容和深度要求;增加了特殊结构桥梁工程风险评估、景观设计、桥梁用户手册的内容和要求。在初步设计阶段的方案比选中,增加了桥梁全寿命周期成本、工程风险、耐久性等方面的内容。为了进一步确保公路工程中特殊结构桥梁项目设计文件编制的统一性、深度的一致性,能较好地指导日益增多的特殊结构桥梁项目的文件编制,为技术进步和规范审查、加强设计管理工作提供支撑,中华人民共和国交通运输部于 2015 年 5 月 6 日发布了交公路发[2015]69 号文件,公布了《公路工程特殊结构桥梁项目设计文件编制办法》。

与《公路工程基本建设项目设计文件编制办法》相比,突出了全寿命设计的理念,在建设条件、专题研究、主体结构、附属设施、施工方案等方面作出了更细、更高的要求,包括了桥梁全寿命周期内各个阶段,其工作范围、深度都有增加,这与特殊结构桥梁的技术难度、重要性等相匹配。在文件编排顺序方面,根据独立立项的特殊结构桥梁项目的特点,将桥梁工程排在前面,路线等内容排在后面,使设计文件更具可读性,方便使用。现将两个办法中对设计文件组成的要求列于表 7-6。

现以《公路工程特殊结构桥梁项目设计文件编制办法》对桥梁项目设计文件的要求介绍设计文件的编制,在此我们以城市市政钢结构箱形桥梁项目作为示例,钢结构桥梁作为整个桥梁项目的一部分,它的编制在遵循桥梁项目设计文件编制办法的一般原则下,有其自身的特殊性。

表 7-6 公路工程建设项目设计文件组成

章节	《公路工程特殊结构桥梁项目设计文件编制办法》(市公路发[2015]69号)		《公路工程基本建设项目设计文件编制办法》(交公路发[2007]358号)	
	初步设计文件	施工图设计文件	初步设计文件	施工图设计文件
第1篇	总体设计		总体设计	
第2篇	主桥		路线	
第3篇	引桥		路基、路面	
第4篇	接线		桥梁、涵洞	
第5篇	交通工程及沿线设施		隧道	
第6篇	环境保护		路线交叉	
第7篇	景观设计		交通工程及沿线设施	
第8篇	其他工程		环境保护与景观设计	
第9篇	结构耐久性设计		其他工程	
第10篇	施工方案	施工方案及组织计划	筑路材料	
第11篇	桥梁安全风险评估	施工监控及运营期结构安全监测	施工方案	施工组织计划
第12篇	运营期结构安全监测	桥梁用户手册	设计概算	施工图预算
第13篇	设计概算	施工图预算		
附件	基础资料及相关文件		基础资料	

注：景观设计、其他工程、结构耐久性设计、桥梁安全风险评估及运营期结构安全监测为专项设计内容,应根据有关规定确定是否开展,并由业主按有关规定另行委托具有相关资质的单位承担。

7.2.1 钢箱梁桥总体设计

总体设计主要包括总说明(说明书)和附图,其中总说明主要包括如下内容。

(1)工程场地自然条件,包括项目所在位置的交通管网现状、气象、工程地质、水文地质、地震烈度、标准冻深等。

(2)设计技术标准,包括对依据的设计规范、施工规范、验收规范进行列举,用来指导项目的实施。

(3)设计技术指标,例如为40km/h,环境类别为Ⅱ类,加宽部分高架桥设计车道数为单向2车道,高架桥最大纵坡为3.5%,桥下通行净空≥4.5m,高架桥设计荷载为城-A级,桥梁设计安全等级为一级,桥梁设计基准期100年,地震基本烈度7度,高架桥横断面布置等。

(4)设计要点,包括平面设计要素,结构计算采用的软件及计算依据、计算内容,上部结构钢箱梁横断面顶板、底板、腹板、隔板、加劲肋,梁段划分,工地连接构造、混凝土压重等。

(5)钢箱梁防腐,包括钢箱梁外表面、内表面、桥面的涂装要求、涂装方案,桥面的铺装结构等处。

(6)主要材料要求,包括钢箱梁的钢板及焊接用焊丝、焊剂、焊条,混凝土、剪力钉、桥面连接用材、桥面铺装用材等的要求。

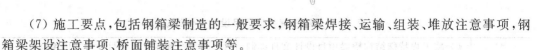

　　（7）施工要点，包括钢箱梁制造的一般要求，钢箱梁焊接、运输、组装、堆放注意事项，钢箱梁架设注意事项、桥面铺装注意事项等。

7.2.2　钢箱梁桥计算分析

　　Midas Civil 软件是一款主要针对桥梁结构分析与设计的有限元软件，在国内拥有大量的用户群。Midas Civil 软件具有丰富的有限单元库：梁单元（可考虑剪切变形）、变截面梁单元、桁架单元、只受压单元、只受拉单元、索单元、间隙单元、钩单元、板单元（薄板、厚板、各向异性板可以考虑 6 个自由度）、轴对称单元、平面应力单元、平面应变单元、实体单元。Midas Civil 软件具有强大的分析功能，可进行静力分析（含温度效应分析、$P\text{-}\Delta$ 分析）、预应力分析（进行预应力钢束布置和钢束预应力损失的计算）、施工阶段分析（考虑材料收缩、徐变及柱的弹性收缩，真实模拟施工过程）、移动荷载分析（公路、城市、铁路、地铁、轻轨、自定义车辆）、支座沉降分析（支座强制位移、支座沉降组分析）、水化热分析（热传导、热应力、管冷分析）、屈曲分析（稳定分析）、特征值分析、反应谱分析、时程分析、几何非线性分析（索结构、大位移分析）、材料非线性分析（提供多种弹塑性材料的本构关系）、边界非线性分析（黏弹性阻尼器、滞回系统、铅芯橡胶隔振支座、摩擦摆隔振系统）、静力弹塑性分析（Pushover分析，可以分析桁架单元、梁单元）、动力弹塑性分析（多种材料的硬化滞回曲线模型，包含纤维模型的弹塑性分析）、横桥向分析（含横向移动荷载分析）、组合结构分析（钢-混凝土组合结构的整体分析，且阻尼比可分别考虑）。

　　钢箱梁桥的建模分析步骤：

　　（1）定义材料；

　　（2）输入截面；

　　（3）单元建立；

　　（4）定义边界条件；

　　（5）定义荷载；

　　（6）计算分析；

　　（7）结果查看；

　　（8）设计验算。

7.2.3　钢箱梁构造图

　　钢箱梁的构造图主要包括平、立面图及剖面图，平、立面图主要说明箱梁的平面尺寸及腹板、隔板的平面位置，各个剖面图中可以看到桥断面沿纵向的变化情况，同时从各个剖面图可以确定各个零件的尺寸大小及板件厚度，下面我们给出一段 37m 跨的简支钢箱梁桥的构造图（图 7-2～图 7-12）。

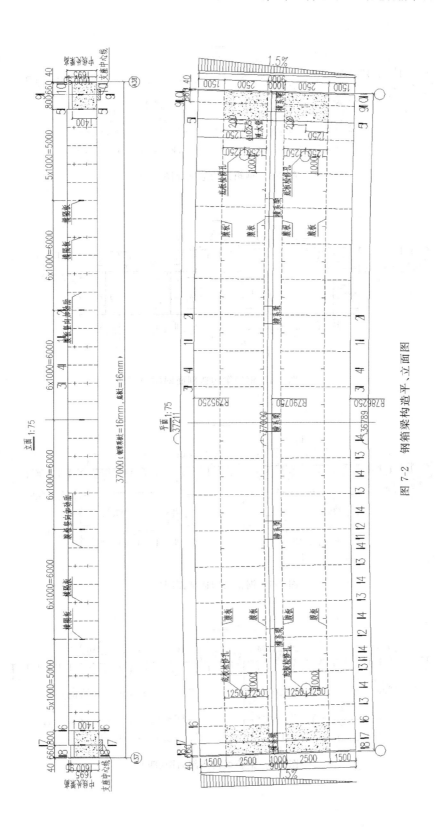

图 7-2 钢箱梁构造平、立面图

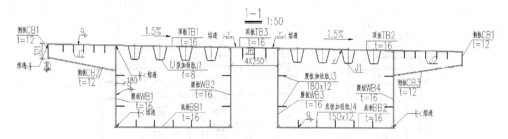

图 7-3　钢箱梁构造剖面图（一）

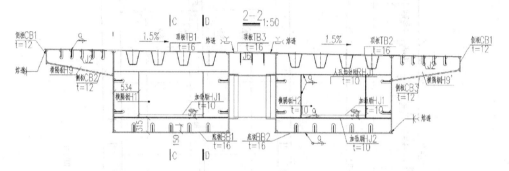

图 7-4　钢箱梁构造剖面图（二）

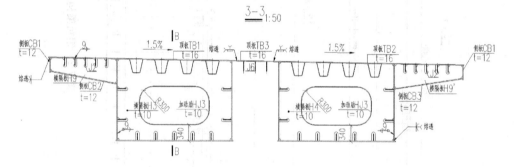

图 7-5　钢箱梁构造剖面图（三）

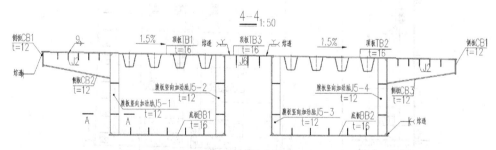

图 7-6　钢箱梁构造剖面图（四）

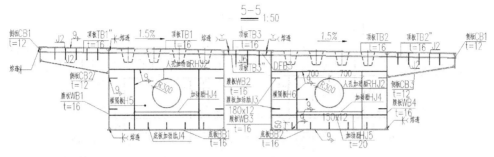

图 7-7 钢箱梁构造剖面图（五）

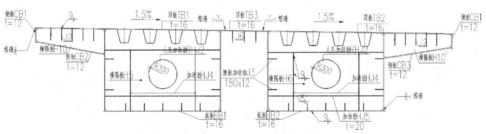

图 7-8 钢箱梁构造剖面图（六）

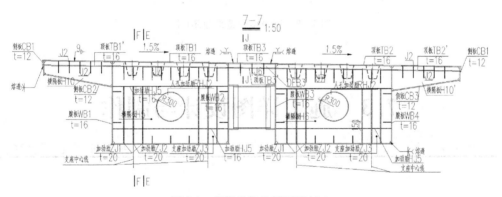

图 7-9 钢箱梁构造剖面图（七）

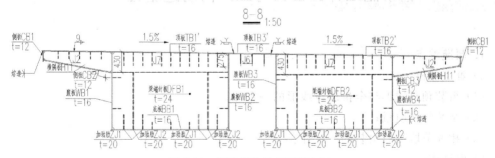

图 7-10 钢箱梁构造剖面图（八）

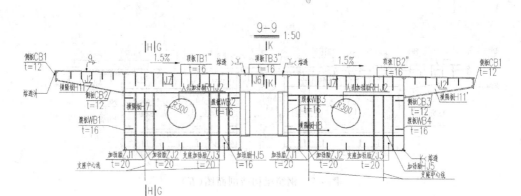

图 7-11　钢箱梁构造剖面图（九）

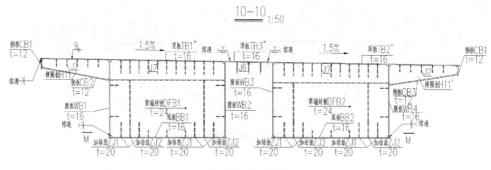

图 7-12　钢箱梁构造剖面图（十）

7.3　施工详图设计与制作

7.3.1　钢桥施工详图设计与工厂内制造流程

1. 制造难点

1）难点分析

（1）组装预拼线形与全桥成桥线形的一致性；

（2）组装焊接质量；

（3）相邻节段端口组装的一致性。

2）保证措施

（1）设计合理的胎架和工装,保证结构尺寸的一致性；

（2）推广应用先进的焊接方法,保证钢箱梁的焊接质量；

（3）制定合理的装配工艺，保证结构的安装精度。

2. 制造原则

1）制造步骤

根据本工程的设计特点，结合其他大型钢桥制作经验，该桥制作分为以下 3 个工艺阶段：

（1）单元件制作；

（2）节段匹配制造；

（3）涂装、运输。

2）工艺原则

（1）分段采用匹配制造；

（2）分段采用正造法，通过胎架保证分段的整体线性；

（3）桥面板分段制作过程中面板、底板、腹板长度方向两端均留 50mm 余量，梁段匹配制造完成后切割余量；

（4）合拢段的面板、底板、腹板长度方向各留 100mm 余量，待工地分段架设时根据实际测量长度进行切割；

（5）纵肋现场嵌补长度为 400mm。

3. 制造工艺流程（图 7-13）

本工程钢箱梁分为顶板单元、底板单元、腹板单元和隔板单元 4 个单元体，材质为 Q345qE。

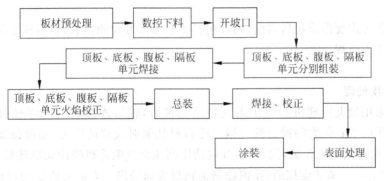

图 7-13　钢箱梁制作工艺流程图

4. 材料采购

严格遵守招标文件的有关规定，原材料满足本工程的需要。

1）钢材要求

本工程钢箱梁的钢板材质为 Q345qE，其化学成分和机械性能应符合《桥梁用结构钢》（GB/T 714—2015）的规定。

2）焊接材料要求

焊接材料包括焊条、焊丝和焊剂。所有焊接材料必须采用国内知名生产厂家产品且有

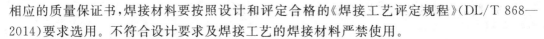

相应的质量保证书,焊接材料要按照设计和评定合格的《焊接工艺评定规程》(DL/T 868—2014)要求选用。不符合设计要求及焊接工艺的焊接材料严禁使用。

钢材到厂后,应按钢材复验标准进行抽检复验,按同一厂家、同一材质、同一板厚、同一出厂状态每 10 个炉(批)号抽检一组试件,做好复验检查记录。

到厂的钢材必须有钢厂的出厂质量证明书和检查报告,其化学成分、力学性能等必须符合相关国家规定标准和图纸要求。

其技术条件应满足《桥梁用结构钢》(GB/T 714—2015)要求。

钢板尺寸的偏差应符合《热轧钢板和钢带的尺寸、外形、重量及允许偏差》(GB/T 709—2006)的规定。

钢材表面锈蚀等级应符合《涂覆涂料前钢材表面处理　表面清洁度的目视评定　第 1 部分:未涂覆过的钢材表面和全面清除原有涂层后的钢材表面的锈蚀等级和处理等级》(GB 8923.1—2011)的规定。

当钢材表面有锈蚀、麻点或划痕等缺陷时,其深度不得大于该钢材厚度允许负偏差值的 1/2。

钢板进厂需按要求做好印记和标记。每块板贴好、印好尺寸标签。

钢材到货下料前应按以下内容复查或验收,并做好检查记录备查。

3) 材料管理

为确保材料进厂后在材料复验、入库、存放等环节中全过程受控,所有参与物资供应的有关人员严格按公司质量体系程序文件要求执行,全面履行各自职责。

4) 焊接工艺评定试验

零件板开坡口前,需要实施焊接工艺评定。操作者全部持证上岗,严格按照工艺参数施焊。

焊接工艺评定要形成报告,报告内容包括工艺参数和检测报告,最后输出为受控的作业指导师指导工人施焊。

5. 板材预处理

预处理采用抛丸清理机和高压无气喷涂机进行,辊道连续式抛丸清理机清理宽度为 3m,清理高度 0.2m,强大的抛力既可以去除板材轧制时残留的应力,还能保证粗糙度达到 $100\mu m$,清洁度达到 Sa2.5 级,抛丸后 4h 内使用高压无气喷涂机喷涂无机硅酸锌车间底漆,漆膜厚度为 $25\mu m$。清洁度按照《涂覆涂料前钢材表面处理　表面清洁度的目视评定　第 1 部分:未涂覆过的钢材表面和全面清除原有涂层后的钢材表面的锈蚀等级和处理等级》(GB/T 8923.1—2011)进行评定,粗糙度用专用的粗糙度检测仪进行检查。

6. 施工详图设计及零件放样

1) 图纸转化(图 7-14)

根据设计院提供的设计施工图和技术要求及相关的标准、规范,进行钢结构的三维放样,以获得各构件的准确数据,并完成施工图纸转化工作。

2) 下料尺寸计算

$$下料尺寸 = 理论尺寸 + 加工余量 + 焊接收缩量 \tag{7-6}$$

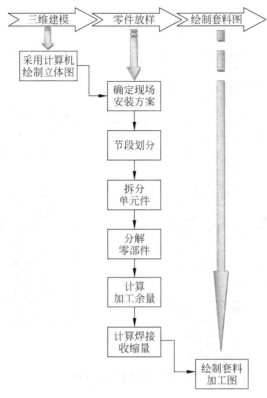

图 7-14　图纸深化设计流程

7. 钢材下料

1）准备工作

看清下料清单上的材质、规格、尺寸及数量，核对材质、规格与下料清单是否符合。

查看材料外观质量（疤痕、夹层、变形、锈蚀等）是否符合有关质量规定。

将不同零件所用相同材质、规格的材料清单集中，考虑能否套料。

数控切割下料必须对首试件进行检查报审，合格后方可正式切割下料。

切割零件时，应选择在余料较大部分结束切割，防止零件受热变形而使零件移动，影响零件尺寸。在切割长条时，双边应同时切割。

零件下料后必须标识标记清晰后，才可转运存放。

2）下料流程

流程如图 7-15 所示。

3）数控火焰切割机下料

将 sigmanBst 的排料结果输出为 NA 语言，指导下料，下料采用数控火焰切割机进行，切割用气体为丙烷和液氧，火焰下料后立即用角磨机清理掉割渣，下料时预留焊接收缩余量和加工余量。收缩余量控制在 10～15mm，加工余量控制在 5mm。钢材切割面应无裂纹、夹渣、分层和大于 1mm 的缺棱出现。火焰下料后必须用角磨彻底清除板材两侧的割渣，直到出现金属光泽为止，防止焊接过程中出现气孔、夹渣等缺陷。尤其隔板下料完成后必须严格按照规范要求进行检查，如果超差采用铣床精加工至规范允许的偏差范围。

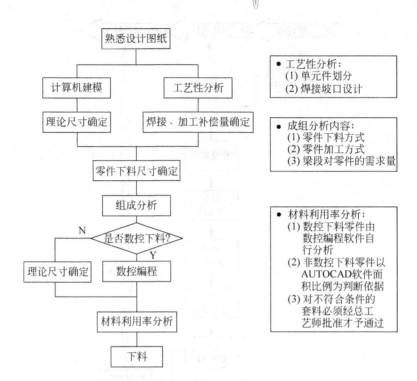

图 7-15　钢材下料流程图

4）铣边机开坡口

为保证焊接质量，坡口的加工精度非常重要，采用铣边机开坡口，铣边机最大铣削长度 12m，最大铣削厚度 80mm，铣削速度 580r/min。可以轻松保证直线坡口的加工。坡口严格按照工艺评定规定的坡口尺寸进行加工。

8. 节段划分

综合考虑钢箱梁厂内制造、运输、现场安装等因素，并依照设计图纸的要求，确定分段方案。根据钢箱梁横断面（图 7-16），横桥划分为 3 个节段，分别是两侧两个主箱室（各 4.1m）各划分为 1 个单独节段、中间连接顶板宽（0.8m）为一个节段。本工程共有 20 跨钢箱梁，跨径分为 16.8～50m 不等，根据跨径的不同纵向节段的划分有所不同。其中跨径＜30m 的钢箱梁为划分纵向一个节段，而跨径≥30m 的钢箱梁纵向共分为 2～3 个节段，具体参考相应的钢箱梁构造图。

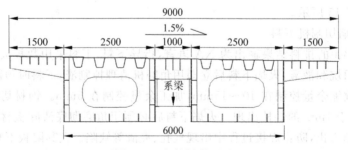

图 7-16　钢箱梁断面图

9. 单元件划分（见图 7-17）

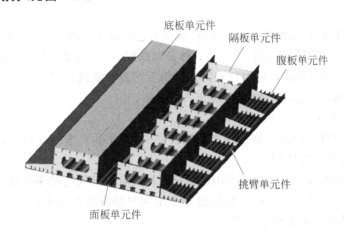

图 7-17　钢箱梁单元件三维图

7.3.2　涂装施工工艺

1. 涂装方案

涂装工艺：工厂涂装箱梁内表面锌基涂镀底漆 $100\mu m$；外表面除桥面板顶面锌基涂镀底漆 $80\mu m$；环氧云铁中间漆 $40\mu m$；施工现场涂装氟碳漆 $80\mu m$。

正式涂装前使用试板做涂装工艺性试验，底漆、中间漆和面漆分别按照《富锌底漆》（HG/T 3668—2009）、《环氧云铁中间漆》（HG/T 4340—2012）、《交联型氟树脂涂料》（HG/T 3792—2005）的要求进行试验，试验合格后方可进行涂装。

具体的涂装方案如表 7-7 所示。

表 7-7　钢箱梁涂装技术要求

结 构 部 位	涂 装 体 系	膜厚/μm	粗糙度/μm
钢箱梁主体外表面（除桥面）	喷砂除锈≥Sa2.5级		80
	锌基涂镀底漆	80	
	环氧云铁中间漆	40	
	氟碳漆	80（现场涂装）	
钢箱梁主体内表面	喷砂除锈≥Sa2.5级		100
	锌基涂镀底漆	100	
桥面板顶面	喷砂除锈≥Sa2.5级		100
	环氧富锌漆	100	

2．涂装准备

1）表面处理

结构处理采用手工打磨或气动工具打磨，主要包括以下一些内容：去除飞溅和焊豆，并打磨平整；对粗糙的焊缝、毛刺打磨平整；对表面缺陷，如起鳞等，打磨平整；自由边、角打磨 $R2$ 圆弧。对有标记和油污的构件表面用有机溶剂进行清洗，清洗至无油、无水、无污物。处理后的表面应清理干净，注意保护，防止二次污染。

2）涂料进厂要求

进场的涂料应具有产品合格证或出厂检验证明，有复验要求的涂料依据相关复验要求进行复验，复验合格才能使用。

磨料的检验和保存：钢表面清理用磨料应使用符合标准规定的钢砂或铜矿砂。磨料应清洁、干燥，砂粒度 $0.7 \sim 1.4\mathrm{mm}$。使用过程中定期对磨料进行检查，并采用过筛、除灰、补充新砂处理，以满足表面处理的要求。

3）备料、运输、保存

（1）涂料的备料：所有进场涂料产品应该具有相关产品合格证并提供有资质的检测单位出具的性能检测报告。

（2）涂料的封装和运输：所有涂料应装在密封容器内，容器的大小应方便运输。每个容器应在侧面粘贴标签，包括牌号、颜色、批号、生产日期和生产厂家。

（3）涂料的保存：所有涂料应储存在 $3 \sim 40^{\circ}\mathrm{C}$ 的环境中，并注意环境通风。

3．涂装要求

（1）试喷：正式涂装前应试喷涂料，掌握温度、黏度、走枪速度等对涂装质量的影响，取得经验。

（2）喷漆前准备：准备喷枪，调整漆雾，搅拌油漆，除去被涂表面的灰尘和异物。

（3）喷涂方式：准备喷枪，调距物面适当；先喷上面后喷下面，先难后易；压盖 $1/3 \sim 1/2$，压盖应均匀；防止流挂、超薄和干喷，允许少量流挂，超薄可以补喷，干喷应返工。

（4）自检喷涂质量：喷涂一个区段后，用眼观察湿膜，如湿膜湿润、丰满、有光泽，喷涂质量好；如湿膜光泽差、有粗糙感，则喷涂不均匀并且偏薄；可用湿膜测厚计帮助掌握厚度。

（5）补偿喷涂：在光泽差、有粗糙感的地方，可补喷加厚；干膜超薄的地方，在喷涂下一道漆时可加厚补偿。

（6）清洗用具：用少量相应稀料清洗喷具，至少清洗 3 次，用过的稀料可重复使用。

涂装时温度控制在 $5 \sim 38^{\circ}\mathrm{C}$，湿度 $\leqslant 85\%$，要求表面处理后 5h 内必须做上第一遍锌基涂镀底漆，因锌基涂镀底漆不宜长时间暴露于空气中，表干（3h 左右）后立即用中间漆进行封闭处理，后续氟碳面漆严格按照厂家说明书规定的涂装间隔进行施工，同时喷涂时要垂直待涂覆面，距离不宜超过 400mm。

4．涂装检查

1）表观检验

涂层表观要求漆膜连续、平整，颜色一致且符合设计要求。涂层表观质量检验采用目视法。涂料涂层应均匀、细致、光亮、完整和色泽一致,不得有粗糙不平、漏漆、错漆、皱纹、针孔及严重流挂等缺陷。

2)厚度检测

使用磁性测厚仪检测干膜厚度,按规定进行。测量厚度时,以构件为一个测量单元,大构件以 $10m^2$ 为一个测量单元,每个测量单元至少选取 3 处基准面,每个基准面测量 5 个点,取算术平均值,其中,90% 的测量点厚度应符合要求,其余测量点的厚度应不低于本规程规定值的 90%,涂层厚度应符合本规程要求。

5. 涂层养护

涂装完成后,涂膜需经过规定的养护时间后方可投入使用。养护期间,涂膜没有完全固化,要避免吊装、碰撞等容易造成涂膜损伤的行为,并且需要避免淋雨或者直接浸水以及接触其他腐蚀介质。

6. 涂装一般规定

(1)在涂装施工前应对杆件自由边缘双侧倒弧,倒弧半径宜为 2.0mm。检验方法:观察检查。

(2)涂装前杆件表面清洁度级粗糙度应满足设计要求。检验方法:清洁度用图谱对照检查,表面粗糙度采用粗糙度测量仪检查。

(3)涂装材料品种、施工环境、每种涂层的涂层厚度均应符合设计要求及所用涂装材料说明书要求。检验方法:用温度计、湿度计、磁性测厚仪检查。以钢梁杆件为一测量单元,在特大杆件表面上以 $10m^2$ 为一测量单元,每一个测量单元至少应选取 3 处基准表面,每一基准表面测量 5 点,取其算术平均值。$100m^2$ 以下的杆件任意挑选 3 个 $10m^2$ 进行测量,$100m^2$ 以上的杆件按上述方法测量第 1 个 $100m^2$,对其余的每个 $100m^2$,任意挑选一个 $10m^2$ 进行测量。单个测试点的厚度不得低于规定厚度的 80%。

(4)整个涂装体系对钢板的附着力和层间附着力,按《色漆和清漆　漆膜的划格试验》(GB/T 9286—1998)规定作划格试验,检验结果应不低于 1 级。

富锌底漆对钢板基体的附着力检验也可按《色漆和清漆拉开法附着力试验》(GB/T 5210—2006)采用拉开法检验,检验结果应不低于 4MPa。

锌、铝涂层钢板基体的附着力检验应按《热喷涂金属和其他无机覆盖层锌、铝及其合金》(GB/T 9793—2012)规定作切格试验,试验结束后,方格内的涂层不得与基体剥离;采用拉开法检验时,应不低于 5MPa。检验方法:划格法或拉开法。

(5)杆件漆膜颜色应达到业主规定的色卡要求,涂装材料涂层表面应平整均匀、无明显色差。不允许有剥落、气泡、裂纹、气孔、漏涂等缺陷,允许有不影响防护性能的轻微橘皮、流挂、刷痕和少量杂质颗粒;金属涂层表面应均匀一致,不允许有起泡、鼓泡、大熔滴、松散粒子、裂纹、掉块等缺陷。检验方法:观察检查。

(6)涂装完成,杆件的标识、编号应清晰完整。检验方法:观察检查。

7.4 施工组织设计与安装

钢结构桥梁施工组织设计内容主要包括:工程简介及编制依据、施工策划、工期安排、工厂制造、涂装施工工艺、成品保护及运输方案、现场安装、质量保证、安全生产、应急预案、防风防雨焊接保障措施。

7.4.1 施工策划

1. 施工部署

施工组织主要分为生产组织、人员组织、机械设备组织、材料组织、协调组织、技术组织等6部分,施工组织内容安排是否合理将直接影响整个施工的生产过程能否顺利完成。

2. 人员组织

劳动力是保障工程工期和质量的前提,根据本工程的工期及结构特点,统一协调人力资源的安排。为确保该工程顺利完成,除组建业务精、技术好、能力强的领导班子外,同时选择能打硬仗有丰富经验的专职技术工人为施工生产骨干力量,使整个施工过程按照标准化、程序化、规范化进行,充分提高生产工作效率。建立健全的管理机制,分工明细,并按公司管理文件落实到责任人。

1)项目经理职责

按照施工组织设计和施工方案,负责合理调配资源,搞好内外协调,保证工程质量和工期要求,满足合同要求。

2)项目总工

负责施工组织设计及分部工程、关键重点工序施工方案的编制,并及时上报工程管理部审核;负责施工技术交底;对施工进行全面的技术指导和质量监督检查;具体组织对不合格品的纠正和预防措施的实施;负责竣工资料达到交验要求。

3)工程技术

协助总工制定和审定施工组织设计中安全、质量技术措施;审核和参与制定施工方案;经常深入施工现场检查安全生产和工程质量情况,督促施工方案的实施,发现问题立即解决并向领导汇报;参加各类工程质量事故调查、分析和处理;落实上级布置的各项工作。

4)工程测量

编制施工测量方案;负责施工过程中的测量工作,并协同公司精测组进行测量复核工作；负责测量资料的收集、整理、编制、归档工作，负责对需进入竣工文件的资料的前期保管工作。

5）安全质量

对安全质量检查工作全面负责；组织工程安全质量日常和季度检查工作；坚持深入现场检查安全生产和工程质量情况，发现问题责成有关人员立即整改，并进行整改结果的验证；组织安全质量信息的收集和上报工作；按要求参与安全质量事故的调查、分析、处理。

6）机电物资

负责组织《采购控制程序》的实施；组织合格的物资设备供应；组织对项目部施工生产设备的管理工作；组织、指导、监督、检查物资的验证、检验和试验、搬运、储存工作；组织、指导、监督、检查项目部物资标识工作，实现产品的可追溯性。

7）现场技术负责人

在现场代表项目部对施工作业班组进行施工技术管理工作；控制好质量措施，并按设计图把好结构尺寸关；对项目部制定的该工程的施工方案、各工序施工方法、工艺及质量安全技术措施等技术交底的实施负责，及时在现场发现和制止违章作业；施工前负责组织领工员及施工班组学习设计施工图及项目部制定的各项技术交底文件，做好技术交底工作，并作好文字记录；对特殊和关键部位组织领工员带班督促、指导。

8）班组长

配合现场施工技术负责人作好施工技术管理工作，并在施工现场值班监督作业班组施工，确保工期满足业主要求，安全质量达到设计及规范要求；负责组织、指导工班工人按标准、规范、设计图纸、作业指导书等的规定进行正确施工，并填写工程日志簿及工作日记簿。

3. 材料组织

依据设计图纸，由技术部统计出本工程的钢材用量，下发材料清单。采购部门负责采购，工程部结合生产工序与工艺要求以及合同规定的交货计划，排定钢材供应计划。在排定时既要考虑生产的配套与流水节奏，同时也要考虑储放场地的可用空间与储放能力，避免积压与储放无序。

采购部负责按工程部的材料供货时间表分批将材料组织回厂后，通知质检部核对数量、材质、钢号、炉号、规格尺寸等是否与质量证明书相符，并及时通知驻厂监理进行现场见证取样，对材料进行复验，并形成完整的记录。

材料供应必须按工程部规定计划表执行，务必满足生产要求。如果甲方对分段的交货计划要调整，工程部及时调整材料供应计划，尽最大努力满足甲方计划要求。

运回公司的材料规格、材质应符合技术部材料清单的供料要求，外观质量应满足相应的规范要求。如果材料规格与材料清单不符，市场部及时填报代用单，通知工程部和技术部。

材料到场后，相对应的钢材材质证明书和材料码单要及时到位，确保原材料复验工作的顺利进行。

4. 协调组织

项目管理是为使项目取得成功（实现所要求的质量工期及批准的费用）所进行的全过程、全方位的规划、组织、控制与协调。因此，项目管理的对象是项目，项目管理的职能同所

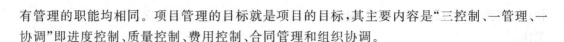

有管理的职能均相同。项目管理的目标就是项目的目标,其主要内容是"三控制、一管理、一协调"即进度控制、质量控制、费用控制、合同管理和组织协调。

7.4.2 成品保护及运输方案

1. 保证措施

(1) 目的:保证成品和半成品的质量满足设计及规范要求。

(2) 成品、半成品保证措施。

(3) 公司积极做好现场文明施工,对全员进行成品、半成品保护的职业道德教育。

(4) 各班组、各专业施工队伍转入下道工序施工前必须做好末工序交接工作台账,接方必须实施可靠的措施,以保证不损坏上道工序的成品。

(5) 对于涂装的构件,在搬运、堆放时,任何人不得在构件上行走或踩踏,以免破坏涂装质量。

(6) 成品上不得堆放其他物件。

(7) 钢构件需要运输时,加垫枕木并将构件捆绑牢固,应注意防止磕碰,防止在地面拖拉,防止涂层损坏。

(8) 吊装由专人指挥,信号准确,起重人员操作熟练,避免吊装时构件碰撞而损伤。

(9) 严禁在构件上随意敲打、焊接、切割、涂刷。

(10) 不得对已完工构件任意焊割,空中堆物,对制作完毕并经检测合格的焊缝、接点板处马上进行清理,并按要求进行封闭。

(11) 涂装后的钢构件禁止接触酸类液体,防止咬伤涂层。

(12) 涂装前,对其他半成品采用彩条布做好遮蔽保护,防止污染。

(13) 做好防火涂料涂层的维护与修理工作。如遇剧烈震动、机械碰撞或暴雨袭击等应检查涂层有无受损,并及时对涂层受损部位进行修补。

(14) 对被污染的构件要及时清理,对被损伤的构件进行返修。

(15) 由成品半成品保护专职人员按区域或楼层范围进行值班保护工作,并按规定、职责、制度做好所有成品保护工作。

(16) 装卸车做到轻装轻卸,捆扎牢固,防止运输及装卸散落、损坏。

2. 运输路线

通过对运输线路的考察,并结合运输零部件、板单元的外形尺寸,选择的运输方案为公路汽车运输。

3. 设备投入

对本项目提供的车辆及所有相关的设备辅材均做到在投入使用前进行过计算验证并经严格检查,以保证安全和钢结构运输的及时性。根据安装现场的实际要求,提前发车至现场。

1）捆绑工具

在运输途中，主要采用表7-8所示规格工具对运输构件进行固定，以保证运输途中构件的安全。

表 7-8　钢箱运输固定用工具

序号	名　　称	规格	数量	备注
1	捆扎钢丝绳	$\phi16\sim20$	52	双根使用
2	起重钢丝绳	$\phi25\sim40$	12 对	
3	手动葫芦	$3\sim5t$	30 个	

2）装载方案及加固方案

装载方法是保障钢结构运输安全的重要措施，而加固捆扎是保证零部件、板单元运输安全的重要环节，因此为使本次项目的构件安全、完整地运输至施工现场，经过公司精心计算及验证，拟采用以下措施装载、加固。

（1）装载。结合本次项目运输的钢结构尺寸及质量选择运输设备进行装载，在零部件、板单元运输装载前必须在运输设备与钢结构相接触的位置铺设垫木以防止运输过程中与运输设备发生摩擦。以24m箱梁为例如图7-18所示。

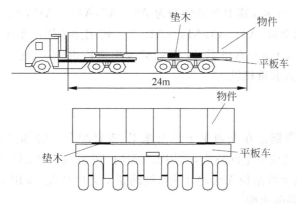

图 7-18　钢箱梁装载运输示意图

（2）固定。固定捆扎是保证钢结构安全的重要环节，为使零部件、板单元顺利地到达施工现场，在运输途中使用手动葫芦及钢丝绳将零部件、板单元和运输设备之间进行锁定，以保证零部件、板单元运输的稳定性及安全，公司结合本项目的实际情况，拟采用以下方法进行固定。具体固定办法如图7-19所示。

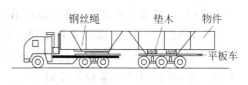
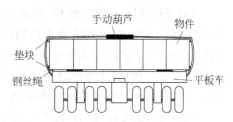

图 7-19　钢箱梁运输固定示意图

4. 安全指导

1）一般安全技术措施

（1）运输专责工程师（技术负责人）在运输前

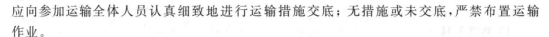

应向参加运输全体人员认真细致地进行运输措施交底；无措施或未交底，严禁布置运输作业。

（2）所有参加运输人员，在现场应戴安全帽，穿胶鞋或者布鞋。

（3）凡参加运输人员，要明确责任，掌握本工种的应知、应会及操作规定。

（4）运输、起重搬运工作，专人指挥严禁多头指挥，指挥信号应清晰、醒目、明确。

（5）凡用于运输的车辆、机具、绳索、器材等，在做准备工作时，应详细检查、调试及维修，由专职质检员和安全员共同鉴定，确认合格后方可使用。

2）沿途运输安全技术指导

（1）载重车司机及安全监护人员应精神集中，服从指挥，按运输指挥信号行驶；驾驶员及随车人员应随时监视平板行驶中状态，如发生异常，应立即发出停运信号，采取应急预案。

（2）应配备足够的押运人员。

（3）下雨天气时，为防止制动器失灵，应先经过试车并随车准备三角木及防滑链。

7.4.3 现场安装管理及策划

本工程高架桥共 42 跨，其中钢梁分别为 A0～A5，A14～A15，A25～39 共 20 跨，结合现场施工条件及工期要求，A0～A5，A14～A15 共 6 跨钢梁采用汽车吊施工，配备不同吨位汽车吊配合支架施工，A25～A39 共 14 跨钢梁采用架桥机施工，配备 50m 跨架桥机配合 2 台 80t-10～13m 门式起重机施工。

1. 难点分析

（1）A0～A5 号墩钢梁在交通主干道上施工，需要配合交管部门做好交通疏导工作，A0～A5 号墩钢梁吊装施工空间较小，采用由 A5 向 A0 反向施工顺序施工，以保证正常施工空间要求。对于起重机站位无法避开地铁线路正上方的情况，采用加大支腿承压面积的方法，减小对地铁线路的影响。

（2）A14～A15 跨 50m 钢箱梁采用支架法，利用汽车吊分段吊装的方法安装。由于本跨支墩较高，吊装空间较小，所以需对吊装场地合理布置、确保吊装安全。

（3）A25～A39 跨钢箱梁采用架桥机安装架设，由于本段坡度较大，且紧挨既有桥，如何保证架桥机安全、避免架设过程中出现滑坡是本段难点。所以在运架过程中调整架桥机平面位置，保证钢梁运输和架设时不侵线，保证行车安全。

（4）钢箱梁是全焊接结构，内部有大量的对接接头、熔透或角接接头等多种接头形式及各种不同焊接位置，且焊缝要求级别高，同时钢板厚度与刚度较小，焊缝密集，特别是支座处结构复杂、受力集中，因此保证焊接质量、控制焊接残余应力与焊接变形是钢箱梁安装焊接的最大难点。因此，主要焊缝尽量避免高空桥位焊接，均在工厂内或者现场拼装场地焊接，桥位只焊接系梁焊缝及中间盖板焊缝。

（5）钢箱梁分段在工厂制作完成后到现场直接安装，每个钢箱梁分段运输属超限运输构件。因此应做好构件运输与交管部门手续的提前办理，运输顺序与安装顺序的协调一致、保证运输安全。且委托具有专业资质的运输公司进行运输。

（6）由于钢箱梁两支墩之间的距离较大，钢箱梁有起拱要求，跨度越大起拱量越大，且设计中桥梁沿横向及纵向桥型控制均有要求，因此，安装时各分段的安装精度都较高，测量工作要求严格细致，对各过程的监控须严密，再加上钢箱梁都为刚性连接，焊接量大，特别是现场环焊缝的焊接，焊接应力消除和焊接方法的选择不可忽视，对整个焊接工程进行检测，制定相应的应急预案，确保钢箱梁成品符合设计和规范要求。

（7）施工时土建与钢箱梁同时施工，且沿线施工点较多，势必对交通造成很大的影响，因此安装现场交通秩序的管理是重点之一，各安装点安排专人协管交通，做好施工围挡、交通疏导的管理，确保车辆、行人的安全、顺畅通行。

2. 整体施工部署

1）A0～A5跨部署情况

根据施工要求，结合A0～A5跨现场实地勘察，A0～A5跨钢箱梁所处地势平坦，空间位置较开阔、可满足汽车吊安装的站位要求，且本段钢箱梁跨度较小（最大跨度30m）、钢箱梁自重较轻（整跨单箱单室钢箱梁最大质量72.5t），能满足整体运输和吊装的要求。为了吊装安全和便利，采用由A5向A0方向架设，且每孔先安装架设靠近既有桥一侧的半幅、再架设另一侧的半幅。如遇到起重机站位无法避开地铁线路正上方的情况时，可采用加大汽车吊支腿承压面积的办法，以减小对地铁线路的影响。此部分钢梁吊装时，因吊装时需要占用交通道路，需对道路进行临时封闭，所以选在晚上11点30分到第二天早晨5点间进行施工，避开车流高峰期。

2）A14～A15跨部署情况

A14～A15跨为单孔50m钢箱梁，且本跨位于本桥起止里程中间部位，且相邻数跨均为混凝土现浇梁，为保证整体施工进度，对A14～A15跨采用支架法并且采用汽车吊安装，本跨钢箱梁在工厂内加工为9节段（纵桥向划分为3个节段、横桥向划分为3个节段），然后通过汽车运输至桥位处、利用汽车吊分9次吊装。现场设临时支架两排，并在现有路面上设置支架扩大基础。此部分钢梁吊装时，因吊装时需要占用交通道路，对道路进行临时封闭，所以选在晚上11点30分到第二天早晨5点间进行施工，避开车流高峰期。

3）A25～A39跨部署情况

A25～A42跨梁位于高架部分的末端、其中A25～A39跨为钢箱梁。经实地考察，此处桥位空间相对狭小，墩身较高且上跨河道、现有行车道、高架匝道等，支架法和汽车吊吊装均不满足条件。根据设计要求，桥头路基所处位置狭长平整，可充分利用该区域作为钢箱梁段二次组拼场地，在该场地内安装两台80t门式起重机作为装卸车及二次拼装吊装作业，若现场条件不能满足门式起重机施工条件时，采用起重机进行卸车及二次拼装吊装作业，待A39～A42跨混凝土梁施工完毕后，在桥面上安装50m-180t（架桥机总长78m，总宽7.8m，自重160t）架桥机一台，用于安装A25～A39跨钢箱梁。

3. 钢箱梁主节段划分及质量

整个项目每段钢箱梁跨度、外形尺寸、节段质量、架设方法、使用设备如表7-9所示。

表 7-9 钢箱梁节段表

位　　置	跨度/m	节段划分	外形尺寸/m	节段质量/t	架设方法	使用设备
A0～A1	24	2	24×1.6×4.1	60	单箱单室整体吊装	起重机
A1～A2	20.2	2	20.2×1.6×4.1	49		
A2～A3	16.8	2	16.8×1.6×4.1	42.5		
A3～A4	30	2	30×1.6×4.1	72.5		
A4～A5	20.5	2	20.5×1.6×4.1	42.5		
A14～A15	50	6	16×2.1×4.1 18×2.1×4.1 16×2.1×4.1	145		
A25～A26	39	2	39×1.9×4.1	109	单箱单室整体吊装	架桥机
A26～A27	39	2	39×1.9×4.1	109		
A27～A28	31	2	31×1.9×4.1	87		
A28～A29	35	2	35×1.9×4.1	92.5		
A29～A30	35	2	35×1.9×4.1	92.5		
A30～A31	35	2	35×1.9×4.1	92.5		架桥机
A31～A32	35	2	35×1.9×4.1	92.5		
A32～A33	33	2	33×1.9×4.1	87.5		
A33～A34	33	2	33×1.9×4.1	87.5		
A34～A35	33	2	33×1.9×4.1	87.5	单箱单室整体吊装	
A35～A36	40	2	40×1.9×4.1	110.5		
A36～A37	50	2	50×2.2×4.1	145		
A37～A38	37	2	37×1.8×4.1	91.5		
A38～A39	50	2	50×2.2×4.1	145		

4. 施工任务划分

根据钢梁施工内容划分 2 个主要施工作业队,一个是起重吊装作业队、另一个是钢箱梁焊接队。在不同的作业区域分成不同的作业小组,由作业队统一领导。施工任务划分及安排如表 7-10 所示。

表 7-10 施工任务划分及安排表

序号	作业区域	工作内容	作 业 队	使用设备
1	A0～A5	安装作业	安装1组	汽车吊
		钢梁焊接	焊接1组	焊机
2	A14～A15	支架及钢梁安装	安装2组	汽车吊
		支架及钢梁焊接	焊接2组	焊机
3	A25～A39	节段拼装	拼装3组	门式起重机
		节段焊接	焊接3组	焊机
		钢梁运输	运输3组	运梁车
		钢梁安装	安装3组	架桥机
		钢梁焊接	焊接3组	焊机

5. 钢箱梁吊装施工注意事项

（1）吊装前项目部必须办理开吊令,保证各个阶段的准备工作安全到位,各种准备资料齐全。

（2）起重机进场前要检查起重机合格证、起重机操作人员的操作证,并对起重机车况、报警装置、限位装置等关键问题进行检查,并按起重机自备的性能表核算起重量,确保吊装安全。

吊装前将吊机吊杆伸长到钢箱梁分段就位时所需的工作半径,吊机从运输车上将构件起吊至安装高度,再进行回转,回转时用 $\phi 20\text{mm}$ 白棕绳拉好,避免与支架等相撞,就位时缓慢回钩,回钩时箱梁就位要尽量靠近预先投射的测量控制点,再利用倒链及千斤顶进行就位,松钩前将临时定位卡固定好,控制好桥梁线形,尽量减少二次找正时较大的位移量。

回钩时注意应缓慢将构件摆放在临时支架上,调整每一分段的标高和轴线,直至满足设计要求。后续区段安装方法依次类推。

（3）钢箱梁节段定位。吊装前的准备工作做好,特别是每一分段的横向和纵向分段处的定位轴线要在临时支架做好标识,并安装好调节段。吊装时分段应严格按标识就位。并调整好相邻分段纵向焊缝及横向焊缝的临时卡具。进行找正、定位,并用测量仪器校核标高、轴线,如有下沉,用 2 台千斤顶架在辅助支架梁墩上将箱梁分段顶起、加垫板,直至达到标高要求,再进行固定、点焊。

当前几个节段箱梁安装调整定位后,实测各跨支座横轴线至已安装完箱梁之间距离,并与设计尺寸比较,定好尺寸后,切割调整段箱梁,并打好坡口,此项处理内容应在构件堆放场地处理完毕,以免占用现场吊装时间。

钢箱梁吊装时应确保分段 4 个吊点的均匀受力,可用 10t 倒链进行辅助调节,以方便就位时接口顺直,另外就位后采取专门措施将接口尽量定位好,以减少松钩后的处理。

钢箱梁找正完毕后,需进行再次测量,以确保各钢箱梁线形控制准确无误。安装尺寸、标高、线形等经监理工程师核准后方可进行施焊工作。

为避免箱梁倾覆,在箱梁内外侧腹板处加设临时支座。

7.4.4　现场安装过程

A25～A39 节段箱梁桥用架桥机进行安装,安装过程为:架桥机纵向运行就位结束后,必须进行一次全面安全检查,检查螺栓、销子连接是否牢固,电气线路是否正确,电线有无破损和挤压,液压系统是否正常以及轨道接头是否平顺,限位开关是否可靠,制动力矩是否合适,跨度、轨距是否正确等。同时清理横移轨道两侧杂物,然后架桥机在横移轨道上试运行两次,一切正常后,才能进行钢梁的吊装作业。

利用运梁平车将待安装的钢梁运到架桥机后部的主梁内,后油缸撑起,并串上立管销轴,依次改用起吊天车吊运,当起吊天车起吊梁后,必须调整主起升制动力矩,起吊天车和后运梁小车同步运行直到后起吊天车吊起梁后,两台天车都以 3.08m/min 的速度运行,前进到位,然后收起后支承,整机横移安装到位。先横移两天车横移小车横移到最大位置,然后再整机横移到位落梁。钢梁落梁后应迅速将新架梁与前一跨梁焊接牢固。

在每次架桥机纵向移动前,钢梁必须焊接完成,经监理同意后,方可纵向移动。

思 考 题

1. 与桥梁布置有关的主要尺寸和名词术语有哪些?
2. 桥涵按跨径如何分类?
3. 桥梁设计的基本原则是什么?
4. 公路桥涵设计的作用分为哪几类?
5. 钢箱梁制作工艺流程主要分几步?

参 考 文 献

[1] 中交公路规划设计院有限公司.公路桥涵设计通用规范:JTG 60—2015[S].北京:人民交通出版社,2015.
[2] 中交公路规划设计院有限公司.公路钢结构桥梁设计规范:JTG 64—2015[S].北京:人民交通出版社,2015.
[3] 公路工程基本建设项目设计文件编制办法(交公路发[2007]358号)[M].2007.
[4] 公路工程基本建设项目设计文件图表示例(交公路发[2007]358号)[M].2007.
[5] 公路工程特殊结构桥梁项目设计文件编制办法(交公路发[2015]69号)[M].2007.
[6] 邵旭东,等.桥梁工程[M].北京:人民交通出版社,2008.

附录　钢结构设计与施工常见问题解答

1. 怎样避免用高强度螺栓代替临时螺栓使用?

在高强度螺栓安装时,施工工人图省事,直接用高强度螺栓代替临时螺栓使用,一次性固定。用高强度螺栓代替临时螺栓使用将会造成:

(1) 孔位不正时,强行对孔,使高强度螺栓的螺纹受损,从而导致扭矩系数、预拉力发生变化;

(2) 有可能连接板产生内应力,导致高强度螺栓预紧力不足,从而降低连接强度。

避免施工工人直接用高强度螺栓代替临时螺栓使用的方法有:严格按照 GB 50205—2001 规范及设计要求,对施工工人进行技术交底;在技术交底中明确规定——在高强度螺栓安装时,必须先用试孔器 100% 对孔进行检验,然后用临时螺栓固定,若有不对孔的,要修孔后,再安装临时螺栓,最后,卸去临时螺栓,换成高强度螺栓。

2. 怎样避免起重机梁吊装校正顺序不当?

在钢结构施工中,通常把钢柱吊装校正完毕后,安装校正起重机梁;这样将会造成:屋面梁、柱间支撑、水平支撑、檩条等安装校正完毕后,起重机梁的轴线、标高、垂直度、水平度等都随之出现偏差,必须再重新进行调整、校正,导致返工,浪费工时延长工期,又影响队伍形象。

避免起重机梁吊装校正顺序不当的方法有:

(1) 钢柱、钢梁、柱间支撑、水平支撑、檩条等安装校正完毕后,再对起重机梁进行调整、校正、固定。

(2) 起重机梁安装后,先校正标高,其他项等钢梁、柱间支撑、水平支撑、檩条等安装校正完毕后,再进行调整、校正、固定。

3. 怎样避免钢屋架梁安装起脊高度超过规范允许偏差?

在大跨度钢屋架梁施工完毕后,经常出现钢屋架梁起脊高低不平,且高低偏差超过规范允许范围;从而导致整体结构受力不均匀。

造成钢屋架梁起脊高度超过规范允许偏差的原因分析如下:

(1) 在加工厂制作时,未按规定跨度比例起拱或起拱尺寸不准确。

(2) 在加工厂制作时,起拱加工方法不合理。

(3) 在加工厂制作时,法兰板的角度偏差大。

(4) 在吊装时,吊点设置不合理,导致变形。

(5) 在安装屋架梁时,柱子轴线、垂直度和柱间跨度偏差大。

避免钢屋架梁安装起脊高度超过规范允许偏差的方法有：

（1）钢屋架梁制作时，制定起拱加工工艺，并根据跨度大小按比例进行起拱，并严格控制起拱尺寸。

（2）钢屋架梁安装前，要对柱子轴线、垂直度、柱间跨度和钢屋架的起拱度进行复查，对超过规范允许偏差的项进行及时调整、固定。

（3）根据钢屋架梁的实际跨度，制定合理的吊装方案。

4. 怎样避免水平支撑安装超过规范允许偏差？

水平支撑安装完毕后，常出现上拱或下挠现象，从而影响钢结构屋架结构部分的稳定性。造成水平支撑安装超过规范允许偏差的原因分析如下：

（1）在水平支撑制作时，外形尺寸不精确，导致扩孔后与梁连接位置同设计不符。

（2）水平支撑本身自重产生下挠。

（3）水平支撑施工方案不合理。

避免水平支撑安装超过规范允许偏差的方法有：

（1）在水平支撑制作时，严格控制构件尺寸偏差。

（2）在水平支撑安装时，把中间部位稍微起拱，防止下挠。

（3）在水平支撑安装时，用花篮螺栓调直后再固定。

5. 怎样避免钢柱柱脚底板与基础面间存在空隙？

在以往工程施工中，常出现钢柱柱脚底板与基础面接触不紧密，存在空隙现象，这样将会造成柱子的承载力降低，影响柱子的稳定性。

造成钢柱柱脚底板与基础面存在空隙的原因分析如下：

（1）基础标高超过规范允许偏差。

（2）钢柱柱脚底板因焊接变形造成平面度超过规范允许偏差。

钢柱柱脚底板与基础面间存在空隙的解决方法有：

（1）在钢柱柱脚底板下面不平处用钢板垫平，并在侧面与钢柱柱脚底板焊接。

（2）在钢柱柱脚底板下用斜铁进行校正，校正完毕后，在原设计基础标高以上浇筑300～500mm 高混凝土。

避免钢柱柱脚底板与基础面间存在空隙的方法有：

（1）预先将柱脚基础混凝土浇筑到比设计标高低 50mm 或 50mm 以上，然后再用砂浆进行二次浇筑至设计标高；二次浇筑时，基础标高的偏差必须严格控制在规范允许之内。

（2）对于小型钢柱，预先将柱脚基础混凝土浇筑到比设计标高低 50mm 或 50mm 以上，然后用双螺母将钢柱调整校正，等钢柱调整校正完毕，再用砂浆进行二次浇筑至设计标高（在钢柱制作时，必须在钢柱脚底板中间预留混凝土浇筑孔）。

（3）对于大型钢柱，可预先在钢柱柱脚底板下预埋钢柱柱脚支座，钢柱柱脚支座的高度必须严格控制在规范允许偏差之内，等钢柱安装完毕后，再用砂浆进行二次浇筑至设计标高（在钢柱制作时，必须在钢柱柱脚底板中间预留混凝土浇筑孔）。

6. 怎样避免基础二次灌浆缺陷？

在钢柱安装调整校正完毕后，对钢柱柱脚进行二次灌浆的施工中，常存在以下缺陷：

①钢柱柱脚底板下面中心部位或四周与基础上平面间砂浆不密实,存在空隙。②在负温度下基础二次灌浆时,砂浆材料冻结。

造成基础二次灌浆缺陷的原因有:

(1) 钢柱柱脚底板与基础上平面间距离太小。

(2) 二次灌浆的施工方案不合理。

(3) 二次灌浆的材料不符合规范要求。

避免基础二次灌浆缺陷的方法有:

(1) 在二次灌浆之前,应保证基础支承面与钢柱柱脚底板间的距离不小于 50mm,便于灌浆。

(2) 对于小型钢柱柱脚底板,可在柱脚底板上面开两个孔,一大一小,大孔用于灌浆,小孔用于排气,这样能提高砂浆的密实度。

(3) 对于大型钢柱柱脚底板,可在柱脚底板上开一孔,把漏斗插入孔内,用压力将砂浆灌入,再用 1～5 根细钢管,其管壁钻出若干个小孔,按纵横方向放入基础砂浆内,用于排浆液及空气,排出浆液及空气后,拔出钢管再灌入部分砂浆。

(4) 在冬季低温环境下二次灌浆时,砂浆中应掺入防冻剂、早强剂,并采取保温措施。

7. 怎样避免压型金属板固定不牢,连接件数量少、间距大和密封不严密?

在钢结构压型金属板施工中,常出现压型金属板固定不牢,连接件数量少、间距大和密封不严密现象。这样将有可能会造成下雨时漏雨、刮风时掀起金属板,从而影响正常使用,降低使用寿命。

避免压型金属板固定不牢,连接件数量少、间距大和密封不严密缺陷的方法有:

(1) 施工前进行详细的技术交底,根据不同板型的压型金属板,规定出连接件的间距和数量;并严格要求按照技术交底施工。

(2) 压型金属板与包角板、泛水板等连接处密封之前,要清除干净表面的油污、水分、灰尘等杂物;密封时,要保证密封材料完全性的敷设。

(3) 不同板型的压型金属板采用不同的施工工艺和不同的密封材料。

8. 钢材中的残余应力是如何产生的?

热轧型钢中的热轧残余应力是因其热轧后不均匀冷却而产生的。其发生机理是:

(1) 在型钢热轧终结时,其截面各处的温度大体相同,但其边缘、尖角及薄细部位因与空气接触表面多而冷却凝固较快,其余部分冷却凝固较迟缓。先冷却部位常形成强劲的约束,阻止后冷却部位金属的自由收缩,从而常使随后冷却的部位受拉,在型钢中产生复杂的残余应力分布。

(2) 钢材在以后的调直和加工(剪切、气割、焊接等)还将改变"①"中的残余应力分布。钢材或构件经过退火或其他方法处理后,其残余应力可部分乃至全部消除。

9. 试叙述应力集中对钢材性能的影响?

(1) 在应力集中的高峰应力区内,通常存在同号的平面应力状态或立体(三维)应力状态,这种应力状态使钢材的变形发展困难而导致脆性状态破坏。钢材构件截面缺口改变愈急剧即应力集中愈高的试件,其抗拉强度愈高,但塑性愈差、发生脆性破坏的可能性也愈大。

(2)应力集中引起孔槽边缘处局部的应力高峰;当结构所受净力荷载不断增加时,高峰应力及其邻近处局部钢材将首先达到屈服强度。此后继续增加荷载将使该处发展塑性变形而应力保持不变,所增加的荷载由邻近应力较低处即尚未达到屈服强度部分的钢材承受。然后塑性区逐步扩展,直到构件全截面都达到屈服强度时即为强度的极限状态。因此,应力集中一般不影响截面的静力极限承载力,具体进行钢结构设计时可不考虑应力集中的影响。

(3)比较严重的应力集中、特别是在动力荷载作用下,加上残余应力和钢材加工的冷作硬化等不利因素的影响,常是结构,尤其在低温环境下工作的钢结构发生脆性破坏的重要原因。所以进行钢结构设计时,应尽量减免构件截面的急剧改变,以减少应力集中,从构造上防止构件的脆性破坏。

10. 屋面活荷载如何取值?

框架荷载取 $0.3kN/m^2$ 已经沿用多年,但屋面结构包括屋面板和檩条,其活荷载要提高到 $0.5kN/m^2$。《钢结构设计规范》规定不上人屋面的活荷载为 $0.5kN/m^2$,但构件的荷载面积 $>60m^2$ 的可乘折减系数 0.6。门式刚架一般符合此条件,所以可用 $0.3kN/m^2$,与钢结构设计规范保持一致。国外这类要考虑 $0.15\sim0.5N/m^2$ 的附加荷载,而我们无此规定,遇到超载情况,就要出安全问题。设计时可适当提高至 $0.5kN/m^2$,现在有的框架梁太细,檩条太小,明显有人为减少荷载情况,应特别注意,决不允许在有限的活荷载中"偷工减料"。

11. 屋脊垂度如何控制?

框架斜梁的竖向挠度限值一般情况规定为 1/180,除验算坡面斜梁挠度外,是否要验算跨中下垂度?过去不明确,可能不包括屋脊点垂度。现在是要计算的。一般是将构件分段,用等截面程序计算,每段都要计算水平和竖向位移,不能大于允许值,等于要验算跨中垂度。跨中垂度反映屋面竖向刚度,刚度太小竖向变形就大。刚度本来就小,脊点下垂后引起屋面漏水,是漏水的原因之一。有的工程由于屋面竖向刚度过小,第一榀刚架与山墙间的屋面出现斜坡,使屋面变形。刚架侧移后,当山尖下垂对坡度影响较大时(例如使坡度小于 1/20),要验算山尖垂度,以便对屋面刚度进行控制。

12. 钢柱换混凝土柱要考虑哪些问题?

少数设计的门式刚架采用钢筋混凝土柱和轻钢斜梁组成,斜梁用竖放式端板与混凝土柱中的预埋螺栓相连,形成刚接,目的是想节省钢材和降低造价。在厂房中,的确是有用混凝土柱和钢桁架组成的框架,但此时梁柱只能铰接,不能刚接。多高层建筑中,钢梁与墙的连接也是如此。因为混凝土是一种脆性材料,虽然构件可以通过配筋承受弯矩和剪力,但在连接部位,它的抗拉、抗冲切的性能很差,在外力作用下很容易松动和破坏。有些设计,在门式刚架设计好之后,又根据业主要求将钢柱换成混凝土柱,而梁截面不变。应当指出,混凝土柱加钢梁作成排架是可以的,但将刚架的钢柱换成混凝土柱,而钢梁不变,是不行的。由于连接不同,构件内力也不同,要的工程斜梁很细,可能与此有关。

13. 檩条计算不安全时会有哪些问题？

檩条计算问题较大。檩条要是冷弯薄壁构件，受压板件或压弯板件的宽厚比大，在受力时要屈曲，强度计算应采用有效宽度，对原有截面要减弱，不能像热轧型钢那样全截面有效。有效宽度理论是在《冷弯薄壁型钢构件技术规范》(GB 50018—2002)中讲的，有的设计人员恐怕还不了解，甚至有些设计软件也未考虑。但是，设计光靠软件不行，还要能判断。软件未考虑的，自己要考虑。再有，设计人员往往忽略强度计算要用净断面，忽略钉孔减弱。这种减弱，一般达到 6％～15％，对小截面窄翼缘的梁影响较大。刚架整体分析采用的是全截面，如果强度计算不用净截面，实际应力将高于计算值。《规范》4.1.8 第 9 条规定：“结构构件的受拉强度应按净截面计算；受压强度应按有效截面计算；稳定性应按有效截面计算。变形和各种稳定系数均可按毛截面计算”。有的单位看到国外资料中檩条很薄，也想用薄的。国外檩条普遍采用高强度低合金钢，但我国低合金钢 Q345 的冲压性能不行，只有用 Q235 的。国外是按有效截面计算承载力的。如果用 Q235 的，又想用得薄，计算时还不考虑有效截面，荷载稍大时檩条就要垮。

14. 刚架柱子拔出的原因有哪些？

有的刚架在大风时柱子被拔起，这是实际中常出现的事故。主要原因不是刚架计算失误，而且设计柱间支撑时，未考虑支撑传给柱脚的拉力。尤其是房屋纵向尺度较小时，只设置少量柱间支撑来抵抗纵向风荷载，支撑传给柱脚的拉力很大，而柱脚又没有采取可靠的抗拔措施，很可能将柱子拔起。因此，在风荷载较大的地区刚架柱受拉时，在柱脚应考虑采取抗拔构造措施，例如锚栓端部设锚板等。

15. 端板合不上的原因？

端板连接是结构的重要部位。由于加工要求不严，而腹板与端板间夹角又不合适，有的工程两块端板完全对不上，合不起来。强行用螺栓拉在一起，仍留下很宽缝隙，严重影响工程质量。

16. 锚栓不铅直的原因？

框架柱柱脚底板水平度差，锚栓不铅直，柱子安装后不在一条直线上，东倒西歪，使房屋外观很难看，这种情况不少。锚栓安装应坚持先将底板用下部调整螺栓调平，再用无收缩砂浆二次灌浆填实。

17. 保温材料安装混乱现象有哪些？

保温材料一般采用玻璃棉，其厚度根据热功计算来确定。正规做法是采用背面带铝箔隔汽层的玻璃棉，有的不用铝箔，用牛皮纸。防止冷凝水向室内滴水，是房屋的使用要求之一。有人以为铝箔只是为了美观，或承受拉力，实际上它的主要作用是作隔汽层。承受悬挂时的拉力还可以用玻璃纤维布或钢丝网。现在看到有些工程，玻璃棉不用任何隔汽层。另外，当采用内层钢板吊顶时，不是将保温卷材压在檩条上，而是为了施工方便，将保温材剪断，放在檩条之间的吊顶上，形成冷桥。某工程在这样处理的同时，又将吊顶钢板搭接方向弄反。加之，冬期混凝土地坪施工作业时，将周边门窗关闭，由于室内外温差大，大量水汽在屋顶凝集,由吊顶钢板搭接处流下,形成了"外面不下里面下"的状况,使工程不能交工。经验告诉我们,当保温卷材有隔汽层并保持接缝处密封时,卷材是干燥的,无隔汽层时卷材是湿的。在水分的长期浸泡下,随着时间的推移,保温棉将被逐渐压实,最终失去应有的保温作用,因此安装方法是否正确,关系很大。

18. 普通钢结构施工图有哪些审查要点?

普通钢结构的重点审查内容包括:

(1) 材料或构件的选用和材质(钢材牌号、质量等级、力学性能和化学成分)。

(2) 钢结构的每一个温度区段支撑系统设置。

(3) 钢框架梁、柱、板件的宽厚比。

(4) 构件验算(包括强度、变形、平面内外及局部稳定、疲劳和长细比、宽厚比、轴压比)。

(5) 单面连接的单角钢及施工条件较差的高空安装焊缝强度设计值折减。

(6) 节点和支座节点设计与验算(包括焊缝、螺栓直径、高强度螺栓、强度余量控制)。

(7) 钢结构柱脚设计和计算(包括地脚螺栓和抗剪件)。

(8) 钢管外径与壁厚之比及钢管节点的构造要求。

(9) 钢管主管与支管的连接焊缝设计计算和构造要求。

(10) 钢结构的耐火等级、除锈等级、焊缝质量等级、防腐涂装要求和制造与安装规定。

(11) 结构构件或连接计算时 5 种情况下对设计强度的折减。

(12) 屋盖支撑系统设置。

19. 钢结构吊装过程中的注意事项有哪些?

具体的注意事项包括:①把柱脚底板的十字线弹出,地脚螺栓的中心线弹出,柱脚剪力孔清理干净,待钢柱就位后,调整标高,把螺母紧固;②吊装完一个区域的钢柱后,吊装连系杆,这样保证了钢柱的整体稳定性,使吊装钢梁时钢柱不容易变形;③吊装钢梁,两对钢梁空中对接,并把高强螺栓初拧,第一根钢梁用 4 道缆风绳拉紧,防止钢梁向一边倾斜。

20. 关于钢结构构件的码放问题有哪些?

为便于结构构件的安装,构件进厂后应进行合理的堆放。原则为现场急需安装的应直接堆放到现场,按照吊装顺序先吊装的码放在上头。后吊装的码放在下头。不急于吊装的构件暂时存放在现场外。堆放时应注意柱梁分开并按照轴线分类码放。存放场地应设专人进行管理,并按供货要求和供货清单进行清点,资料存档。构件堆放时 H 型构件应立放,不得平放。每个构件的支点不得少于两个,支点的位置宜在构件端部 1/7 跨处,叠放时不得超过 3 层并用木方正确的分层垫好垫平,支点应上下对齐。

21. 挤塑聚苯乙烯板的作用是什么?

挤塑聚苯乙烯(XPS)保温板是以聚苯乙烯树脂为主要原料,经特殊工艺连续挤出发泡成型的硬质板材。它具有独特完美的闭孔蜂窝结构,是有抗高压、防潮、不透气、不吸水、耐腐蚀、导热系数低、轻质、使用寿命长等优质性能的环保型材料。挤塑聚苯乙烯保温板是广泛使用于墙体保温、低温储藏设施、泊车平台、建筑混凝土屋顶及结构屋顶等领域装饰行业物美价廉的防潮材料。挤塑聚苯乙烯板具有卓越持久的特性：挤塑聚苯乙烯板的性能稳定、不易老化，可用 30～50 年；极其优异的抗湿性能，在高水蒸气压力的环境下，仍然能够保持低导热性能。挤塑聚苯乙烯板具有无与伦比的隔热保温性能：挤塑聚苯乙烯板因具有闭孔性能结构，且其闭孔率达 99%，所以它的保温性能好。虽然发泡聚氨酯为闭孔性结构，但其闭孔率小于挤塑聚苯乙烯板，仅为 80% 左右。挤塑聚苯乙烯板无论是隔热性能、吸水性能，还是抗压强度等都优于其他保温材料，在保温性能上也是其他保温材料所不能及的。挤塑聚苯乙烯板具有意想不到的抗压强度：挤塑聚苯乙烯板的抗压强度可根据其不同的型号厚度达到 150～500kPa，而其他材料的抗压强度仅为 150～300kPa，可以明显看出其他材料的抗压强度远远低于挤塑聚苯乙烯板的抗压强度。挤塑聚苯乙烯板具有万无一失的吸水性能：用于路面及路基之下，有效防水渗透，尤其在北方能减少冰霜及受冰霜影响的泥土结冻等情况的出现，控制地面冻胀的情况，有效阻隔地气免于湿气破坏等。

22. 受弯工字梁受压翼缘的屈曲是沿工字梁的弱轴方向屈曲，还是强轴方向屈曲？

荷载不大时，梁基本上在其最大刚度平面内弯曲，但当荷载大到一定数值后，梁将同时产生较大的侧向弯曲和扭转变形，最后很快地丧失继续承载的能力。此时梁的整体失稳必然是侧向弯扭弯曲。

解决方法大致有 3 种：①增加梁的侧向支撑点或缩小侧向支撑点的间距；②调整梁的截面，增加梁侧向惯性矩 I_y 或单纯增加受压翼缘宽度（如起重机梁上翼缘）；③梁端支座对截面的约束，支座如能提供转动约束，梁的整体稳定性能将大大提高。

23. 钢结构设计规范中为什么没有钢梁的受扭计算？

通常情况下，钢梁均为开口截面（箱形截面除外），其抗扭截面模量约比抗弯截面模量小一个数量级，也就是说其受扭能力约是受弯的 1/10，这样如果利用钢梁来承受扭矩很不经济。于是，通常用构造保证其不受扭，故钢结构设计规范中没有钢梁的受扭计算。

24. 剪切滞后和剪力滞后有什么区别吗？它们各自的侧重点是什么？

剪力滞后效应在结构工程中是一个普遍存在的力学现象，小至一个构件，大至一栋超高层建筑，都会有剪力滞后现象。剪力滞后有时也叫剪切滞后，从力学本质上说是圣维南原理，具体表现是在某一局部范围内，剪力所能起的作用有限，所以正应力分布不均匀，把这种正应力分布不均匀的现象叫剪切滞后。墙体上开洞形成的空腹筒体又称框筒，开洞以后，由于横梁变形使剪力传递存在滞后现象，使柱中正应力分布呈抛物线状，称为剪力滞后现象。

25. 长细比和挠度存在什么关系？

挠度是加载后构件的变形量，也就是其位移值。长细比用来表示轴心受力构件的刚度，长细比应该是材料性质。挠度和长细比是完全不同的概念。长细比是杆件计算长度与截面回转半径的比值。挠度是构件受力后某点的位移值。

26. 什么是蒙皮效应？

在垂直荷载作用下，坡顶门式刚架的运动趋势是屋脊向下、屋檐向外变形。屋面板将与支撑檩条一起以深梁的形式来抵抗这一变形趋势。这时,屋面板承受剪力,起深梁腹板的作用。而边缘檩条承受轴力起深梁翼缘的作用。显然,屋面板的抗剪切能力要远远大于其抗弯曲能力。所以,蒙皮效应指的是蒙皮板由于其抗剪切刚度对使板平面内产生变形的荷载的抵抗效应。对于坡顶门式刚架,抵抗竖向荷载作用的蒙皮效应取决于屋面坡度,坡度越大蒙皮效应越显著;而抵抗水平荷载作用的蒙皮效应则随着坡度的减小而增加。

构成整个结构蒙皮效应的是蒙皮单元。蒙皮单元由两榀刚架之间的蒙皮板、边缘构件和连接件及中间构件组成,边缘构件是指两相邻的刚架梁和边檩条(屋脊和屋檐檩条),中间构件是指中间部位檩条。蒙皮效应的主要性能指标是强度和刚度。

27. 结构构件的净截面、毛截面、有效截面、有效净截面应怎样理解?

(1)净截面用在强度验算里。记住强度验算是指某个截面强度的验算,所以要用截面的实际截面,即净截面。它也等于截面的总体截面(毛截面)减去截面中孔洞的截面。

(2)毛截面用在整体稳定验算里。整体稳定验算是相对于整个构件来讲的,与构件的截面、边界条件等都有关。只是某个局部的截面削弱对整体稳定影响不大。所以这里采用毛截面,即忽略某些截面中孔洞的削弱。

(3)有效截面是相对于薄壁构件(宽厚比或高厚比较大的板件)而言的。板太薄,受压时会发生局部屈曲,从而不能全截面都承载。故规范里对这种薄壁构件,作了相应的简化,认为其中的一部分截面(有效截面)可像普通板那样受力,而其他的部分不考虑它的作用。

(4)有效净截面指有效截面减去有效截面范围内的孔洞截面,是用在薄壁受压构件强度验算里,受拉时没有局部屈曲问题,所以仍用净截面。

普通钢结构构件:强度验算净截面,稳定验算毛截面。

薄壁钢结构构件:受拉强度验算净截面,受压强度验算有效净截面,稳定验算有效截面。

28. 起重机梁所承受的荷载有哪些?

起重机在起重机梁上运动产生3个方向的动力荷载:竖向荷载、横向水平荷载和沿起重机梁纵向的水平荷载。纵向水平荷载是指起重机刹车力,其沿轨道方向由起重机梁传给柱间支撑,计算起重机梁截面时不予考虑。横向水平荷载应等分于桥架两端,分别由轨道上的车轮平均传至轨道,其方向与轨道垂直,并考虑正反两个方向的刹车情况。对于悬挂起重机的水平荷载应由支撑系统承受,可不计算。手动起重机及电动葫芦可不考虑水平荷载。计算重级工作制起重机梁及其制动结构的强度、稳定性以及连接(起重机梁、制动结构、柱相互间的连接)的强度时,由于轨道不可能绝对平行、轨道磨损及大车运行时本身可能倾斜等原因,在轨道上产生卡轨力,因此钢结构设计规范规定应考虑起重机摆动引起的横向水平力,此水平力不与小车横行引起的水平荷载同时考虑。起重机梁应能够承受起重机在使用中产生的荷载。竖向荷载在起重机梁垂直方向产生弯矩和剪力,水平荷载在起重机梁上翼缘平面产生水平方向的弯矩和剪力。一般将起重机梁设计成简支梁,设计成连续梁固然可节省材料,但连续梁对支座沉降比较敏感,因此对基础要求较高。

29. 何为钢结构的延性？

结构构件或截面的延性是指从屈服开始至达到最大承载力或达到以后而承载力还没有显著下降期间的变形能力，也就是说，延性是反映结构、构件或截面的后期变形能力。延性差的结构、构件或截面，其后期变形能力小，在达到其最大承载力后会突然发生脆性破坏，这是要避免的。因此，在工程结构设计中，不仅要满足承载力要求，还要满足一定的延性要求，其目的在于：①有利于吸收和耗散地震能量，满足抗震设计方面的要求。对于有抗震设防的结构，抗震性能主要取决于结构所能吸收的地震能量，它等于结构承载力和变形能力的乘积，就是说，结构的耐震能力是由承载力和变形能力两者共同决定的。因此，在抗震设计中，应考虑和利用结构的变形能力（延性）以及耗散地震能量的能力。②防止脆性破坏。③在超静定结构中，能更好地适应地基不均匀沉降以及温度变化等特殊情况。④使超静定结构能够充分进行内力重分布，便于施工，节约钢材。

30. 为什么有的地方审图要求钢屋盖必须要在山墙设一道钢梁，而不能直接用山墙承重？

应该设置，依据见《建筑抗震设计规范》，厂房的同一结构单元内，不应采用不同的结构型式；厂房端部应设屋架，不应采用山墙承重；厂房单元内不应采用横墙与排架混合承重，不同形式的结构，振动特性不同，材料强度不同，侧移刚度不同。在地震作用下，往往由于荷载、位移、强度的不均衡而造成结构破坏。山墙承重和中间横墙承重的单层混凝土柱厂房和端砖壁承重的天窗架，在唐山地震中均有较重破坏，为此，厂房的一个结构单元内，不宜采用不同的结构型式。

31. 构件的承载力与构件截面承载力的区别？

在混凝土结构设计中，我们一般会选取构件中最薄弱的截面作为控制截面，此时构件的承载力与截面承载力的关系就像木桶与木板的关系：构件的承载力取决于构件中最薄弱截面的承载力。钢结构设计中，同样要选取控制截面，但是钢结构设计中还要考虑非常重要的一个方面，就是结构的稳定问题。因此，此时构件的承载力并不完全取决于最薄弱截面的承载力，还要受制于构件的稳定条件。同样，在钢-混凝土组合结构中，也要考虑到钢与混凝土连接的问题，此时构件承载力也不完全取决于薄弱截面的承载力。

32. 厂房开推拉门，推拉门上开小门能不能达到防火疏散要求？

现行规范中规定，对厂房建筑疏散门不能用推拉门，即使是推拉门上开小门也是不行的。所以要用推拉门，只能另外设置平开门作为疏散用。

33. 安装螺栓可否重复使用？

安装螺栓可以重复使用，但注意这里的螺栓不是我们理解的螺栓的连接作用，而是安装作用。安装螺栓就是临时固定，要是现场没有螺栓可以用钢筋头临时固定，等构件焊接好了就可以取下螺栓。